Qualitätsorientierte Vergütungssysteme in
der ambulanten und stationären Behandlung

ALLOKATION IM MARKTWIRTSCHAFTLICHEN SYSTEM

Herausgegeben von
Heinz König, Hans-Heinrich Nachtkamp,
Ulrich Schlieper, Eberhard Wille

Band 44

PETER LANG
Frankfurt am Main · Berlin · Bern · Bruxelles · New York · Oxford · Wien

MANFRED ALBRING
EBERHARD WILLE
(Hrsg.)

QUALITÄTS-ORIENTIERTE VERGÜTUNGSSYSTEME IN DER AMBULANTEN UND STATIONÄREN BEHANDLUNG

PETER LANG
Europäischer Verlag der Wissenschaften

Die Deutsche Bibliothek - CIP-Einheitsaufnahme

Qualitätsorientierte Vergütungssysteme in der ambulanten und stationären Behandlung / Manfred Albring ; Eberhard Wille (Hrsg.). - Frankfurt am Main ; Berlin ; Bern ; Bruxelles ; New York ; Oxford ; Wien : Lang, 2001
(Allokation im marktwirtschaftlichen System ; Bd. 44)
ISBN 3-631-38314-2

Gedruckt auf alterungsbeständigem, säurefreiem Papier.

ISSN 0939-7728
ISBN 3-631-38314-2
© Peter Lang GmbH
Europäischer Verlag der Wissenschaften
Frankfurt am Main 2001
Alle Rechte vorbehalten.

Das Werk einschließlich aller seiner Teile ist urheberrechtlich geschützt. Jede Verwertung außerhalb der engen Grenzen des Urheberrechtsgesetzes ist ohne Zustimmung des Verlages unzulässig und strafbar. Das gilt insbesondere für Vervielfältigungen, Übersetzungen, Mikroverfilmungen und die Einspeicherung und Verarbeitung in elektronischen Systemen.

Printed in Germany 1 2 4 5 6 7

www.peterlang.de

Danksagung

Die Planung, Vorbereitung und Durchführung der „Bad Orber Gespräche" ist mit einem erheblichen Arbeitsaufwand verbunden. Bis zur Fertigstellung dieses Symposium-Bandes, bei dem 26 Referenten ihre Beiträge einbringen mussten, haben alle außerordentlich viel Engagement und Zähigkeit bewiesen. Stellvertretend für die vielen Beteiligten gilt unser Dank ausdrücklich Dr. Michaela Flug, Martina Giese, Dr. Vanessa Schaub und Corinna Schulze.

Dr. med. Manfred Albring   Prof. Dr. rer. pol. Eberhard Wille

Berlin im April 2001

Inhaltsverzeichnis

Andreas Lehr	Vorwort	9
Manfred Albring	Begrüßung	13
Eberhard Wille	Einige Anmerkungen zur Schwerpunkt- und Prioritätenbildung im Gesundheitswesen aus ökonomischer Sicht	17

Themenkreis 1

Dieter Cassel	Priorisierung von Gesundheitszielen – Einleitung	29
Klaus-Dirk Henke	Prioritätensetzung im Gesundheitswesen durch ordnungspolitische Erneuerung – Krankenversicherungspflicht für alle und individuelle Wahlfreiheit	37
Volker Leienbach/Rainer Hess	Stellenwert von Gesundheitszielen – Medizinische Orientierung im Gesundheitswesen	51
Franz Knieps	Gesundheitsziele in Deutschland – Steuerungsinstrument für die Gesundheitspolitik und für die Akteure im Gesundheitswesen	63

Themenkreis 2

Helmut Laschet	Reform der ambulanten Vergütungssysteme – Einleitung	75
Günter Danner	Prototypen der ambulanten Versorgung in Europa	79
Stefan Felder	Das ambulante Vergütungssystem in der Schweiz	99
Axel Munte/W. Popp	Zukünftige gebietsärztliche Vergütung	107
Klaus-Dieter Kossow	Die hausärztliche Vergütung – bisherige Erfahrungen und Reformperspektiven	129
Rolf Hoberg	Ambulante Vergütung – Erwartungen der GKV	143

Themenkreis 3

Gerhard Schulte	Vergütungssysteme im stationären Bereich – Einführung	155
Heinz Lohmann	Das Krankenhaus als wettbewerbsfähiges Gesundheitszentrum	159
Karl W. Lauterbach/Markus Lüngen	Zur Eignung und Übertragung amerikanischer Modelle auf deutsche Verhältnisse	169
Jörg Robbers	Die Positionen der DKG zur Einführung eines pauschalierenden Vergütungssystems nach § 17 b KHG	183

Herbert Rebscher	Reformbedarf aus der Sicht der GKV	191
Hans-Dieter Koring	Zum Management einer qualitätsorientierten Vergütung im Krankenhaus	201

Themenkreis 4

Alexander P. F. Ehlers	Integrierte Versorgung – Einführung	209
Wolfgang Gerresheim	Bisherige Erfahrungen mit integrierten Versorgungsmodellen im Bereich der AOK	213
Christoph Straub	Die Modellvorhaben der ersten Generation – Bewertung und Konsequenzen	221
Karl-Heinz Schönbach	Zwischenergebnisse aus den BKK/TK-Netzen	231
Dusan Tesic	Stand und Perspektiven von Ärztenetzen aus Sicht der KVen	245
Christian Dierks	Bedeutung der Telematik für die integrierte Versorgung	253
Peter Oberender	Integrierte Versorgung – das Trojanische Pferd beim Untergang korporativer Systeme?	263
	Verzeichnis der Teilnehmer	277

Vorwort

Andreas Lehr

Mit der Neuordnung der Vergütungssysteme im ambulanten und stationären Bereich haben die Veranstalter der Bad Orber Gespräche des Jahres 2000 eine Thematik gewählt, die auch nach der jetzt vorliegenden Dokumentation der Tagungsbeiträge nichts von ihrer Aktualität eingebüßt hat. Es handelt sich um eines der zentralen Dauerthemen der Gesundheitspolitik in dieser Legislaturperiode und darüber hinaus.

Mit dem Gesetz zur GKV-Gesundheitsreform 2000 hat der Gesetzgeber mehrere Elemente im Kernbereich der GKV verändert, so dass sich deren Umsetzung auch auf unterschiedlichen Handlungsfeldern abspielt. Zu nennen ist einmal der neuerliche Versuch, die verschiedenen Sektoren mehr oder weniger strikt zu budgetieren – dieser Teil der Reform ist nach wie vor heftig umstritten, und zumindest in jüngster Zeit gewinnt man mehr und mehr den Eindruck, dass sich die Reformer zumindest teilweise von diesem Steuerungsinstrument lösen wollen.

Das zweite wichtige Reformelement ist die Ausweitung der Instanz „Bundesausschuss". Bislang gibt es nur je einen Bundesausschuss für die Ärzte bzw. Zahnärzte und die Krankenkassen. Nunmehr soll auch für den Bereich der stationären Versorgung ein eigener Ausschuss eingerichtet werden. Darüber hinaus soll es noch einen weiteren Ausschuss für die Belange der GKV insgesamt geben, der zugleich die Arbeit aller drei Basisausschüsse koordiniert und dementsprechend Koordinierungsausschuss getauft worden ist. Allerdings steht die Umsetzung dieses Konzepts wegen erheblicher verfassungsrechtlicher Unsicherheiten noch aus.

Als dritter großer Reformbestandteil wurde die integrierte Versorgung nach den §§ 140 a bis h SGB V angesehen. Stellenweise wurde die integrierte Versorgung von den Müttern und Vätern der Reform nach dem Scheitern eines Globalbudgets als das zentrale Reformelement überhaupt bezeichnet. Allerdings herrscht inzwischen auch an diesem Punkt Agonie bei der Umsetzung. Diese sollte sich mit der Abfassung der vom Gesetzgeber vorgesehenen Rahmenvereinbarung zwischen der Kassenärztlichen Bundesvereinigung und den GKV-Spitzenverbänden erschöpft haben.

Im Gegensatz dazu herrscht auf der vierten von der GKV-Reform 2000 ausgelösten „Baustelle", der Neuordnung der ambulanten und stationären Vergütungssysteme, regelrechter Hochbetrieb. Die Akteure auf der Selbstverwaltungsebene sind nicht nur durchaus redlich bemüht, irgendetwas zustande zu bringen, sondern im Bereich der stationären Versorgung dies sogar weitgehend in dem vom Gesetzgeber vorgesehenen, ausgesprochen ambitionierten Zeitraum. So tagen die Gremien in Permanenz, auf der Arbeits- und der Spitzenebene, man vereinbart Stufen- und Zeitpläne und schleppt sich von Bauabschnitt zu Bauabschnitt, trotz all der bekannten, alltäglichen Widrigkeiten: Budgetauseinandersetzungen, ein tief vermintes Gelände einander widerstreitender Interessen und rechtlicher Unwägbarkeiten – und schließlich schwebt über fast allen korporatistischen Absprachen, und um solche handelt es sich fraglos in jedem einzelnen Fall, das Damokles-Schwert des nationalen Verfassungsrechts und des europäischen Kartellrechts. Sowohl im ambulanten wie im stationären Bereich soll die Einführung neuer Vergütungssysteme erst nach dem Ende der laufenden Legislaturperiode stattfinden. Die für die einzelnen Krankenhäuser dann auch wirtschaftlich relevante, „scharfe" Anwendung des DRG-Systems könnte sogar erst im Verlauf der übernächsten Legislaturperiode zu einem Thema werden – die Politik muss hier erst noch den ordnungspolitischen und ökonomischen Rahmen schaffen.

Die Veranstalter der Bad Orber Gespräche haben die Grenzen einer sektorspezifischen, im wesentlichen verteilungspolitisch motivierten Diskussion durchaus gesehen. Die Themenkreise zur ambulanten und stationären Vergütung wurden dankenswerterweise durch eine sektorenübergreifende Einbindung ergänzt, auch wenn die Auseinandersetzungen um die Verteilung der finanziellen Mittel die Diskussionen dominierten. Dabei handelte es sich zu Beginn der Tagung um die „Priorisierung von Gesundheitszielen" und an deren Ende um die „Integrierte Versorgung". Die politische Diskussion um Gesundheitsziele steht in Deutschland bekanntlich erst ganz am Anfang – und die um die Integrationsversorgung nach der vom Gesetzgeber und der Selbstverwaltung vorgegebenen Form vielleicht schon am Ende. Nicht nur die grundlegenden 140er Paragraphen selbst, auch die darauf aufbauende Rahmenvereinbarung gilt als kaum umsetzbar, jedenfalls wartet man immer noch auf den ersten Vertrag, der auf dieser Rechtsgrundlage geschlossen worden wäre. Die Debatte über neue Versorgungsformen, Modellvorhaben, Strukturverträge und Integrationsversorgung durchzieht die Bad Orber Gespräche wie ein roter Faden. Die in den vergangenen Jahren noch deutlich wahrnehmbare Aufbruchstimmung ist inzwischen einer ebenso klar zu verspürenden Ernüchterung gewichen.

Auch wenn den mit diesem Tagungsband nunmehr vorgelegten schriftlichen Beiträgen die Lebendigkeit des Vortrags und insbesondere die sehr authentischen Diskussionen der doch schon zu so etwas wie einer kleinen Tradition herangereiften Tagung selbst fehlen, stellen sie doch einen gewichtigen Beitrag innerhalb einer noch lange nicht abgeschlossenen Debatte dar. Dafür spricht nicht zuletzt die durchweg hochkarätige Schar der Teilnehmer, die sich in der Zusammenstellung der Autoren der Dokumentation widerspiegelt.

Begrüßung

Manfred Albring

Meine sehr geehrten Damen und Herren, heute darf ich Sie zu einem kleinen Jubiläum willkommen heißen. Zum 5. Male treffen wir uns in Bad Orb, um in der Abgeschiedenheit des Spessarts in einer ungezwungenen und hoffentlich auch diesmal von Vorurteilen freien Atmosphäre kontroverse Themen der deutschen Gesundheitspolitik zu diskutieren.

Ich bin ein wenig stolz darauf, dass wir diese Kontinuität erreicht haben. Der Wert dieser Veranstaltung wird auch dadurch dokumentiert, dass nicht nur viele der Teilnehmer bereits zum 5. Male hier anwesend sind, sondern die „Bad Orber Gespräche" über den Kreis der Anwesenden hinaus einen wachsenden Bekanntheitsgrad bei Entscheidungsträgern im deutschen Gesundheitswesen erreicht haben. Ganz besonders möchte ich schon jetzt dem Vorsitzenden, Herrn Professor Wille, danken, dass er maßgeblich bei der Programmgestaltung mitgewirkt hat und auch in diesem Jahr zusammen mit mir dafür sorgen wird, dass die Ergebnisse der „5. Bad Orber Gespräche" sorgfältig dokumentiert werden.

Auch die diesjährigen „Bad Orber Gespräche" werden wieder kontroverse Themen aufgreifen. Unstrittig ist eines: Die Gesundheitspolitik der jetzigen Bundesregierung war von Anfang an bestrebt, mit allen zur Verfügung stehenden Mitteln Kosten zu dämpfen, zum einen, um die Lohnnebenkosten stabil zu halten, zum anderen, um die Beitragssätze in der gesetzlichen Krankenversicherung möglichst nicht zu erhöhen. Zu sehen ist dieses Bemühen auch vor dem Hintergrund, die Ziele der Steuerreform, nämlich die Entlastung von Unternehmen und Bürgern, nicht durch weitere steigende Sozialabgaben zu konterkarieren. Realistischerweise muss man deshalb davon ausgehen, dass die Koalition auf absehbare Zeit keine Anstalten machen wird, von der Budgetierung im Allgemeinen und von der sektoralen Budgetierung im Besonderen abzuweichen.

Unter diesen Prämissen werden wir heute Abend den ersten Themenkreis, die Priorisierung von Gesundheitszielen, diskutieren. Wenn wir davon ausgehen, dass langfristig Morbidität und insbesondere Multimorbidität in unserer Gesellschaft wachsen, dass ferner durch den technischen Fortschritt medizinische Innovationen sowohl bei der Diagnostik als auch bei den Behandlungsmöglichkeiten steigen, dass andererseits aber die im solidarischen System zur Verfügung stehenden Ressourcen damit nicht Schritt halten und auch nicht durch Rationalisierung vollständig erschlossen werden können, dann bedarf es einer Systematik, Notwendiges von weniger Notwendigem zu unterscheiden. In Skandinavien wird dies als Priorisierung beschrieben. Sie ist sicherlich eine Form der Rationierung, die sich aber von der punktuell inzwischen auch in Deutschland stattfindenden Rationierung dadurch unterscheidet, dass sie bekannt, berechenbar und damit auch ehrlicher ist.

Während wir mit diesem Thema perspektivisch einer möglichen nächsten Gesundheitsreform und damit auch der Neugestaltung des GKV-Leistungskatalogs vorgreifen, werden wir morgen und übermorgen in die Umsetzung der Gesundheitsreform 2000 eintauchen und die neuen Vergütungssysteme für die ambulante und stationäre Versorgung sowie die Integrationsversorgung debattieren. Die Reformen des Einheitlichen Bewertungsmaßstabes für die Vertragsärzte sind inzwischen zahllos, ihre Ergebnisse teilweise frustran. Der Gesetzgeber verpflichtet die Vertragspartner zu einer weiteren Reform, und die Kassenärztliche Bundesvereinigung (KBV) hat dies zum Anlass für eine Generalrenovierung des Systems genommen. Der Weg zu einem Kompromiss zwischen den Vertragspartnern scheint einer Zangengeburt mit zahlreichen Komplikationen zu gleichen. Etliche Fragen sind offen.

1. Gelingt es, durch die Vergütungstrennung dauerhaft den Streit um die Honorarverteilung zwischen Haus- und Fachärzten zu befrieden?

2. Kann auf der Basis des Schweizerischen Vergütungssystems ein Kalkulationsmodell definiert werden, das Bewertungen nachvollziehbar macht, oder bleibt es dennoch auch in Zukunft bei Willkürlichkeiten?

3. Kann man die Ärzte aus der Rationalitätenfalle des Hamsterrades herausführen und für definierte Leistung ein vorab bekanntes Honorar zahlen?

4. Ist es für die Kassen akzeptabel, bei weiterhin gedeckelter Geldmenge, die überdies auch im Vergleich zu anderen volkswirtschaftlichen Eckdaten unterproportional wächst, eine Leistungsbegrenzung einzuführen?

5. Und schließlich: Wie engmaschig wird in Zukunft eine flächendeckende Versorgung mit spezialärztlichen Leistungen definiert, die hohe, langfristige Investitionen erfordern?

Im Zusammenhang mit der Entwicklung einer völlig neuen Vergütungssystematik für die Krankenhäuser durch Einführung eines kompletten

Fallpauschalensystems stellt sich zunächst die Frage, ob nicht schon aus ordnungspolitischen Gründen für die überlappenden und damit im Wettbewerb stehenden Leistungen, die sowohl von Krankenhäusern als auch von niedergelassenen Ärzten erbracht werden müssen, ein gemeinsames Preissystem gefunden werden kann. Wenn man, wie das einige Klinikträger wollen, das Krankenhaus als wettbewerbsfähiges Gesundheitszentrum weiterentwickeln will, dann müsste es eigentlich im Interesse der Krankenkassen sein, sowohl Leistungen als auch Preise vergleichen zu können. Ob dies aber bei den unterschiedlichen Ansätzen, die die KBV und die Deutsche Krankenhausgesellschaft (DKG) bei der Entwicklung ihrer jeweiligen Vergütungssysteme verfolgen, überhaupt kompatibel sein könnte, wird vielleicht in der Diskussion einer der spannenden Fragen sein.

Qualitätssicherung ist eines der großen und vor allem auch durch die Gesundheitsreform stark erweiterten Kapitel im SGB V. Der Sachverständigenrat hat Konzepte entwickelt, in denen Qualität, Behandlungsergebnisse und Vergütung miteinander verbunden werden. Interessant ist, dass solche Konzepte auch von der Ärzteschaft nicht mehr kategorisch abgelehnt werden. Um so wichtiger wird es aber sein, diejenigen Bereiche zu identifizieren, bei denen eine ergebnis-orientierte Vergütung tatsächlich qualitative Effekte bewirkt.

Am Samstag wollen wir uns einem Dauerbrenner im Gesundheitswesen zuwenden: der Vernetzung und Integration. Gemessen an der Zahl der Paragraphen und der Komplexität der gesetzlichen Bestimmungen müsste die Integration eine hohe Dynamik entfaltet haben. Faktisch zeigen allein schon die Schwierigkeiten bei den Verhandlungen über die Rahmenvereinbarungen, dass guter Wille des Gesetzgebers allein kein Erfolgsgarant ist. Wir werden einerseits in die Empirie schauen und dabei vielleicht eine gewisse Ernüchterung feststellen müssen, und werden andererseits aber auch einen weiteren Ausblick wagen und der Frage nachgehen, ob Verkrustungen, die auch durch den Korporatismus im Gesundheitswesen entstanden sind, durch Integrationsmodelle aufgebrochen werden können.

Damit komme ich auch schon zum Ende. Wir haben es in den vergangenen 4 Jahren geschafft, hier in Bad Orb einen Dialog in Offenheit, Fairness und Unvoreingenommenheit zu pflegen. Ich wünsche uns daher angeregte, offene Diskussionen, neue Erkenntnisse und vor allen Dingen viele fruchtbare Gespräche am Rande unserer Veranstaltung.
Vielen Dank.

Einige Anmerkungen zur Schwerpunkt- und Prioritätenbildung im Gesundheitswesen aus ökonomischer Sicht

Eberhard Wille

Die Ressourcenknappheit als Ausgangspunkt

Als Mitveranstalter möchte auch ich Sie hier in Bad Orb sehr herzlich begrüßen und zwar sowohl die zahlreich erschienenen Stammgäste als auch die neu hinzugekommenen Teilnehmer. Das getreue Stammpublikum wird anhand des Programms vielleicht schon festgestellt haben, dass mir bei früheren „Bad Orber Gesprächen" ein größerer Part zufiel. So wagte ich mich u. a. an die letztlich unlösbare Aufgabe, am Ende der Veranstaltung die Schwerpunkte und zentralen Ergebnisse noch einmal im Überblick zusammenzufassen. Meine heutige Selbstbeschränkung können Sie auf zweierlei Weise interpretieren: Zum einen mag sie dazu dienen, die Rolle der Diskussionsleiter zu stärken und durch diese Substitution das Niveau der Veranstaltung zu heben. Eine mir wohlgesonnenere Interpretation liefe darauf hinaus, dass meine Redezeit als knappe Ressource zwischenzeitlich an Wert gewann. Preissteigerungen können nämlich auf zwei Arten auftreten: Entweder steigt bei gegebener Leistung der Preis oder der Preis bleibt konstant und die Leistungsmenge nimmt ab. Ich überlasse Ihnen, welche Interpretation Sie vorziehen.

Aus ökonomischer Sicht muss es eigentlich überraschen, dass wir uns in Deutschland erst so spät mit der Zielbildung sowie der Schwerpunkt- und Prioritätensetzung im Gesundheitswesen intensiver, d. h. unter anderem auch in einem öffentlichen Diskurs, beschäftigen. Schließlich existiert auch im Gesundheitswesen wie in anderen Lebensbereichen eine Lücke zwischen dem potentiell Wünschbaren und dem faktisch Finanzierbaren (vgl. u. a. Aaron, H. J., und Schultze, Ch. L., 1992). Die Notwendigkeit, Schwerpunkte und Prioritäten zu setzen, wurzelt letztlich in der Knappheit der Ressourcen, die nie ausreichen, um alle Wünsche zu befriedigen. Eine Schwerpunkt- und Prioritätenbildung erübrigt sich lediglich im Paradies, in dem es keine Ressourcenknappheit und damit keine Allokationsprobleme gibt. Paradiesische Zustände machen auch ökonomisches (Effizienz-)Denken überflüssig, denn dieses gewinnt erst durch die Ressourcenknappheit seine normative Berechtigung (vgl. Wille, E., 1986, S. 95 ff.).

Ein Grund dafür, dass sich die gesundheitspolitische Diskussion in Deutschland der Thematik Schwerpunkt- und Prioritätenbildung im Vergleich zu anderen europäischen Staaten, wie z. B. England und Schweden, aber auch den Niederlanden (siehe Government Committee on Choices in Health Care, 1992) sehr spät zuwandte, dürfte auch darin liegen, dass hierzulande bisher ein vergleichsweise hoher Anteil des Sozialproduktes in die Gesundheitsversorgung floss. Auf diese Weise ließ sich die politisch nicht gerade angenehme Aufgabe einer expliziten Schwerpunkt- und Prioritätenbildung lange Zeit umgehen. Ein Land, das wie z. B. England nur 6,9 % des Bruttoinlandsproduktes für die Gesundheitsversorgung ausgibt und nicht 10,7 % wie Deutschland (vgl. OECD, 1999), stößt viel eher an die Grenzen spürbarer Rationierung und sieht sich insofern schon aus Gründen der politischen und ethischen Legitimation mit der Notwendigkeit einer nachvollziehbaren Schwerpunkt- und Prioritätenbildung konfrontiert. In ähnlicher Weise verschärfen abnehmende Wachstumsraten des realen Bruttoinlandsproduktes tendenziell die Kluft zwischen Wünschbarem und Finanzierbarem und damit das Rationierungsproblem (siehe u. a. Cahill, K. M., 1991).

Im Rahmen der gesetzlichen Krankenversicherung (GKV) deuten die Wachstumsschwäche der Einnahmenbasis und die Ausgabendynamik darauf hin, dass sich die Schere zwischen dem medizinisch Machbaren und damit potentiell Wünschbaren auf der einen Seite und dem Finanzierbaren bzw. den fiskalischen Rahmenbedingungen auf der anderen Seite künftig noch weiter öffnet. Unabhängig von Entwicklungstrends trug in der Vergangenheit die Politik mit einigen Verlagerungen von Defiziten zwischen den Teilsystemen der sozialen Sicherung, d. h. so genannten Verschiebebahnhöfen, die fiskalisch fast immer zu Lasten der GKV gingen, nicht unwesentlich zur Wachstumsschwäche der Einnahmenseite bei. Es steht aber zu befürchten, dass das bescheidene Wachstum der GKV-Einnahmenbasis auch ohne solche diskretionären Eingriffe zumindest auf mittlere Frist anhält. Die Globalisierung der Wirtschaft, die Öffnung der osteuropäischen Staaten, die über relativ wenig Kapital, aber reichlich Arbeitskräfte verfügen, und die Erweiterung der Europäischen Gemeinschaft verschieben die Knappheitsverhältnisse zwischen den Produktionsfaktoren Arbeit und Kapital spürbar zu Ungunsten der Arbeitskraft. Dieser Trend lässt sich durch eine kurzfristige Behinderung der Mobilität von Arbeitskräften lediglich abbremsen, aber keineswegs aufhalten, denn die inländischen Löhne geraten auch durch den internationalen Handel mit arbeitsintensiv produzierten Gütern unter Druck. Die daraus resultierenden Preis-, Lohn- und Mengeneffekte tangieren umlagefinanzierte Versicherungssysteme, deren Beiträge sich primär auf Arbeitsentgelte stützen, weitaus stärker als kapitalgedeckte Versicherungen.

Neben diesen internationalen Einflüssen zeichnen für das schwache Wachstum der Finanzierungsbasis noch folgende Faktoren verantwortlich, die auch künftig auf die Haushaltslage der GKV einwirken:

- Beitragsausfälle durch anhaltend hohe strukturelle Arbeitslosigkeit,

- schwaches Wachstum der Arbeitsentgelte, auch durch veränderte Arbeitsverhältnisse,

- steigender Anteil der Rentner an der Versichertenzahl,

- vorgezogene Verrentungen und längere Lebens- und Verrentungszeit und künftig zu erwartende geringe Steigerung der Renten sowie

- Wechsel von Versicherten zu Krankenkassen mit niedrigeren Beitragssätzen bei gleichbleibendem Behandlungsbedarf.

Vor dem Hintergrund dieses Entwicklungsszenarios dürften die Beitragseinnahmen der GKV bei Wahrung der Beitragssatzstabilität ohne Reformmaßnahmen kaum ausreichen, um künftig die zentralen ausgabenseitigen Herausforderungen, wie z. B. den medizinischen Fortschritt und den demographischen Wandel, finanziell bzw. ohne eine verschärfte Rationierung zu bewältigen. In diesem Kontext besitzt eine Schwerpunkt- und Prioritätenbildung auch die Aufgabe, das Ausmaß der Rationierung transparent zu machen. Sie vermag auf diese Weise, die Informationsbasis für die Diskussionen um eine etwaige Reform der Beitragsgestaltung zu verbessern.

Normative Aspekte einer Schwerpunkt- und Prioritätenbildung

Priorisierung und Schwerpunktbildung im Gesundheitswesen bedeuten ganz allgemein „die ausdrückliche Feststellung einer Vorrangigkeit bestimmter Indikationen, Patientengruppen oder Verfahren vor anderen" (Zentrale Ethikkommission, 2000, S. 786). Dieser Vorgang impliziert allerdings auch das erkennbare Setzen von Posterioritäten und negativen Schwerpunkten. Im Rahmen der Priorisierung kann die Reihung kardinal, d. h. durchgehend abgestuft nach der Dringlichkeit jeder einzelnen abgrenzbaren Einheit, oder ordinal nach einigen Prioritätsklassen, die gleichwertige Einheiten umfassen, erfolgen. Dabei können die Begriffe „Priorisierung" und „Schwerpunktbildung" sowohl synonym als auch mit unterschiedlichen Inhalten Anwendung finden. Die begriffliche Trennung unterscheidet sachliche Schwerpunkt- und eine zeitliche Prioritätenbildung, was unter Allokationsaspekten vor allem bei mittelfristiger Betrachtung zweckmäßig erscheint (vgl. Wille, E., 1970, S. 101 ff.) Während sich nach dieser Terminologie die Prioritätensetzung auf die temporäre Vorrangigkeit bezieht, stellt die Schwerpunktbildung auf die (relative) Gewichtung im jeweiligen budgetären Rahmen ab. So können z. B. bei einem mittelfristigen Forschungsprogramm die meisten Ausgaben sowohl absolut als auch hinsichtlich ihres Wachstums in einen bestimmten Indikationsbereich fließen, die zeitlichen Prioritäten aber bei Vorhaben eines anderen Indikationsbereiches liegen.

Das Setzen von Schwerpunkten und Prioritäten dient letztlich dazu, zielorientierte Rationierungsentscheidungen zu treffen. Die Schwerpunkt- und Prioritätenbildung steht somit in einem engen Zusammenhang mit der Rationierung, der sie aber nicht inhaltlich entspricht, sondern der sie im Rahmen eines rationalen Planungs- und Entscheidungsprozesses vorausgeht. In diesem Sinne zielt die Schwerpunkt- und Prioritätenbildung darauf ab, eine Rationierung zu vermeiden, die „verborgenen oder unklaren Prioritäten" folgt (Zentrale Ethikkommission, 2000, S. 786). In einer Welt knapper Ressourcen bilden das Setzen von Schwerpunkten und Prioritäten sowie das Treffen von Rationierungsentscheidungen alltägliche Vorgänge. Selbst ein finanziell kaum limitierter Millionär kann an einem Abend nicht einen Kinofilm, eine Theaterveranstaltung oder eine Opernaufführung gleichzeitig besuchen, sondern sieht sich gezwungen, entsprechend seinen Präferenzen auszuwählen und damit auch auszuschließen, d. h. zu rationieren. Die generelle Mittelbegrenzung, die auch zeitliche Ressourcen einschließt, erzwingt von allen Entscheidungsträgern permanente Rationierungsentscheidungen, und zwar unabhängig davon, ob diese nun implizit oder auf der Grundlage einer nachvollziehbaren Schwerpunkt- und Prioritätenbildung erfolgen.

Wie bereits angedeutet, treffen die privaten Wirtschaftssubjekte ihre allfälligen Rationierungsentscheidungen im Rahmen ihrer Budgets bzw. ihrer Zahlungsfähigkeit entsprechend ihren individuellen Präferenzen, d. h. ihrem subjektiven Bedarf. Im Sinne eines methodischen Individualismus, der sich am Primat der individuellen Präferenzordnungen orientiert, spielt es dabei normativ betrachtet keine Rolle, ob diese Rationierungsentscheidungen auf einer für einen äußeren Beobachter nachvollziehbaren Schwerpunkt- und Prioritätenbildung aufbauen oder mehr implizit ablaufen. Diese Feststellung gilt auch für Kaufentscheidungen im Gesundheitswesen, wenn ein Patient die Kosten für die nachgefragten Gesundheitsgüter in vollem Umfang selbst trägt. Er entscheidet dann selbst darüber, inwieweit er hier seinen (Gesundheits-)Konsum ausdehnt oder zu Gunsten anderer Güter einschränkt. Diese enge Beziehung zwischen dem subjektiven Bedürfnis eines Patienten und der entsprechenden Rationierungsentscheidung löst sich aber unter normativen Aspekten teilweise auf, wenn nicht der Konsument des Gutes, sondern ein anderer Träger, wie z. B. die GKV, diese Leistung finanziert (vgl. Sachverständigenrat für die Konzertierte Aktion im Gesundheitswesen 2000 a, S. 7 ff.; Wille, E. 2000, S. 359 ff.). Das Auseinanderklaffen zwischen dem Nutzen einer Leistung und ihren Opportunitätskosten rechtfertigt das Konzept eines nach bestimmten Kriterien normierten bzw. objektiven Bedarfs, der als allgemeine Richtschnur für Rationierungsentscheidungen dient. Diese Rationierungsentscheidungen können Gesundheitsleistungen auf Kosten der Versichertengemeinschaft ausschließen, die bestimmte Patienten zwar subjektiv sehr schätzen, Fachgremien aber für medizinisch kaum indiziert bzw. weniger dringlich halten. Dieses potentielle Auseinanderfallen zwischen subjektivem und objektivem Bedarf begründet unter normativen Aspekten die Notwendigkeit, Rationierungsentscheidungen mit Hilfe einer nachvollziehbaren Schwerpunkt- und Prioritätenbildung zu fundieren.

Die – häufig etwas plakativ benutzte – Formel „Rationalisierung vor Rationierung" besitzt in diesem Kontext insofern ihre Berechtigung, als ein Gesundheitswesen, das noch ein erhebliches Rationalisierungspotential aufweist, bei gegebenem Ressourcenrahmen zu einer übermäßig bzw. unnötig restriktiven Schwerpunkt- und Prioritätenbildung zwingt. Effizientes und effektives Handeln vermeidet die Verschwendung knapper Ressourcen, die nun wohlfahrtsstiftend in eine andere Verwendung fließen können, und vermindert auf diese Weise bei gegebenem Ressourcenrahmen den Grad der Rationierung. Die ökonomischen Postulate „Effizienz" und „Effektivität" stehen insofern nicht im Widerspruch zu medizinischen Normen, sondern erlangen zumindest mittelbar, d. h. über den Nutzen der ansonsten verschwendeten Mittel, auch eine ethische Dimension. Um eine unnötige Rationierung und/oder einen übermäßigen Ressourceneinsatz zu vermeiden, sollte die Schwerpunkt- und Prioritätenbildung immer mit der Frage nach einer Reallokation der Mittel einhergehen (so auch Stepan, A., und Sommersguter-Reichmann, M., 1999, S. 103). Ohne die Bemühungen um eine Ausschöpfung des Rationalisierungspotentials besitzen Rationierungen, selbst wenn sie auf einer an sich vertretbaren Schwerpunkt- und Prioritätenbildung aufbauen, eine normativ zweifelhafte Berechtigung.

Erfolgreiche Bemühungen um eine Ausschöpfung des Rationalisierungspotentials vermögen das Ausmaß der Rationierung zu reduzieren, sie machen aber in einer Welt knapper Ressourcen Rationierungen und damit auch eine nachvollziehbare Schwerpunkt- und Prioritätenbildung nicht überflüssig. Die Schwerpunkt- und Prioritätenbildung kann sich dabei auch auf analytische Hilfsmittel, wie z. B. Nutzen-Kosten Analysen, stützen (vgl. Meltzer, D., 2001). Der effiziente und effektive Einsatz der knappen Ressourcen hängt schließlich in nicht unerheblichem Maße von den Anreizmechanismen, wie z. B. den Vergütungssystemen im ambulanten und stationären Sektor, ab. Dieser Aspekt schlägt auch eine inhaltliche Brücke zwischen unserem jetzigen Thema „Priorisierung von Gesundheitszielen" und den nachfolgenden Themenkreisen. Die anstehenden Reformen der Vergütungssysteme im ambulanten und stationären Bereich zielen ebenso wie die integrierte Versorgung darauf ab, die Effizienz und die Effektivität des deutschen Gesundheitswesens zu verbessern. Sofern diese Vorhaben gelingen, können entweder die Rationierungen und damit die Schwerpunkt- und Prioritätenbildung im Gesundheitswesen weniger restriktiv erfolgen oder die eingesparten Mittel in Bereichen außerhalb des Gesundheitswesens (zusätzlichen) Nutzen stiften.

Ebenen, Kriterien und Bereiche der Schwerpunkt- und Prioritätenbildung

Die Feststellung der grundsätzlichen Notwendigkeit einer nachvollziehbaren Schwerpunkt- und Prioritätenbildung im Gesundheitswesen lässt allerdings noch völlig offen, welche Träger bzw. Ebenen nach welchen Kriterien und in welchen Bereichen diese Rationierungsentscheidungen treffen (vgl. Eser, A., und Just, H., 1997). Gesundheitspolitische Konflikte erscheinen hier schon insofern vorgezeichnet, als Rationierungen im Rahmen einer Schwerpunkt- und Prioritätenbildung ähnlich wie Rationalisierungen dazu führen, dass die Patienten bestimmte von ihnen gewünschte Leistungen zu Lasten der Versichertengemeinschaft nicht erhalten und die Leistungserbringer dadurch zumeist, d. h. wenn keine vollständige Substitution im Rahmen der Selbstmedikation stattfindet, Einkommenseinbußen erleiden. Eine rationale Schwerpunkt- und Prioritätenbildung, die nicht partikularen Interessen, sondern gesamtwirtschaftlichen Postulaten folgt, sollte sich deshalb an gesellschaftspolitischen Gesundheitszielen orientieren (siehe hierzu den Beitrag von Hess, R., in diesem Band). Die Formulierung, Präzisierung und Gewichtung dieser Ziele geschieht im Rahmen der jeweiligen Wirtschafts- und Gesellschaftsordnung sowie des entsprechenden Gesundheitssystems. Es macht in diesem Kontext einen erheblichen Unterschied, ob es sich hier wie in England um einen steuerfinanzierten, staatlich geplanten nationalen Gesundheitsdienst oder wie in Deutschland um eine föderative Wirtschaftsordnung mit einem stark korporativ geprägten Gesundheitswesen handelt (siehe auch die verschiedenen Beiträge in Van Eimeren, W., et al., 1994, sowie Schwartz, F. W., et al., 1996). Es liegt nahe, dass die gesundheitspolitische Zielbildung und ihre Umsetzung in Schwerpunkte und Prioritäten in einem Staat mit einer föderativen Wirtschafts- und Gesellschaftsordnung und einem Gesundheitswesen, in dem die korporative Koordination dominiert, vergleichsweise komplexer, d. h. auch aufwendiger und konfliktreicher, verläuft. Dieser komplexe Prozess bietet andererseits die Chance, dass dabei ein höheres Informationsvolumen und ein vielschichtigeres, auch dezentral artikuliertes Spektrum an individuellen Präferenzen bzw. Patientenwünschen Berücksichtigung findet (vgl. Sachverständigenrat für die Konzertierte Aktion im Gesundheitswesen 2000 b, S. 52).

Die Existenz von nachvollziehbaren Schwerpunkten und Prioritäten im Gesundheitswesen trägt auch dazu bei, dem Arzt bei seiner Behandlung allfällige Rationierungsentscheidungen zu erleichtern. Er kann dann gegenüber dem Patienten auf diese ihm vorgegebenen Regelungen bzw. Bedingungen verweisen und läuft weniger Gefahr, als Leistungsverweigerer zu erscheinen. Unbeschadet der grundsätzlichen Funktion bzw. Berechtigung von globalen und sektoralen Budgets überträgt die derzeitige Arzneimittelbudgetierung ausschließlich dem behandelnden Arzt vor Ort die Rationierungsverantwortung und gefährdet damit die Compliance zwischen Arzt und Patient. Sofern die politischen Entscheidungsträger – aus u. U. vertretbaren und wohlerwogenen Gründen – eine zielgerichtetere bzw. restriktivere Versorgung mit Arzneimitteln wünschen, sollten sie hierfür in irgendeiner Form auch die Rationierungsverantwortung übernehmen. Für diese Rationierungsentscheidungen und die ihnen vorausgehende Schwerpunkt- und Prioritätenbildung kommen auf der Makro- oder Mesoebene grundsätzlich die politischen Entscheidungsträger oder die gemeinsame Selbstverwaltung in Frage. Dabei können die Entscheidungen der politischen Gremien u. a. auf Informationen aufbauen, die aus einer Zusammenarbeit von ärztlichen Korporationen und Krankenkassen bzw. aus deren Verbänden stammen. Die Schwerpunkte und Prioritäten sowie die aus ihnen abgeleiteten Richtlinien und Direktiven bedürfen in gewissen Abständen einer Überprüfung und Anpassung an neue medizinische Erkenntnisse und u. U. auch an geänderte ökonomische Bedingungen.

Eine nachvollziehbare und überzeugende Schwerpunkt- und Prioritätenbildung im Gesundheitswesen kann nur in einem multi- und interdisziplinären Prozess erfolgen, der ethischen, rechtlichen, medizinischen, gesundheitsökonomischen und verteilungspolitischen Aspekten hinreichend Rechnung trägt (vgl. Zentrale Ethikkommission 2000, S. 787). Als medizinische und ökonomische Kriterien bieten sich dabei vor allem an (siehe auch Helou, A., Perleth, M., und Schwartz, F. W., 2000, S. 54 ff.):

- die gesundheitliche Bedeutung bzw. Häufigkeit (Prävalenz, u. U. auch Inzidenz),
- die Krankheitslast (Schweregrad, Prognose, Dringlichkeit),

- die volkswirtschaftliche Relevanz (direkte und indirekte Krankheitskosten),
- die Gleichmäßigkeit der Versorgung (Situation vulnerabler Gruppen),
- das präventive und therapeutische Potential der Maßnahmen sowie
- die Nutzen-Kosten-Relation der Maßnahmen.

Diese medizinischen und ökonomischen Priorisierungskriterien können im Hinblick auf verschiedene Indikationsbereiche überwiegend ähnliche, teilweise aber auch sehr unterschiedliche Reihungen nahe legen. Seltene Krankheiten mit einer hohen Krankheitslast besitzen z. B. eine niedrige Prävalenz und in der Regel auch eine geringe volkswirtschaftliche Relevanz. Dagegen dürften Krankheiten mit hoher Prävalenz selbst bei geringerer Krankheitslast eine höhere volkswirtschaftliche Relevanz aufweisen. Maßnahmen, die vorwiegend vulnerablen Gruppen zugute kommen und damit der Gleichmäßigkeit der Versorgung dienen, können mit einer überdurchschnittlichen volkswirtschaftlichen Relevanz und vorteilhaften Nutzen-Kosten-Relationen einhergehen, aber es kann sich, z. B. bei sehr schlechter Compliance dieser Gruppen, auch umgekehrt verhalten. Diese kursorischen Überlegungen deuten bereits an, dass die Gewichtung dieser Priorisierungskriterien für die Ergebnisse der Schwerpunkt- und Prioritätenbildung eine entscheidende Rolle spielt. Im Sinne einer nachvollziehbaren Schwerpunkt- und Prioritätenbildung erscheint daher die Offenlegung nicht nur der Kriterien, sondern auch ihrer Gewichtung unumgänglich.

Die Schwerpunkt- und Prioritätenbildung im Gesundheitswesen sollte nicht nur ein heterogenes Bündel von Priorisierungskriterien berücksichtigen, sie erstreckt sich darüber hinaus auch auf unterschiedliche Anwendungsbereiche, wie z. B.:

- den Leistungskatalog der GKV,
- Forschungsaufwendungen in den öffentlichen Haushalten,
- Zuschüsse von Seiten der Gebietskörperschaften,
- Modellvorhaben und integrierte Versorgungsformen,
- Leitlinien und
- Nutzen-Kosten-Analysen.

In diesen Anwendungsbereichen setzen wiederum verschiedene Entscheidungsträger mit einem durchaus unterschiedlichen Mixtum an (Priorisierungs-)Kriterien Schwerpunkte und Prioritäten. Während der Leistungskatalog der GKV gemäß § 2 und § 70 SGB V bei medizinisch notwendigen und wirtschaftlich erbrachten Leistungen keine spezifische Limitierung aufweist, beschränken sich die Hilfen des Bundes im Bereich des Gesundheitswesens auf einige wenige Maßnahmen. So dominieren im mehrjährigen Finanzplan des Bundes 2000 bis 2004 neben Maßnahmen zur Verbesserung der Versorgung Pflegebedürftiger und der Förderung wissenschaftlicher Forschungseinrichtungen von überregionaler Bedeutung Aufwendungen für die Drogenbekämpfung und für Aufklärungsmaßnahmen auf dem Gebiet der AIDS-Bekämpfung (vgl. Bundesministerium für Finanzen 2000, S. 45).

Eine Schwerpunkt- und Prioritätenbildung bietet sich auch bei der Erprobung bzw. Durchführung von Modellvorhaben und integrierten Versorgungsformen sowie der Erstellung von Leitlinien und der Anwendung von Nutzen-Kosten-Analysen an, denn ein flächendeckendes Vorgehen würde hier zu viele Ressourcen binden und keinen positiven Nettonutzen versprechen. So konzentrierten sich die indikationsorientierten Modellvorhaben und Strukturverträge ähnlich wie die ersten Leitlinien zumeist auf chronische Krankheiten mit hoher Prävalenz, wie z. B. den Diabetes. Nutzen-Kosten-Analysen können vor allem bei sehr kostenintensiven und/oder umstrittenen Vorhaben eine hilfreiche Entscheidungsgrundlage bieten. Zumindest vermögen sie mit Hilfe von Sensitivitätsanalysen, die Implikationen von Entscheidungsalternativen transparent(er) zu machen.

Die Vielschichtigkeit der Entscheidungsträger bzw. Ebenen, Priorisierungskriterien und Anwendungsbereiche, wobei zwischen diesen drei Kategorien wiederum zahlreiche Interdependenzen existieren, verdeutlicht die hohe Komplexität von Prozessen einer Schwerpunkt- und Prioritätenbildung im Gesundheitswesen. Um hier einer in sachlicher und zeitlicher Hinsicht isolierten Betrachtungsweise vorzubeugen, bedarf es zunächst einer Abstimmung bzw. Koordination sowohl horizontal auf der Ebene der jeweiligen Entscheidungsträger als auch vertikal, d. h. auch in föderativer Hinsicht. Sofern diese Koordinationsprozesse nur Rahmenbedingungen, wie z. B. Ober- und Untergrenzen, vorgeben, schließen sie weder eine föderative Vielfalt noch dezentrale Suchprozesse aus. Eine zumindest mittelfristige Orientierung der Entscheidungsträger würde dabei zum einen diese Koordination erleichtern und zum anderen zu einer prospektiven Schwerpunkt- und Prioritätenbildung zwingen. Aus dieser Perspektive liegt es nahe, auch die Krankenkassen, die sich derzeit mit sehr kurzfristiger Perspektive primär an den Beitragssätzen orientieren, zu einer zumindest mittelfristig ausgerichteten Gesundheitspolitik zu befähigen.

Literatur:

Aaron, Henry J., und Schultze, Charles L., Eds. (1992): Setting Domestic Priorities. What Can Government Do?, Washington, D.C.

Bundesministerium der Finanzen (2000): Finanzbericht 2001, Bonn.

Cahill, Kevin M., Ed. (1991): Public Health in a Declining Economy, New York.

Eser, Albin, und Just, Hansjörg, Hrsg. (1997): Health Care under Constraints: Where, how an by whom to Set Priorities?, Berlin.

Goverment Committee on Choices in Health Care (1992): Choices in Health Care, Rijswijk, The Netherlands.

Helou, Antonius, Perleth, Matthias, und Schwartz, Friedrich Wilhelm (2000): Prioritätensetzung bei der Entwicklung medizinischer Leitlinien. Teil 1: Kriterien, Verfahren und Akteure: eine methodische Bestandsaufnahme internationaler Erfahrungen, in: Zeitschrift für ärztliche Fortbildung und Qualitätssicherung, Jg. 94, S. 53-60.

Meltzer, David (2001): Addressing Uncertainty in Medical Cost-Effectiveness Analysis. Implications of Expected Utility Maximization for Methods to Perform Sensitivity Analysis and the Use of Cost-Effectiveness Analysis to Set Priorities for Medical Research, in: Journal of Health Economics, Vol. 20, S. 109-129.

OECD (1999): OECD Health-Data 99, Paris.

Sachverständigenrat für die Konzertierte Aktion im Gesundheitswesen (2000 a): „Bedarf, bedarfsgerechte Versorgung, Über-, Unter- und Fehlversorgung" im Rahmen der deutschen gesetzlichen Krankenversicherung – Herleitung grundlegender Begriffe –, Arbeitspapier, Stand: April 2000.

Sachverständigenrat für die Konzertierte Aktion im Gesundheitswesen (2000 b): Bedarfsgerechtigkeit und Wirtschaftlichkeit, Band I, Zielbildung, Prävention, Nutzerorientierung und Partizipation, Gutachten 2000/2001, Bonn im Dezember 2000.

Schwartz, Friedrich Wilhelm, et al., Ed. (1996): Fixing Health Budgets. Experience from Europe and North America, Chichester et al.

Stepan, Adolf, und Sommersguter-Reichmann, Margit (1999): Priority-setting in Austria, in: Health Policy, Vol. 50, S. 91-104.

Van Eimeren, Wilhelm, et al., Hrsg. (1994): Gesundheitsziele in der Gesundheitspolitik, Bericht über eine internationale Tagung, GSF-Bericht 1/94, Oberschleißheim.

Wille, Eberhard (1970): Planung und Information. Eine Untersuchung ihrer Wechselwirkungen unter besonderer Berücksichtigung eines mehrjährigen Plans für die öffentlichen Finanzen, Berlin.

Wille, Eberhard (1986): Effizienz und Effektivität als Handlungskriterien im Gesundheitswesen, insbesondere im Krankenhaus, in: Wille, Eberhard (Hrsg.): Informations- und Planungsprobleme in öffentlichen Aufgabenbereichen, Frankfurt, S. 91-126.

Wille, Eberhard (2000): Das deutsche Gesundheitswesen unter Effizienz- und Effektivitäts-Aspekten, in: Wille, Eberhard, und Albring, Manfred (Hrsg.): Rationalisierungsreserven im deutschen Gesundheitswesen, Frankfurt, S. 349-387.

Zentrale Ethikkommission (2000): Prioritäten in der medizinischen Versorgung im System der gesetzlichen Krankenversicherung (GKV): Müssen und können wir uns entscheiden?, in: Deutsches Ärzteblatt 97, Heft 15, 14. April 2000, S. C-786 – C-792.

Themenkreis 1

Priorisierung von Gesundheitszielen – Einleitung

Dieter Cassel

Nachdem uns Herr Albring zu den „5. Bad Orber Gesprächen" begrüßt und in das Tagungsthema eingeführt hat und Herr Wille in seinem Eröffnungsstatement auf wichtige Aspekte der Setzung von Gesundheitszielen eingegangen ist, möchte ich als Moderator des ersten Themenkreises zwei Bemerkungen vorab machen: Zunächst ist es mir ein Anliegen, Herrn Albring sehr herzlich für die neuerliche Einladung nach Bad Orb zu danken. Ich spreche sicherlich im Sinne der Teilnehmer, wenn ich Sie zum Jubiläum der „5. Bad Orber Gespräche" beglückwünsche und anerkennend feststelle, dass Sie dieses Diskussionsforum so überaus erfolgreich durch die gesundheitspolitischen Wirren geführt und es zu einem echten Markenzeichen im Gesundheitswesen gemacht haben. Zweitens möchte ich dem wissenschaftlichen Leiter der Tagung, Herrn Wille, meine Bewunderung dafür nicht vorenthalten, wie er in einer spontanen Tour d'horizon aufgezeigt hat, was Gesundheitsziele sind, welchen Stellenwert sie in der gesundheitspolitischen Diskussion haben und was vor allem ihre Priorisierung in einem konkreten Gesundheitssystem bedeutet. Das versetzt mich freilich bei meiner Einleitung zu diesem Themenkreis in gewisse Schwierigkeiten: Mir geht es ein bisschen wie dem achten Mann von Barbara Hutton vor der Hochzeitsnacht – der war sich ebenfalls bewusst, dass Neues und Erstaunliches von ihm erwartet wurde, doch hatte er Zweifel, dass er den hochgespannten Erwartungen gerecht werden könnte. Deshalb und nicht zuletzt auch wegen der knapp gewordenen Zeit für die drei nachfolgenden Referenten möchte ich mich auf wenige, mir besonders wichtig erscheinende Aspekte dieses Themas beschränken.

In Gesundheitszielen konkretisiert sich ganz generell das Interesse von einzelnen Personen, Familien, Organisationen und Regierungen, den Gesundheitszustand des einzelnen oder der Bevölkerung insgesamt zu erhalten, im Krankheitsfall wiederherzustellen und nach Möglichkeit zu verbessern. In einer Welt knapper Ressourcen können freilich nicht alle Bedürfnisse gleichzeitig und gleichermaßen befriedigt werden. Wir sind folglich gezwungen, die Bedürfnisse in eine Rangfolge zu bringen und die Ziele der Lebensgestaltung mit Prioritäten zu versehen. Hiervon macht auch das Gesundheitswesen keine Ausnahme. Wenn über die Priorisierung von Gesundheitszielen diskutiert wird, geht es allerdings meistens nicht um die individuelle Wertentscheidung, sondern um Zielsetzungen gesundheitspolitischer Entscheidungsträger wie Bund, Länder und Gemeinden oder einschlägiger öffentlich-rechtlicher Verbände. So befindet denn auch der Sachverständigenrat zur Begutachtung der gesamtwirtschaftlichen Entwicklung (SVR) in seinem diesjährigen Gutachten, die Ziele der „staatlichen Gesundheitspolitik" bestünden darin, „... über die Vorbeugung und Heilung von Krankheiten sowie die Rehabilitation nach Erkrankungen den Gesundheitszustand der Bevölkerung – zu vertretbaren Kosten – auf einem hohen Niveau zu gewährleisten und gleichzeitig die mit der Behandlung verbundenen finanziellen Risiken abzusichern" (SVR, 2000, Tz. 467). Hiernach wären gesundheitspolitische Ziele auf der operativen Ebene darauf auszurichten, dass Strukturen, Prozesse und Ergebnisse der Gesundheitsversorgung zur Verringerung von Mortalität, Morbidität und chronischen Erkrankungen und Behinderungen in der Bevölkerung beitragen. Der Hinweis des SVR, dass dies „zu vertretbaren Kosten" zu geschehen habe, verweist jedoch auf die Rivalität mit ökonomischen Zielen, die in einem stark föderativ und korporatistisch geprägten Gesundheitssystem wie dem unsrigen oft im Gewande fiskal-, arbeitsmarkt-, standort- oder regionalpolitischer „Forderungen" an das Gesundheitswesen daherkommen und sich in Zielen wie z. B. „Beitragssatzstabilität" oder „Sicherstellung der flächendeckenden Versorgung" konkretisieren. Spätestens dann löst sich die Diskussion um Gesundheitsziele und ihre Priorisierung von der individuellen Ebene und wird leicht zur Spielwiese des „akademisch-administrativen Komplexes" im Gesundheitswesen (Schräder, 2000, S. 35 ff.).

Dieses Eindruckes kann man sich nicht erwehren, wenn man die Genese der Zieldiskussion im Gesundheitswesen seit den 50er Jahren auf nationaler wie internationaler Ebene verfolgt. Der entscheidende Anstoß zur Setzung von politisch mehr oder weniger verbindlichen Gesundheitszielen ging 1978 von der World Health Organization (WHO) mit ihrer programmatischen Initiative „Health for All in the 21st Century" aus, mit der sie Ziele hinsichtlich der Determinanten der Gesundheit sowie des Zugangs, der Entwicklung und der Ergebnisse der Gesundheitsversorgung propagierte. Prompt folgten 1979 die USA mit ihrem Katalog „Objectives for the Nation" im Rahmen des „Surgeon General's Report on Health Promotion and Disease Prevention". Inzwischen gibt es kaum eine Industrienation, die nicht einen nationalen Zielkatalog entwickelt hätte, der sich an die WHO-Proklamation anlehnt: Darin sind Ziele aus den Bereichen Gesundheitsförderung, Prävention und Gesundheitsschutz ebenso vertreten wie medizinische, soziale, umwelthygienische, organisatorische und wirtschaftliche Wunschvorstellungen (Lauterberg/Becker-Berke, 1999; Health Targets, 2000). In Deutschland hat sich vor allem der Sachverständigenrat für die Konzertierte Aktion im Gesundheitswesen (SVR KAiG) in seinem Sachstandsbericht 1994 sowie in seinem Sondergutachten 1995 ausgiebig mit den gesundheitspolitischen Zielen vor allem unter dem Aspekt von „mehr Ergebnisorientierung und Rationalität im Gesundheitswesen" befasst. Im Vorlauf dazu, teilweise aber auch in Reaktion darauf haben sich eine Reihe von Bundesländern wie Hamburg (1992), Nordrhein-Westfalen (1995), Berlin (1996) sowie Brandenburg und Sachsen-Anhalt (1997) umfangreiche Kataloge von Gesundheitszielen zugelegt. Diese gelten den Ländern als Voraussetzung für eine effiziente ergebnisorientierte Gesundheitspolitik und letztlich als Garant für eine rationale Planung der Gesundheitsversorgung (Bardele/Annuß, 1998; Geene/Luber, 2000; Reinhard/Nadolski-Standke, 2000).

Auf Bundesebene datiert die jüngste Initiative zur Propagierung von Gesundheitszielen vom 11.10.2000. Sie geht vom Bundestagsabgeordneten Horst Schmidbauer (Nürnberg) und anderen aus und hat unter dem Titel „Ziele für die Qualitätssicherung in der Diabetes-Versorgung" einen Antrag an den Deutschen Bundestag zum Gegenstand, nach dem dieser die Bundesregierung auffordern soll, „... im Prozess der Entwicklung von Gesundheitszielen für die Bundesrepublik Deutschland dafür Sorge zu tragen, die Verbesserung der Diabetes-Versorgung zu einem vorrangigen gesundheitspolitischen Ziel zu erklären" (Deutscher Bundestag, 2000). Dem wollen auch die Bündnis-Grünen nicht nachstehen und haben in einem Parteiratsbeschluss vom 6.11.2000 als aktuelles Vorhaben bis zum Ende der Legislaturperiode einen „Aktionsplan Gesundheitsziele" aufgestellt. Darin wird festgestellt, dass „... in unserer Gesellschaft mit den vielen unterschiedlichen Akteuren und Verantwortlichen für die Gesundheit der Menschen (...) eine stärkere Ausrichtung des Handelns an gemeinsamen Gesundheitszielen notwenig (ist)". Gesundheitsziele für die großen Volkskrankheiten, für die Reduzierung gesundheitsschädlicher Lebensbedingungen und für die Beseitigung von Zugangsnachteilen zur Gesundheitsversorgung erscheinen den Grünen als ein wichtiges Instrument, um „... bei den Bürgern die Bereitschaft und Fähigkeit zum gesundheitsförderlichen und präventiven Handeln zu stärken, bei den Gesundheitsberufen ein leitlinienorientiertes und erfolgsüberprüftes Handeln zu ermöglichen und der Politik Entscheidungshilfen bei gesundheitsrelevanten Fragestellungen zu geben" (Bündnis 90/Die Grünen, 2000).

Ungeachtet der bisherigen Zielpropaganda und der gesundheitspolitischen Rhetorik sind praktische Konsequenzen allerdings bisher weitgehend ausgeblieben: Die Gesundheitsversorgung vollzieht sich wie eh und je in gewohnten Bahnen und ihre Akteure zeigen sich von der abgehobenen Zieldiskussion des „akademisch-administrativen Komplexes" ziemlich unbeeindruckt. Dies wird auch auf absehbare Zeit so bleiben, falls es den Gesundheitszielen weiterhin an Operationalität mangelt und nicht klar festgelegt ist, wer als Träger mit welchen Mitteln und aufgrund welcher Anreizmechanismen die Zielvorstellungen erfüllen soll.

Herr Wille hat bereits gezeigt, wie vielfältig gesundheitspolitische Ziele nach Bereichen, Hierarchie, Operationalisierung, Träger usw. sein können. Einen Eindruck davon gibt auch der SVR KAiG mit dem von ihm aufgestellten Katalog gesundheitspolitischer Ziele in der Bundesrepublik Deutschland (Abb. 1): Hier stehen epidemiologische, psycho-soziale und ethische Ziele neben ökonomischen, distributiven und intergenerativen Zielen, die noch dazu in umfassende gesundheitspolitische Ziele, Nebenbedingungen und daraus resultierende Gesundheitsziele kategorisiert werden. Diesem Zielkatalog, der offensichtlich ein Filtrat der aktuellen gesundheitspolitischen Diskussion vor dem Hintergrund der anhaltenden demographischen und politischen Entwicklung ist, stellen die Sachverständigen dann noch jene Gesundheitsziele gegenüber, die sich positiv aus dem Sozialgesetzbuch ableiten lassen (Abb. 2). Einem Vorschlag von Wolfgang Gitter folgend, sprechen sie dabei zu Recht von einem „Magischen Dreieck der Leistungserbringung": Die Ziele „Versorgung der Versicherten", „Wirtschaftlichkeit der Versorgung" und „angemessene Vergütung der Leistungserbringer" seien nämlich nicht frei von Konflikten, obwohl sie nicht gleichrangig seien. Allemal prioritär erscheine das Ausmaß und die Qualität der medizinischen Versorgung, dem sich das Effizienz- und Distributionsziel unterzuordnen habe. Dennoch ist intuitiv einsichtig und wohl auch empirisch belegbar, dass z. B. die Verweigerung einer angemessenen Vergütung der Leistungserbringer zumindest in Teilaspekten zu Lasten der Versorgung der Versicherten geht oder eine bedarfsgerechte und gleichmäßige Versorgung, die dem jeweiligen neuesten Stand der medizinischen Kenntnisse entspricht, das Teilziel Beitragssatzstabilität gefährden könnte.

Abbildung 1: Gesundheitspolitische Ziele in der Bundesrepublik Deutschland

---

I. Umfassende gesundheitspolitische Ziele

- Verhinderung eines vermeidbaren Todes;
- Verhütung, Heilung und Linderung von Krankheit (und Versorgung bei Pflegebedürftigkeit) sowie damit verbundenem Schmerz und Unwohlsein;
- Wiederherstellung der körperlichen und psychischen Funktionstüchtigkeit und
- „Angstfreiheit" durch Verfügbarkeit von Leistungen für den Eventualfall (Kompetenz, Rechtzeitigkeit, freie Arztwahl etc.).

II. Nebenbedingungen

- Gleicher Zugang zu einer „erforderlichen" Krankenversorgung mit breit verfügbarer Qualität;
- Höchstmaß an Freiheit und Eigenverantwortung für alle Beteiligten (Freiberuflichkeit, Selbststeuerungskräfte etc.);
- einzelwirtschaftliche Effizienz der Leistungserbringung und gesamtwirtschaftlich vertretbare Höhe der gesetzlich festgelegten (öffentlich finanzierten) Gesundheitsausgaben;
- Verminderung von sozialen Unterschieden in Mortalität und Morbidität und
- gesetzliche Sicherung des sozialen und intergenerativen Ausgleichs innerhalb der Solidargemeinschaften.

III. Gesundheitsziele des SVR KAiG

- Förderung der Gesundheit heranwachsender Generationen;
- Erhaltung der selbständigen Lebensführung (Autarkie) älterer Menschen;
- integrative gesundheitliche Betreuung von Zuwanderern;
- Steigerung des individuellen Gesundheitsbewusstseins in der Bevölkerung und
- Erhalt der Erwerbs- und Arbeitsfähigkeit älterer Menschen.

Quelle: SVR KAiG, 1995, Tz. 58 ff.

Abbildung 2: „Magisches Dreieck" gesundheitspolitischer Ziele

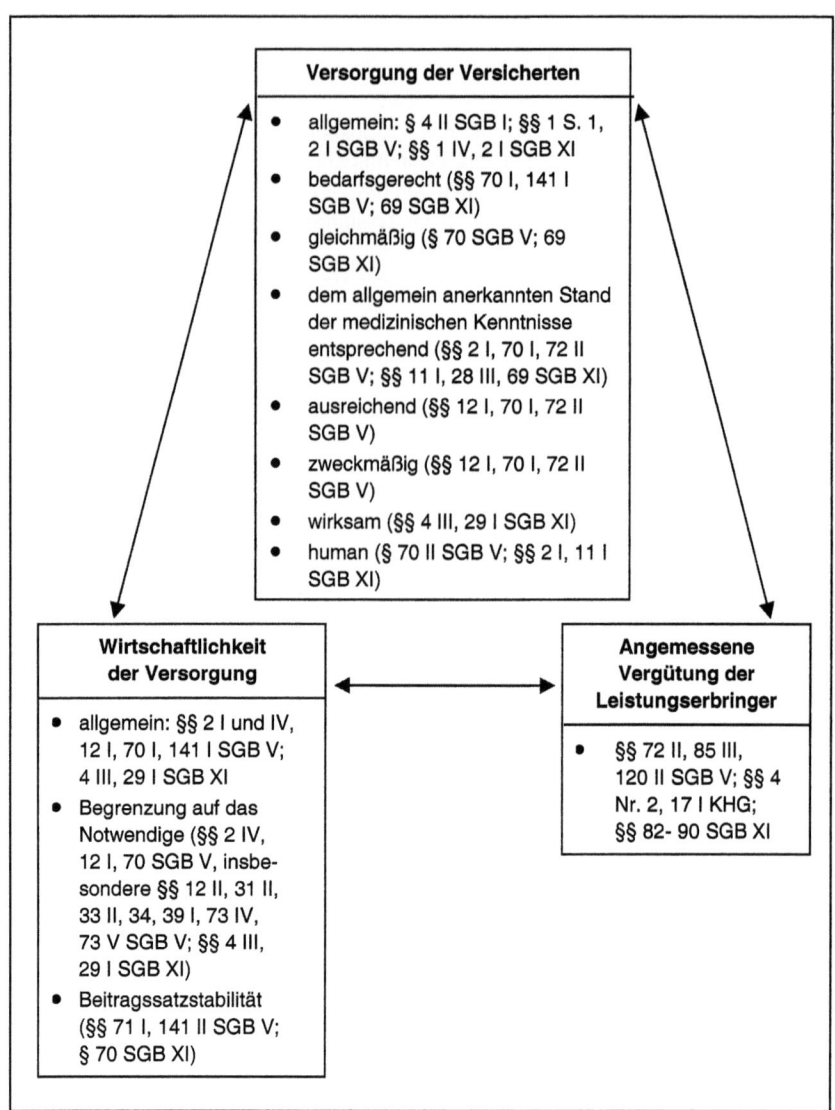

Quelle: SVR KAiG, 1995, Tz. 62.

Damit sind wir auch mitten im Thema „Priorisierung von Gesundheitszielen", das zu Recht am Anfang unserer Tagung über qualitätsorientierte Vergütungssysteme steht. Denn jedes Vergütungssystem steht mit seinen allokativen und distributiven Wirkungen in einem instrumentellen Verhältnis zu den genannten Gesundheitszielen. Bekanntlich haben Einzelleistungsvergütungen, Punktwerte, Fallpauschalen usw. unterschiedliche Konsequenzen für die Einkommenshöhe und damit auch für die Leistungsmotivation der Leistungserbringer. Sie tangieren damit auch Umfang und Qualität der zu erbringenden Gesundheitsleistungen und entscheiden letztlich über Wirtschaftlichkeit oder Unwirtschaftlichkeit des Leistungsgeschehens. Sofern keine Zielharmonie zwischen Versorgungs-, Effizienz- und Distributionszielen besteht, sind Prioritäten zu setzen und hinsichtlich der Auswahl von Vergütungsformen gegebenenfalls Kompromisse mit Blick auf ihre Haupt-, Neben- und Folgewirkungen einzugehen. Und dies gilt nach dem zuvor Gesagten auch dann, wenn mit der Forderung nach „qualitätsorientierten" Vergütungssystemen dem Versorgungsziel offenbar höchste Priorität eingeräumt wird.

Die Frage nach gesundheitspolitischen Prioritäten und den dazu passenden Vergütungssystemen in der ambulanten, stationären und integrierten Versorgung wird üblicherweise für die bestehende gesetzliche Krankenversicherung (GKV) gestellt. Dieser Vorgehensweise entspricht es, wenn nachfolgend Herr Hess aus der Ärzte- und Herr Knieps aus der Kassensicht das Thema behandeln. So wichtig dies im Hinblick auf eine pragmatische Umsetzung von Lösungsalternativen ist, so problematisch ist jedoch auch die Verengung des Blickwinkels auf den Status quo unserer sozialen Krankenversicherung. Denn nach wie vor ist das GKV-System trotz der inzwischen eingeführten Wettbewerbselemente noch überwiegend korporatistisch geprägt und folgt einem eher paternalistisch-kollektivistischen Leitbild in der sozialen Sicherung. In einem derartigen Ordnungsrahmen, in dem nach wie vor die administrative und kollektivvertragliche Steuerung des Leistungsgeschehens dominiert, haben Gesundheitsziele jedoch eine gänzlich andere Bedeutung als in einer ausgebauten (solidarischen) Wettbewerbsordnung, die stärker dem Individualprinzip verpflichtet ist (Cassel, 2000). Wer Gesundheitsziele setzt und operationalisiert, wessen Interessen über die Zielprioritäten entscheiden, wen die Gesundheitsziele binden und welche Instrumentarien letztlich zur Zielerreichung geeignet sind, entscheidet sich in jedem Gesundheitssystem anders und hängt wesentlich von den darin jeweils dominierenden Grundprinzipien ab. Gesundheitsziele zu setzen und zu priorisieren, ist unter Wettbewerbsbedingungen allemal sehr viel stärker den einzelnen Akteuren – d. h. den Versicherten, Patienten, Kassen und Leistungserbringern – als der staatlich-korporativen Ebene der Gesundheitspolitik vorbehalten. Dies herauszuarbeiten, hat sich Herr Henke vorgenommen, der mit seinem nachfolgenden Plädoyer für eine ordnungspolitische Erneuerung des deutschen Gesundheitswesens die Priorisierungsfrage von Gesundheitszielen zunächst auf die Ebene denkbarer Systemalternativen heben wird.

Literatur

Bardehle, D., Annuß, R. (1998): Gesundheitsberichterstattung, in: Hurrelmann, K., Laaser, U., Hg., Handbuch Gesundheitswissenschaften, Weinheim und München 1998, S. 344-347.

Bündnis 90/Die Grünen (2000): Grüne Gesundheitspolitik: Für Prävention, Solidarität, Qualität und Wirtschaftlichkeit, Beschluss des Parteirats vom 6. November 2000 in Berlin, Mimeo.

Cassel, D. (2000): Ordnungspolitische Gestaltung des Gesundheitswesens in der Sozialen Marktwirtschaft, in: Hamburger Jahrbuch für Wirtschafts- und Gesellschaftspolitik, 45. Jg., Hamburg 2000, S. 123-143.

Deutscher Bundestag (2000): Ziele für die Qualitätssteigerung in der Diabetes-Versorgung, Drucksache 14/4263 vom 11.10.2000.

Geene, R.; Luber, E. (2000), Hg., Gesundheitsziele – Planung in der Gesundheitspolitik, Frankfurt am Main 2000, S. 7-10.

Health Targets (2000), News & Views, Merck & Co., Inc., New Jersey, USA, Vol. 3, Issue 1, Winter 2000.

Lauterberg, J.; Becker-Berke, S. (1999), Wege aus dem Labyrinth, in: Gesundheit und Gesellschaft, 2. Jg., 3/1999, S. 22-29.

Reinhard, K.; Nadolski-Standke, D. (2000): Die große Kunst der kleinen Schritte, in: Gesundheit und Gesellschaft, 3. Jg., 7/2000, S. 32-35.

Sachverständigenrat zur Begutachtung der Gesamtwirtschaftlichen Entwicklung – SVR (2000/01), Jahresgutachten 2000/01, V. Gesundheitspolitik: Nach der Reform ist vor der Reform, Mimeo, Bonn 2000, S. 379-408.

Sachverständigenrat für die konzertierte Aktion im Gesundheitswesen – SVR KAiG (1995), Sondergutachten 1995, Gesundheitsversorgung und Krankenversicherung 2000, Baden-Baden 1995.

Schräder, W. F. (2000): Gesundheitsziele der Bürger und Leitbilder des akademisch-administrativen Komplexes, in: Geene, R.; Luber, E., Hg. (2000), S. 35-38.

Prioritätensetzung im Gesundheitswesen durch ordnungspolitische Erneuerung – Krankenversicherungspflicht für alle und individuelle Wahlfreiheit

Klaus-Dirk Henke

Priorisierung durch Qualitätssicherung und finanzielle Restriktionen

Mit der Priorisierung von Gesundheitszielen wird versucht, Schwerpunkte zu setzen und eine „geordnete Rationierung" im Gesundheitswesen vorzunehmen. Wenn man die Rationalisierung bzw. Mobilisierung von Wirtschaftlichkeitsreserven einmal als Daueraufgabe einer strukturellen und evolutionären Erneuerung des Gesundheitswesen ansieht und hier nicht weiter behandelt, kann die erforderliche Prioritätensetzung auf drei Ebenen erfolgen.

So lassen sich aus der Sicht eines Ökonomen zunächst sowohl im Rahmen der Prozesspolitik als auch innerhalb der Ordnungspolitik Ziele priorisieren. Bei den prozesspolitischen Zielen können im Gesundheitswesen Prioritäten durch Qualitätssicherung und durch finanzielle Restriktionen gesetzt werden. Ordnungspolitische Ziele beziehen sich darüber hinaus in aller Regel auf die Rahmenbedingungen, unter denen die finanzielle Absicherung des Krankheitsrisikos erfolgt bzw. der Krankenversicherungsschutz in einer Gesellschaft geregelt ist.

Abbildung 1

Prioritätensetzung im Gesundheitswesen

- durch Qualitätssicherung (1)
- durch finanzielle Restriktionen (2)
- durch ordnungspolitische Erneuerung: Krankenversicherungspflicht für alle und individuelle Wahlfreiheit

Technische Universität Berlin
Prof. Dr. Klaus-Dirk Henke

Die Schwerpunktsetzung innerhalb der Qualitätssicherung erfolgt zum einen über den Abbau vermeidbarer Mortalität und vermeidbarer Morbidität im Rahmen der Behandlung, vor allem aber über eine Risikoprävention. Unverzichtbar sind zum anderen Behandlungsleitlinien und Standards im Rahmen einer „evidence-based medicine", zu der auch ein Behandlungscontrolling gezählt werden kann. Ohne in diesem Referat bei den prozesspolitischen Zielen einen Schwerpunkt zu setzen, sei darauf verwiesen, dass gerade bei der Risikoprävention Prioritäten gesetzt werden sollten. So ist es im Rahmen einer genetischen Epidemiologie zunehmend möglich, Hochrisikoversicherte zu ermitteln und entsprechend der Erkenntnisse auf den verschiedensten Gebieten, z. B. der Herz-Kreislaufkrankheiten, präventiv zu behandeln. Sterbe- und Krankheitswahrscheinlichkeiten lassen sich im Vergleich zum altersspezifischen Durchschnitt ermitteln und zur Grundlage einer neuartigen Präventionsmedizin entwickeln.

Abbildung 2

Prioritätensetzung im Gesundheitswesen

- **durch Qualitätssicherung (1)**
  - Abbau vermeidbarer Mortalität und vermeidbarer Morbidität durch Risikoprävention
  - Leitlinien, Standards, evidence-based medicine

Technische Universität Berlin
Prof. Dr. Klaus-Dirk Henke

Der zweite Bereich einer Priorisierung von Gesundheitszielen erfolgt durch finanzielle Restriktionen. Hierunter fällt die bestehende einnahmeorientierte Ausgabenpolitik und die zu diesem Zweck im SGB V kodifizierte Beitragssatzstabilität. Hierbei handelt es sich um das einzige bisher gesetzlich festgelegte Ziel. Es wurde Ende der siebziger Jahre als Hebel zur Kostendämpfung nach einer Periode zweistelliger Zuwachsraten in der gesetzlichen Krankenversicherung eingesetzt. Seit bald 25 Jahren gilt dieser Grundsatz, wobei es heute wie damals nicht möglich ist, wissenschaftlich den „richtigen" Beitragssatz zu bestimmen oder herauszufinden, wie viel eine Gesellschaft für die Krankenversorgung und die gesundheitliche Betreuung der Gesellschaft ausgeben soll.

Um die gesetzlich kodifizierte Beitragssatzstabilität zu gewährleisten, bedienen sich die Gesundheitspolitiker häufig einer Budgetierung. Globale, regionale, sektorale, gruppenspezifische und Individualbudgets sind dann die politische Antwort auf die Frage, wie das Ziel verwirklicht werden kann.

Ein neuer und innovativer Weg besteht seit kurzem darin, über eine integrierte Versorgung die segmentierte Versorgung und die zersplitterte Finanzierung zu überwinden. Zu diesem Zweck sind kombinierte Budgets mehr als nur ein Schlagwort geworden. Man möchte durch so genannte Netzbudgets eine umfassende Krankenversorgung über alle Bereiche hinweg sicherstellen und vergüten. In Rahmen dieser Politik werden den Versicherten mehr Wahl- und Wechselmöglichkeiten als in der Vergangenheit eingeräumt. Ob die integrierte Versorgung tatsächlich ein trojanisches Pferd beim Untergang korporatistischer Strukturen ist, soll am Ende der Tagung untersucht werden.

Abbildung 3

Prioritätensetzung im Gesundheitswesen

- **durch finanzielle Restriktionen (2)**
    - einnahmenorientierte Ausgabenpolitik: Beitragssatzstabilität nach SGB V
    - globale, regionale, sektorale, gruppenspezifische und individuelle Budgets
    - kombinierte Budgets

Technische Universität Berlin
Prof. Dr. Klaus-Dirk Henke

Die folgenden Ausführungen beziehen sich auf die ordnungspolitischen Ziele bei der Prioritätensetzung im Gesundheitswesen. Dieser dritte Bereich einer Priorisierung von Gesundheitszielen wird meist systematisch übersehen. Im Vordergrund steht ein Systemwechsel ohne ausführliche Darstellung eines möglichen Übergangs in eine Welt der Krankenversicherungspflicht für alle mit individueller Wahlfreiheit.

Prioritätensetzung durch ordnungspolitische Erneuerung

Ausgangslage und Reformbedarf

Die Ausgangslage ist unstrittig. Über kurz oder lang werden die finanziellen Engpässe im Gesundheitswesen weiter und dauerhaft zunehmen. Es ist also absehbar, dass die Rationierung von Gesundheitsleistungen mehr und mehr in den Vordergrund treten wird und das in einer personalintensiven Dienstleistungsbranche mit besten Zukunftsaussichten.

Mit dem Hinweis auf den wünschenswerten technischen und medizinischen Fortschritt, die Telemedizin, die Märkte für Medizinprodukte, den Pflegemarkt, die forschende Pharmaindustrie, die Gentechnologie und die Molekularbiologie erscheint das Gesundheitswesen in unserer Dienstleistungs- und Informationsgesellschaft als eine Zukunftsbranche par excellence.

Eine verstärkte Rationierung, wie wir sie in England z. B. in Form von Warteschlangen bei Operationen beobachten, aber auch in den skandinavischen Ländern und Holland, mindert vor diesem Hintergrund die Wachstumsmöglichkeiten und damit die Wohlfahrt eines Landes.

Die erfreulicherweise gestiegene Lebenserwartung bringt steigende Ausgaben im Gesundheitswesen mit sich. Die dadurch auftretenden Finanzierungs- und Gerechtigkeitsprobleme sind ebenfalls unstrittig. Der Konflikt zwischen den Generationen nimmt weiter zu, und zwar nicht nur in Deutschland, sondern europaweit.

Die Zeche unserer umlagefinanzierten Sozialversicherungssysteme zahlen die Nachkommen. Die Zahllasten werden in die Zukunft verschoben. Durch eine so genannte Generationenbilanzierung wird deutlich, dass wir auf Kosten der nachfolgenden Generationen leben. Das geschieht auch dadurch, dass wir durch eine verstärkte Rationierung und die Drosselung des Fortschritts weniger Wohlfahrt vererben als unter anderen Rahmenbedingungen möglich gewesen wäre.

Abbildung 4

Ausgangslage

- erfreulicherweise gestiegene Lebenserwartung
- finanzielle Engpässe im Gesundheitswesen nehmen zu
- Rationierung tritt in den Vordergrund
- Wir leben auf Kosten der folgenden Generation!

Technische Universität Berlin
Prof. Dr. Klaus-Dirk Henke

Abbildung 5

Personalintensive Zukunftsbranche par excellence

- wünschenswerter medizinisch-technischer Fortschritt
- Gentechnologie und Molekularbiologie als Zukunftsmärkte
- neue Präventionspotentiale
- Telemedizin, Medizinprodukte
- Pflegemarkt, forschende Arzneimittelhersteller

Technische Universität Berlin
Prof. Dr. Klaus-Dirk Henke

Über diese erste Einschätzung der Ausgangslage im Gesundheitswesen hinaus gibt es noch weitere reformbedürftige Probleme, die auch nur kurz und aufzählend dargestellt werden können:

Die Koppelung der Sozialversicherungsbeiträge in der GKV an die Löhne und Gehälter ist – und mit dieser Ansicht stehe ich in der Wissenschaft weiß Gott nicht alleine – antiquiert und führt zu Wettbewerbsnachteilen für die Bundesrepublik Deutschland. Die Lohnkosten sind nach wie vor zu hoch.

Die so genannte Friedensgrenze zwischen GKV und PKV ist einer breiten Öffentlichkeit schon lange nicht mehr zu erklären und obsolet geworden. Der bestehende Wettbewerb zwischen zwei völlig unterschiedlichen Systemen ist nicht funktionsfähig. Eine Verschiebung der Friedensgrenze wird von vielen Politikern immer nur zu Lasten der PKV gefordert.

Doch die Ungereimtheiten im derzeitigen System liegen nicht nur auf der Seite der zersplitterten und an die Lohnentwicklung gekoppelten Finanzierung.

Auch die intransparente Vergütung von Gesundheitsleistungen und das medizinische Leistungsgeschehen mit seiner mangelhaften Integration gehören auf den Prüfstand. Der Sachverständigenrat für die Konzertierte Aktion im Gesundheitswesen hat mit der Liberalisierung der Krankenversorgung, insbesondere des Vertragsrechts, die Wege gewiesen.

Zu den lösungsbedürftigen Problemen gehört auch die steuerfreie Auszahlung des Arbeitgeberbeitrags. Sie wird von der Wissenschaft seit Jahrzehnten gefordert. Der Arbeitgeberanteil kann aus rein ökonomischer Sicht heutzutage nicht mehr erklärt werden.

Auch eine Verbreiterung der Bemessungsgrundlage für die Sozialversicherungsbeiträge stellt kein Patentrezept dar. Allein für freiwillig versicherte Rentner ist die breitere Bemessungsgrundlage verfassungsrechtlich obsolet geworden. Ihre Verbreiterung jedoch auf alle gesetzlich versicherten Rentner auszudehnen, führt zu der Frage, warum sie dann nicht gleich für die gesamte Bevölkerung gelten soll. Ehe dieser Schritt in Richtung einer proportionalen einkommensteuerähnlichen und fiskalisch sehr ergiebigen Lösung gegangen wird, sollte man sich jedoch das zu Anfang beschriebene Ausgangsproblem im Gesundheitswesen noch einmal vergegenwärtigen.

Das Ausgangsproblem besteht in der demographischen Herausforderung und im medizinisch-technischen Fortschritt sowie den damit verbundenen steigenden Gesundheitsausgaben. Daraus folgt einerseits ein Rationierungsdruck und andererseits der Wunsch nach Finanzierung des medizinisch Notwendigen vor dem Hintergrund aller machbaren und auch wünschenswerten Gesundheitsleistungen.

Die beschriebene Situation ist von Wissenschaft und Praxis erkannt worden, und es ist überaus zu begrüßen, dass nicht nur die Ärzteschaft, sondern auch zwei große private Versicherungsunternehmen diese Herausforderung annehmen und mit neuen Vorschlägen an die Öffentlichkeit treten.

Dieser Mut privater Versicherer ist umso bemerkenswerter als private Krankenversicherer in der Vergangenheit eher zurückhaltend und strukturkonservierend an der gesundheitspolitischen Auseinandersetzung teilgenommen haben.

Eingefahrene Gleise gilt es zu verlassen. Wir brauchen neue Rahmenbedingungen und bessere Anreizsysteme für eine wünschenswerte Finanzierungs- und Leistungsverantwortung im Gesundheitswesen.

Um also die genannten Probleme zu lösen, werden dringend neue Ansätze im Finanzierungssystem der Krankenversorgung, d. h. in der Mittelaufbringung gebraucht. Die finanzielle Absicherung des Krankheitsrisikos muss auf neue und innovative Grundlagen gestellt werden, wenn die „Durchwurschtelei" im Gesundheitswesen ein Ende haben soll.

Ein neues Modell für den Krankenversicherungsschutz

Doch nun zum inhaltlichen Vorschlag für eine neue finanzielle Absicherung des Krankheitsrisikos. Mehr Kapitalbildung, mehr Wettbewerb, eine Mindestversicherungspflicht für die gesamte Bevölkerung mit Kontrahierungszwang für alle Versicherungsunternehmen gehören zu den Kernpunkten des Versicherungsmodells. Sie sind aus meiner Sicht für ein zukunftsorientiertes Krankenversicherungssystem unerlässlich.

Abbildung 6

Kernelemente eines neuen Versicherungsmodells (1)

- Versicherungspflicht für alle und Wahlfreiheit für den Einzelnen
- Trennung von Versicherung und Umverteilung dringend notwendig
- Kontrahierungszwang für alle Versicherer als Voraussetzung eines fairen Wettbewerbs
- weitgehende Demographieresistenz als größter Vorteil des Modells

Technische Universität Berlin
Prof. Dr. Klaus-Dirk Henke

Thesenartig und in gebotener Kürze sei dargestellt, wie das Modell mit Versicherungspflicht für die gesamte Bevölkerung bei Anbieterpluralität und Kontrahierungszwang den demographischen und medizinisch-technischen Herausforderungen im Gesundheitswesen innovativ und verlässlich durch Kapitalbildung gegenübertritt.

Um die Alterssicherung auch im Gesundheitswesen auf gesündere Beine zu stellen, braucht man hier noch mehr als in der gesetzlichen Rentenversicherung Vorkehrungen, die das System möglichst demographieresistent werden lassen. Der Aufbau einer privaten kapitalgedeckten Vorsorge ist nicht nur meiner Einschätzung nach der sichere Weg um nachfolgende Generationen zu entlasten und den derzeit Erwerbstätigen im Alter zu verträglichen Prämien bzw. Versicherungsbeiträgen zu verhelfen. Der Vorteil ist, dass das System mit dieser zusätzlichen Säule finanziell stabil und überschaubar bleibt. Generationenkonflikte finden eine angemessene Antwort, die ein Umlageverfahren bei Globalbudgetierung und Rationierung nicht bereitstellen kann.

Das Vorsorgesparen erfolgt im Rahmen der Grund- bzw. Standardversorgung auf hohem Niveau ebenfalls als Pflicht zur Kapitalbildung, der man entweder individuell oder auch kollektiv folgen kann.

Die Koppelung der Absicherung des Krankheitsrisikos mit gleichzeitiger Kapitalbildung stellt sicher, dass es bei portablen Rücklagen nicht zu altersbedingten Erhöhungen der Kopfpauschalen kommt. Bei einem Wechsel der Versicherten zu einem anderen Versicherer ist keine Risikoprüfung vorgesehen. Die Bildung von Rücklagen schafft eine demographieresistente Entwicklung der Kopfprämien.

Wichtig ist, dass die Absicherung einer definierten und regelhaft an den Fortschritt angepassten Grund- und Standardversorgung auf hohem Niveau für die gesamte Bevölkerung erfolgt. Eine neue Versicherungsaufsicht sollte diese Aufgabe übernehmen, das System überwachen und die Zuständigkeit für die Sicherstellung der gesamten Krankenversorgung übernehmen.

Abbildung 7

Kernelemente eines neuen Versicherungsmodells (2)

- Anbieterpluralität und Wettbewerb auch im Gesundheitswesen
- Kopfpauschalen mit Kapitalbildung sichern die finanzielle Stabilität
- Kinder beitragsfrei in der Regel bis zum 20. Lebensjahr
- Standardversorgung auf hohem Niveau muss gewährleistet sein
- Zusatzversorgung gehört in den individuellen Bereich

Technische Universität Berlin
Prof. Dr. Klaus-Dirk Henke

Abbildung 8

Kernelemente eines neuen Versicherungsmodells (3)

- Risikoprüfung weder am Anfang noch beim Wechsel
  → sozial gebundener Wettbewerb
- keine altersbedingten Erhöhungen der Beiträge sichern Stabilität
- neue Versicherungsaufsicht mit Sicherstellungsauftrag unerlässlich
- Wettbewerb um die besten Wege zu mehr Gesundheit

Technische Universität Berlin
Prof. Dr. Klaus-Dirk Henke

Im Sinne des wünschenswerten Familienlastenausgleichs ist es unerlässlich, dass Kinder beitragsfrei mitversichert sind. Auch auf diese Komponente sollte nicht verzichtet werden. Bis zum Erwerbsalter werden bei dem Vorschlag einer großen privaten Krankenversicherung die Kopfprämien für die Kinder vom Versicherungsunternehmen übernommen.

Im sozial gebundenen Wettbewerb zwischen allen Versicherungen (die Unterscheidung zwischen GKV und PKV entfällt) werden die Höhe der

Beitragszahlungen und die besten Wege zu einer besseren und kostengünstigeren Krankenversorgung zu den Wettbewerbsparametern. Dass der unverzichtbare soziale Ausgleich gewährt wird, ist aus meiner Sicht eine Grundvoraussetzung für die Akzeptanz dieses Modells. Bei personenbezogenen Beiträgen ergeben sich für Familien und Personen mit geringem Einkommen Belastungen, die ausgeglichen werden müssen. Das kann durch Umlageelemente und/oder durch die Finanzierung über Sozialversicherungsbeiträge aus anderen Zweigen der Sozialversicherung (z. B. Arbeitslosenversicherung) und über Steuern (für Sozialhilfeempfänger, wie schon derzeit) erfolgen. Hierin besteht keine neue Aufgabe, sondern es geht im wesentlichen um die Einpassung dieses sozialen Ausgleichs in das vorgeschlagene Modell einer Krankenversicherung mit Kapitalbildung.

Abbildung 9

Kernelemente eines neuen Versicherungsmodells (4)

- unverzichtbarer sozialer Ausgleich
  → Arbeitslose, Sozialhilfeempfänger, Lehrlinge, Auszubildende, Studenten etc., durch öffentliche Mittel fördern
- Rentner und working poor benötigen Ausgleich
- Schweizer Modell als Notbremse: Niemand zahlt mehr als 10 Prozent seines Einkommens!

Technische Universität Berlin
Prof. Dr. Klaus-Dirk Henke

Unerlässlich ist darüber hinaus, dass alle Versicherungsunternehmen dem Kartellrecht unterliegen. Freier Wettbewerb ist also durch gleiche Startchancen sicherzustellen. Kooperationen und Fusionen stehen ebenfalls unter wettbewerbsrechtlicher Aufsicht. Jedes System, das Selbststeuerungskräfte stärken will und den Einfluss der Politiker schmälern soll, braucht einen klaren Ordnungsrahmen mit entsprechenden Anreizsystemen.

Abbildung 10

Zielorientierung des Modells

- Selbststeuerungskräfte stärken
- Einfluss der Politik schmälern
- dauerhaften Ordnungsrahmen
- ergebnisorientierte Anreize

Technische Universität Berlin
Prof. Dr. Klaus-Dirk Henke

Fazit und Ausblick

Ein duales System mit Mindestversicherungspflicht für alle bei gleichzeitiger Kapitalbildung und darüber hinaus gehenden Möglichkeiten der individuellen Zusatzvorsorge hat zum einen den Vorteil,

- die desolate Umlagefinanzierung der gesetzlichen Krankenversicherung zu überwinden,
- die demographische Herausforderung zu meistern und
- den Rationierungsdruck erheblich zu mindern.

Der Vorschlag sichert zum anderen dem Gesundheitswesen als personalintensiver Wachstumsbranche eine wünschenswerte Zukunft. An die Stelle einer globalen, regionalen, sektoralen, ja individuellen Budgetierung aller Finanzierungsströme und der damit verbundenen Planung und Bürokratisierung in der Vergütung von Gesundheitsleistungen treten Freiräume für ein Gesundheitswesen, das zu unserer Informations- und Dienstleistungsgesellschaft passt und Rationierungen weitestgehend vermeidet.

Abbildung 11

Fazit

- demographische Herausforderung meistern
- Rationierung mindern
- Umlagefinanzierung überwinden
- Planung und Bürokratie abbauen

Technische Universität Berlin
Prof. Dr. Klaus-Dirk Henke

Das vorgeschlagene Modell einer Mindestversicherung mit Kapitalbildung soll den dauerhaften Ordnungsrahmen für das Gesundheitswesen schaffen, der einer sozialen Marktwirtschaft entspricht und den wünschenswerten Wettbewerb in diesem Zweig der Absicherung von Lebensrisiken ermöglicht. Es ist zugleich richtungsweisend für den sich entwickelnden europäischen Gesundheitsmarkt.

Der europäische Binnenmarkt muss im Kontext der Krankenversorgung der Bevölkerung in den Blick genommen werden. Durch die Dienstleistungsfreiheit in Europa wird der Reformdruck „von außen" zunehmen. Der europaweite institutionelle Wettbewerb wird zu einer weiteren Trennung von Versicherungs- und Umverteilungsaufgaben führen. Verteilungsaufgaben geraten angesichts der Globalisierung der Märkte mehr und mehr in die Diskussion. Ihre Finanzierung fällt immer schwerer, so dass man sich auch hier auf zielgerichtete und unverzichtbare Leistungen beschränken muss.

Der europäische Integrationsprozess muss bei der Entwicklung von Perspektiven stärker berücksichtigt werden. Wir werden zwar mittelfristig noch kein aufeinander abgestimmtes und über die Verordnungen 1408/71 und 1612/68 hinaus gehendes koordiniertes Gesundheitswesen haben, aber vielleicht doch ein gemeinsames Grundmodell, das jedes Land nach seiner Fasson ausgestalten kann. Das hier zur Diskussion gestellte Modell liefert sehr gute Ansätze, an denen wir gemeinsam, mit einer größeren Öffentlichkeit und europaweit weiterarbeiten müssen.

Abbildung 12

Grenzüberschreitende Gesundheitsversorgung in Europa

- Dienstleistungsfreiheit im europäischen Binnenmarkt muss auch für Gesundheitswesen gelten
- Risikoäquivalenz und Solidarität durch Trennung von Umverteilung und Versicherung
- Mindestversicherungspflicht mit Kapitalbildung als gemeinsames Modell für Europa
- Auf dem Weg zu einem europäischen Krankenversicherungsschutz

→ sozial gebundener Wettbewerb als ordnungspolitisches Leitbild

Technische Universität Berlin
Prof. Dr. Klaus-Dirk Henke

Literatur

Boetius, Jan: Gesetzliche Krankenversicherung (GKV) und private Krankenversicherung (PKV). Modell eines zukunftssicheren Systems, Münsteraner Reihe, Heft 59, Karlsruhe 1999.

Buchholz, Wolfgang; Henke, Klaus-Dirk; Ribhegge, Hermann; Wagener, Hans-Jürgen; Wagner, Gert G.: Modellierung eines Krankenversicherungssystems mit patientenorientiertem und sozialgebundenem Wettbewerb, Abschätzung von Effektivität und Effizienz im internationalen Vergleich, Berlin, September 2000.

Henke, Klaus-Dirk; Hofmann, Andrea; Hoppe, Jörg-Dietrich; Schröder, Jörg-Peter; Wandschneider, Ulrich (Hrsg.): Innovatives Gesundheitsmanagement im Zeichen Europas, München 2000.

Hsiao, William: What Should Macroeconomists Know About Health Care Policy? A Primer, IMF Working Paper, No. WP/00/136, July 2000.

Rumm, Ulrich: Kapitaldeckung im Gesundheitswesen, Vereinte Krankenversicherung AG, München 2000.

Stellenwert von Gesundheitszielen – Medizinische Orientierung im Gesundheitswesen[1]

Volker Leienbach/Rainer Hess

Vorbemerkung

Die Diskussion um die Weiterentwicklung des Gesundheitswesens war in der Vergangenheit in Deutschland fast ausschließlich ökonomisch orientiert. Dem gegenüber standen Versorgungsgesichtspunkte und die medizinische Orientierung des Gesundheitswesens im Hintergrund. Diese einseitige Orientierung wurde – trotz oder auch wegen der großen finanziellen Probleme – zunehmend als Defizit empfunden.

Dieser Befund gilt trotz der Feststellung, dass es auch in der Vergangenheit immer wieder Bestrebungen gab, die auch die sich jetzt anbahnende neue Phase der Gesundheitspolitik einleiteten, medizinischen Aspekten ein größeres Gewicht bei der Reformdiskussion im Gesundheitswesen zukommen zu lassen. Hierzu zählen die Programme zur Verbesserung der Qualität der medizinischen Versorgung, die Entwicklung von Leitlinien, „health technologie assessment" sowie „evidence based medicine" und vor allem auch die im Ausland und in Deutschland verfolgten Strategien zur Definition und Implementation von Gesundheitszielen.

Als Reaktion auf die in allen weltweit anzutreffenden Gesundheitssystemen verfolgte Kostendämpfungspolitik haben sich seit den 80er-Jahren die Anstrengungen verstärkt, die Diskussion um Gesundheitsziele zu intensivieren und Priorisierungen vorzunehmen.

In sehr allgemeiner Form hat die WHO diese Diskussion vor zwei Jahrzehnten angestoßen.

1979 verabschiedete die WHO ihr erstes weltweites Zielprogramm „Health for All", dem 1984 die Verabschiedung eines europäischen WHO-Zielprogrammes folgte. Dieses Programm umfasste 38 Gesundheitsziele „für eine bessere Gesundheit, eine gesundheitlich förderliche Lebensweise, eine gesunde Umwelt, eine bedarfsgerechte Versorgung und darauf bezogene Entwicklungsstrategien für Europa". Es wurde ver-

---

[1] Dieser Beitrag stützt sich wesentlich auf die im GVG-Ausschuss „Medizinische Orientierung im Gesundheitswesen" (Vorsitz: Dr. Rainer Hess) erarbeiteten Positionspapiere.

einbart, die Erreichung dieser Ziele regelmäßig zu messen und die Ergebnisse in Berichten zu veröffentlichen.

Auf dieser Grundlage hat es in mehreren Staaten Europas in der Zielsetzung gleichgerichtete, im Umfang und in der Ausrichtung an messbaren Ergebnissen jedoch sehr unterschiedliche Gesundheitszielprogramme gegeben. Portugal, Italien und England bieten hierfür Beispiele. Die Initiative in diesen Ländern ging in erster Linie von Ministerien und Verwaltung aus – ohne Einbindung der übrigen Akteure im Gesundheitswesen.

Eine solche Strategie muss aufgrund der zu erwartenden fehlenden Akzeptanz bei den beteiligten Partnern und nicht zuletzt in der Bevölkerung in einem pluralistischen, gegliederten Gesundheitswesen wie dem deutschen scheitern.

So gingen und so gehen Initiativen in Deutschland, die Gesundheitsziele-Diskussion voranzubringen, folgerichtig immer von einem anderen Ansatz aus: Durch weitest mögliche Einbindung der unterschiedlichen Beteiligten im Gesundheitswesen sollen Gesundheitsziele auf Basis eines breiten Konsenses und damit auf Basis einer breiten Akzeptanz entwickelt und umgesetzt werden.

Hierfür bietet das Bundesland Nordrhein-Westfalen ein gutes Beispiel. Im Jahre 1991 wurde in Nordrhein-Westfalen die Landesgesundheitskonferenz bereits mit dem Vorhaben gegründet, gemeinsam Gesundheitsziele zu formulieren. In diesem Gremium war das verfasste Gesundheitswesen in seiner gesamten Breite abgebildet – Leistungserbringer und Kostenträger, kommunale Spitzenverbände, Sozialpartner. In den Folgejahren wurde das gleiche Verfahren spiegelbildlich auf der kommunalen Ebene erprobt. In 28 Kommunen wurden „runde Tische" etabliert, die in einem Konsensusverfahren zielorientierte Handlungsempfehlungen für die Akteure im Gesundheitswesen auf der Basis von Gesundheitsberichterstattung verabschieden sollten.

Ergebnis dieses Prozesses war die Verabschiedung von zehn vorrangigen Gesundheitszielen in Nordrhein-Westfalen im Jahre 1995, in deren Folge bis heute über 120 Maßnahmen mit allen Beteiligten gemeinsam entwickelt und abgestimmt worden sind. Hierzu zählen etwa Konkretisierungen der Ziele „Landesprogramm gegen Sucht" oder „Krebsbekämpfung".

Mit seinen „zehn vorrangigen Gesundheitszielen für NRW bis zum Jahre 2003" hat sich Nordrhein-Westfalen neben Niedersachsen an einem Netzwerk der WHO „Regionen für Gesundheit" und am Programm „Gesundheit für alle" beteiligt. Aber auch in anderen Bundesländern, wie Berlin, Hamburg, Sachsen-Anhalt oder Schleswig-Holstein, wurde damit begonnen, Gesundheitsziele zu entwickeln und umzusetzen.

Neben diesen Programmen der Bundesländer hat auch die Selbstverwaltung von Sozialleistungsträgern in den 90er-Jahren die Initiative ergriffen, definierte Gesundheits- und Versorgungsziele zur Grundlage von Planungsentscheidungen zu machen. Als Beispiele seien Programme einzelner Krankenkassen, der Renten- oder der Unfallversicherung genannt.

Schließlich wurden in Deutschland die Gesundheitsberichterstattung, die Versorgungsforschung und die Entwicklung medizinischer Leitlinien in den vergangenen Jahren stark vorangetrieben, so dass heute Instrumente zur Entwicklung, Umsetzung und Evaluation von Gesundheitszielen zur Verfügung stehen.

Gesundheitsziele auf Bundesebene

Wertet man die Erfahrungen im supranationalen Rahmen, im Ausland und auf regionaler Ebene in Deutschland aus, so gelangt man zu folgenden Schlussfolgerungen:

- Supranationale Initiativen – vor allem von der WHO ausgehend – sind geeignet, das Problembewusstsein zu schärfen, Diskussionen anzustoßen und politische Initiativen in Gang zu setzen. Die dort formulierten Ziele müssen jedoch – da sie letztlich staaten- und damit systemübergreifende Gültigkeit entfalten sollen – zwangsläufig allgemeiner Natur sein und sind daher nicht unmittelbar praxisrelevant.

- Die ausländischen Erfahrungen zeigen, dass es kein allgemeingültiges System der Priorisierung gibt, dass vielmehr jedes Land – entsprechend seinem spezifischen Gesundheitssystem, seinen Finanzierungsmöglichkeiten und seinem kulturellen Hintergrund – seinen eigenen Ansatz zur Priorisierung finden muss. Dabei wird aus deutscher Perspektive sehr deutlich, dass ein „top-down-Ansatz" – wie er beispielsweise in einem staatlichen Gesundheitssystem wie in Großbritannien vorgenommen werden kann – für Deutschland ungeeignet ist.

- Schließlich zeigen die regionalen Initiativen in Deutschland, dass diese unbedingt notwendig sind, um unmittelbar „vor Ort" entsprechend den dort geltenden Rahmenbedingungen problemadäquat

Gesundheitsziele zu definieren und zu implementieren. Nordrhein-Westfalen liefert hierfür ein gutes Beispiel. Die Initiativen zeigen jedoch gleichzeitig, dass ein solches Tätigwerden in der Region idealerweise auf Basis eines auf nationaler Ebene erreichten Konsenses über Priorisierungen erfolgen sollte.

GVG-Initiative auf Bundesebene

Vor diesem Hintergrund hat die Gesellschaft für Versicherungswissenschaft und –gestaltung e.v. (GVG) im Jahre 1997 einen Ausschuss eingerichtet, dessen Beratungsgegenstand exklusiv die „Medizinische Orientierung im Gesundheitswesen" ist. Dieser Ausschuss, der unter dem Vorsitz von Dr. Rainer Hess – Hauptgeschäftsführer der Kassenärztlichen Bundesvereinigung – arbeitet, ist außerordentlich pluralistisch zusammengesetzt: Vertreter der gesetzlichen und privaten Krankenversicherung, der Ärzteschaft, der Krankenhausträger, der pharmazeutischen Industrie, der gesetzlichen Rentenversicherung und der gesetzlichen Unfallversicherung, der Pflegeberufe und nicht zuletzt Patientenvertreter kooperieren in diesem Ausschuss.

Zu Beginn seiner Arbeiten hat sich der Ausschuss auf folgende Leitsätze verständigt:

- Gesundheitsziele führen zu sinnvollem Mitteleinsatz

- Versorgungsziele werden von den beteiligten Akteuren im Konsens festgelegt

- Auswahl von Gesundheitszielen muss nach rationalen Selektionskriterien erfolgen

- Enge Zusammenarbeit aller Sozialversicherungsträger mit den Leistungserbringern im Gesundheitswesen ist notwendig

- Gesundheitsberichterstattung ist unbedingt erforderlich

Gesundheitsziele führen zu sinnvollem Mitteleinsatz

Um das begrenzte Finanzvolumen in der Sozialversicherung bedarfsgerecht und effizient einzusetzen und um die Qualität von Gesundheitsleistungen und –produkten zu sichern und zu verbessern, bedarf es – neben der ökonomischen Orientierung – einer medizinischen Orientierung des Gesundheitswesens durch Gesundheitsziele. Dabei sind Gesundheitsziele als ergebnisorientierte Steuerungsansätze zu verstehen, die rational abgeleiteten gesundheitspolitischen Prioritäten folgen. Gesundheitsziele können – anders als eine ausschließlich ökonomische Steuerung des Mitteleinsatzes – zu einer effizienten Leistungserbringung führen, die am medizinischen Versorgungsbedarf ausgerichtet ist.

Durch die Überleitung von Gesundheitszielen zu operationalisierbaren Versorgungszielen können Gesundheitsziele eine ergebnisorientierte Steuerungswirkung entfalten und den gezielten Mitteleinsatz verbessern. Mit der Ausrichtung an solchen Versorgungszielen zur Verhütung bzw. Bekämpfung bestimmter Erkrankungen oder Gesundheitsrisiken, können Gesundheitsziele zu einem strukturierenden Element der Weiterentwicklung des bundesdeutschen Gesundheitssystems werden. Dies steht nicht im Widerspruch zu dem zentralen Gesundheitsziel der Bereitstellung einer flächendeckenden medizinischen Betreuung der Bevölkerung.

Eine solche Orientierung an Gesundheitszielen eröffnet auch für die allgemeinen Versorgungsstrukturen die Perspektive, sich am Erfordernis einer effizienten und stärker versorgungsergebnisorientierten Leistungserbringung auszurichten. Besondere Versorgungsstrukturen, die zur effizienten Betreuung schwerwiegender, in der Regel chronischer Erkrankungen erforderlich sind, müssen so weit wie möglich an die allgemeinen Versorgungsstrukturen (z. B. durch geeignete Vernetzung von Leistungserbringern) angelehnt werden, um die Integration und Weiterentwicklung der Versorgungsbereiche zu fördern und zugleich zusätzliche Ausgaben auf das notwendige Maß zu begrenzen.

Versorgungsziele werden von den beteiligten Akteuren im Konsens festgelegt

Die Festlegung operationalisierbarer Versorgungsziele im Gesundheitswesen erfolgt unmittelbar durch die beteiligten Akteure. Die Vereinbarung von Versorgungszielen bedarf daher immer der gleichzeitigen Vereinbarung der zur Zielerreichung notwendigen Instrumente, der Evaluation dieser Instrumente im Hinblick auf die Erreichbarkeit des gesetzten Zieles sowie der Beurteilbarkeit der Zielerreichung anhand messbarer Parameter (Verfahrensziele).

Soweit Versorgungsziele auf die Effizienz von Strukturen und Verfahren zur Prävention, Rehabilitation und Behandlung bestimmter Erkrankungen oder Vermeidung besonderer Gesundheitsrisiken gerichtet sind, bedürfen sie einer möglichst breiten Absicherung durch medizinisch-wissenschaftliche Leitlinien. Voraussetzung für die Akzeptanz solcher Versorgungsziele in der Öffentlichkeit ist der Konsens zwischen Betroffenen (Versicherte/Patienten), Leistungserbringern, Kostenträgern und der

Wissenschaft bezüglich der Prioritätensetzung, der notwendigen Verfahren und Strukturen.

Zur Beurteilung der Zielerreichung sind angestrebte Ergebnisse und ein Zeitrahmen für deren Erreichung als Verfahrensziele zu definieren (Ergebnisorientierung). Durch Vereinbarung von Teilzielen („Meilensteine"), z. B. für den Aufbau eines Qualitätsmanagements, die Qualifizierung von Leistungserbringern durch entsprechende Schulung, den Aufbau einer geeigneten Dokumentation, kann ein rationales Vorgehen zur Zielerreichung ermöglicht werden.

Dabei sind die jeweiligen Verantwortungsbereiche der beteiligten Akteure und ihr Zusammenwirken, z. B. in der Zusammenarbeit zwischen hausärztlicher und fachärztlicher Versorgung, ggf. betriebsärztlichem Dienst und erforderlichenfalls hochspezialisierter Versorgung klar festzulegen. Die Motivation der Beteiligten und Betroffenen kann durch ein Anreizsystem gestärkt werden. Auf der Abbildung 1 „Struktur und Abläufe" sind die Akteure im Gesundheitswesen im Einzelnen aufgeführt. Auf der einen Seite die Politik mit Bund, Ländern und Kommunen, auf der anderen Seite die Akteure im Gesundheitswesen, bestehend aus allen Sozialversicherungszweigen, Leistungserbringern, der privaten Krankenversicherung, dem öffentlichen Gesundheitsdienst, den Wohlfahrtsverbänden, der Industrie und selbstverständlich die Patientenvertretungen und Selbsthilfegruppen.

Abbildung 1: Struktur und Abläufe

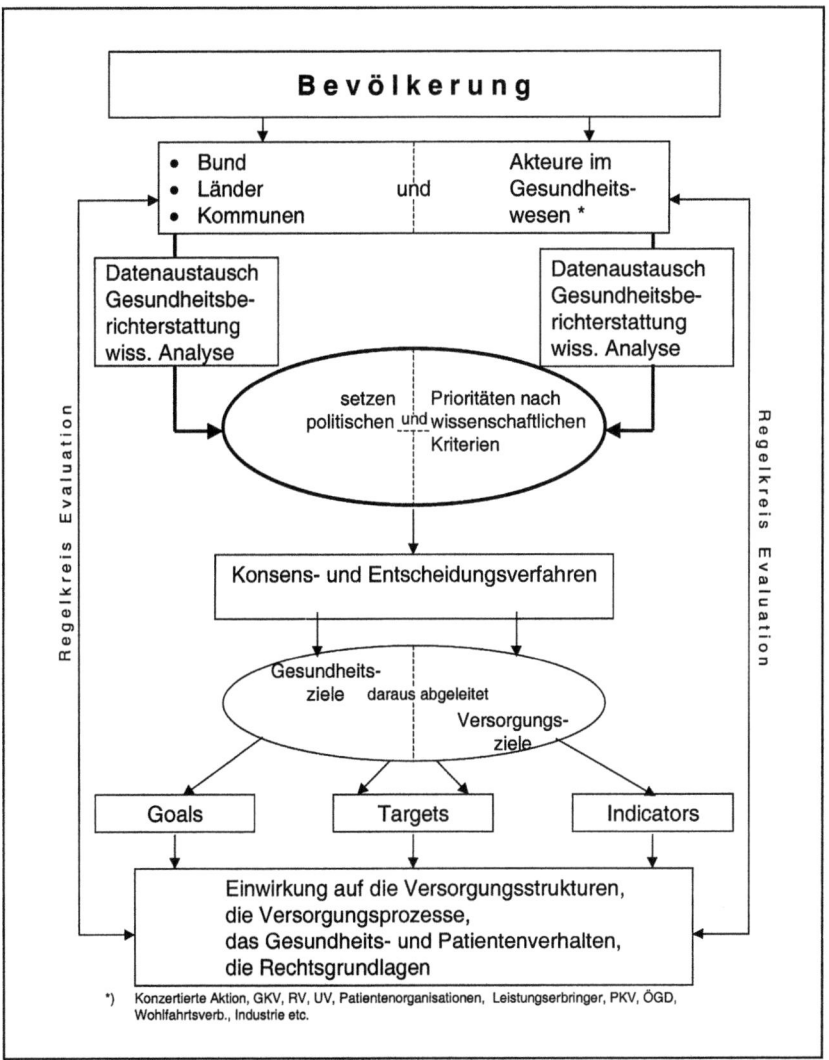

Quelle: GVG-Ausschuss „Medizinische Orientierung im Gesundheitswesen"

Aufgabe der Akteure ist es, die in der Abbildung 2 aufgelisteten Aufgaben im Konsens zu lösen:

Abbildung 2

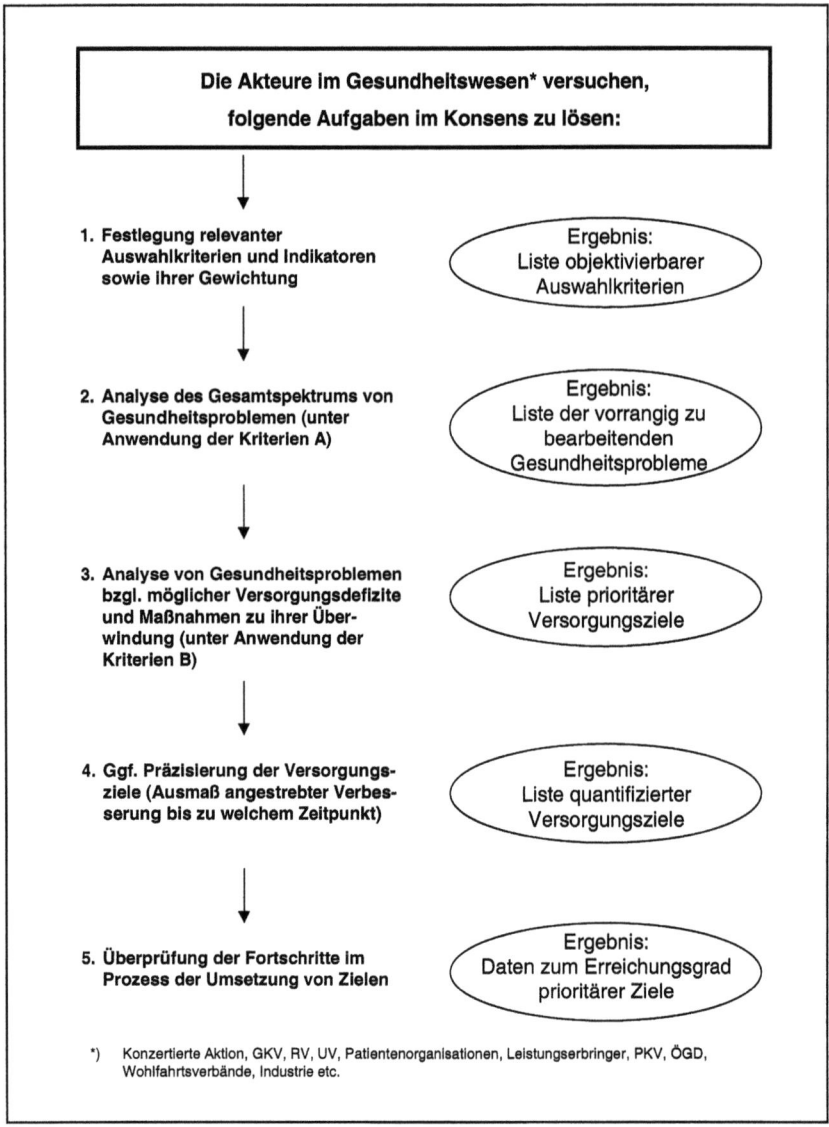

Quelle: GVG-Ausschuss „Medizinische Orientierung im Gesundheitswesen"

Auswahl von Gesundheitszielen muss nach rationalen Selektionskriterien erfolgen

Unter den genannten Voraussetzungen bedarf es für die Auswahl von Gesundheitszielen einer Gewichtung bestimmter Selektionskriterien. Am Beispiel der Zielgruppe „Chronisch kranke Bevölkerung" hat die GVG-Arbeitsgruppe Kriterien und Indikatoren von Gesundheits- und Versorgungszielen für die Bevölkerung erstellt (Abbildung 3).

Abbildung 3: Kriterien und Indikatoren von Gesundheits- und Versorgungszielen für die Bevölkerung (Zielgruppe: chronisch kranke Bevölkerung)

A	Kriterien zur Auswahl der vorrangig zu bearbeitenden Probleme	Indikatoren
a)	Verbreitung des Problems	a) Prävalenz, Inzidenz
b)	Schweregrad des Problems	b) Vorzeitige Sterblichkeit, Risiko für Spätkomplikationen, dauerhafte Abhängigkeit von lebenserhaltenden Interventionen, Frühverrentung, Einschränkungen der Lebensqualität (Mobilität, Schmerz, kognitive Fähigkeiten, sensorische Fähigkeiten, emotionale Befindlichkeit, Fähigkeit zur sozialen Rollenerfüllung)
c)	Gesundheitspolitische Relevanz der vom Problem betroffenen Gruppen	c) Häufung des Problems in einzelnen Zielgruppen der Gesundheitspolitik wie Altersgruppen, sozioökonomische Gruppen, soziale Randgruppen
d)	Priorität des Problems aus Sicht der Bevölkerung	d) Inanspruchnahme von Ärzten wegen des Problems, „willingness to pay"
e)	Bisheriger Ressourcenaufwand für das Problem	e) Behandlungskosten, Investitionskosten, Forschungskosten
f)	Beteiligungsmöglichkeit von Patienten und Angehörigen an der Problemlösung	f) Bereitschaft, Kompetenz, Compliance

B	Kriterien zur Auswahl der Versorgungsziele	Indikatoren
1.	Verfügbarkeit angemessener/ausreichender Behandlungsangebote (Kapazitäten)	1. Regionale Angebotsdichte, personelle und apparative Infrastruktur

2. Verbesserungswürdigkeit herkömmlicher therapeutischer Strategien	2. Konsens- und evidenzgestützte Empfehlungen der Fachgesellschaften, Compliance, Zufriedenheit von Patienten
3. Verbesserungswürdigkeit bisher praktizierter Organisationsformen der Versorgung	3. Konsens- und evidenzgestützte Empfehlungen der Fachgesellschaften, Compliance, Zufriedenheit von Patienten, Art und Anzahl beteiligter Akteure
4. Diskrepanz zwischen leitlinienkonformer und tatsächlicher Versorgung	4. Verbreitung medizinischer Standards und Beachtung durch Leistungserbringer

Quelle: GVG-Ausschuss „Medizinische Orientierung im Gesundheitswesen"

Bei der Gewichtung der Kriterien ist darauf zu achten, dass durch die Priorisierung von Versorgungszielen keine (unverhältnismäßige) Benachteiligung in der medizinischen Versorgung anderer Patienten eintritt und die begrenzt verfügbaren Mittel möglichst vielen Versicherten direkt (oder indirekt durch Vermeidung von Infektionsrisiken) zugute kommen.

Die Priorisierung von Versorgungszielen bedarf der regelmäßigen Aktualisierung unter Berücksichtigung von Änderungen der Gewichte auf jeder Entscheidungsebene. Neue Entwicklungen können zu einer Verschiebung der Prioritäten führen.

Enge Zusammenarbeit aller Sozialversicherungsträger mit den Leistungserbringern im Gesundheitswesen ist notwendig

Die Entwicklung von operationalisierbaren Versorgungszielen ist eine Aufgabenstellung, der sich im Rahmen des jeweiligen Versorgungsauftrages alle Versicherungszweige der Sozialversicherung stellen müssen. Insbesondere zur Beurteilung der indirekten Kosten sind, soweit möglich, die Auswirkungen von Erkrankungen auf die Entwicklung von Arbeitslosigkeit und auf die Frühverrentung sowie die Pflegebedürftigkeit durch Zuziehen von Daten der entsprechenden Sozialversicherungszweige zu berücksichtigen.

Deswegen bedarf es einer engen Zusammenarbeit der Sozialversicherungsträger und der Ärzteschaft bei der Beurteilung der Auswirkung von Erkrankungen auf das berufliche und soziale Umfeld und bei der Festlegung aufeinander abgestimmter Versorgungsziele.

Soweit externe Faktoren (Arbeitsplatz, Umwelt) zu Gesundheitsrisiken beitragen, ist die Beeinflussbarkeit dieser Faktoren durch die jeweiligen Sozialversicherungszweige in die Gewichtung mit einzubeziehen.

Gesundheitsberichterstattung ist unbedingt erforderlich

Die Entwicklung operationalisierbarer Versorgungsziele und die Evaluation der damit erreichten Versorgungsergebnisse erfordern eine ausreichende Datengrundlage, die durch den Ausbau einer für die Versorgungs- und Leistungsbereiche des Gesundheitswesens, möglichst nach einheitlichen Kriterien durchzuführenden Gesundheitsberichtserstattung, verbessert werden muss. Hierfür bedarf es einer engen Kooperation zwischen den Organisationen der Kostenträger und Leistungserbringer im Gesundheitswesen und den zuständigen staatlichen Stellen.

gesundheitsziele.de

Auf Basis der oben dargestellten Vorarbeiten führt die GVG in Zusammenarbeit und mit Unterstützung des Bundesministeriums für Gesundheit (BMG) ein Programm durch, das exemplarisch einige konkrete Gesundheitsziele als Vorschlag an die Politik entwickelt. Dieses Programm wird unter Einbindung der gesundheitspolitischen Akteure in Deutschland durchgeführt, um im Konsens konkrete Gesundheitsziele für Deutschland zu entwickeln. Das Programm verfolgt einen umfassenden Ansatz, der die präventive Vermeidung von Krankheiten und eine verbesserte Versorgung im Krankheitsfall einschließt. Entwickelt wurden exemplarisch sowohl einige konkrete Gesundheitsziele als auch Strategien zu deren Umsetzung. Selbstverständlich werden mit Beendigung dieses Programms Gesundheitsziele keineswegs einmalig und endgültig festgelegt sein. Vielmehr ist das Programm – vielleicht die Initialzündung –, in jedem Fall aber Bestandteil von Prozessen, die regelmäßig evaluiert und angepasst werden müssen.

Bis Mitte 2001 wird das Programm eine umfassende Analyse bestehender Initiativen zur Definition und Implementierung von Gesundheitszielen im In- und Ausland vorgenommen haben. Zweck dieser Analyse ist es, die besten Konzepte zu ermitteln und ihre Übertragbarkeit auf Deutschland zu bewerten.

Zugleich wird das Programm – ebenfalls bis Mitte 2001 – ein Konzept zur Evaluation von Gesundheitszielen erarbeitet und erste Analysen nationaler Daten zur Gesundheitsberichterstattung vorgenommen.

Auf dieser Grundlage werden dann exemplarisch einige Gesundheitsziele entwickelt. Für jedes dieser Ziele wird sodann ein praxisorientiertes Konzept zur Umsetzung vorgelegt.

Die jeweils erzielten Zwischenergebnisse werden im Internet zugänglich gemacht, wobei Anregungen nicht unmittelbar Beteiligter ausdrücklich erwünscht sind.

Schließlich wird das Endergebnis – „Vorschläge an die Politik" – im Juli 2002 im Rahmen einer öffentlichen Konferenz vorgestellt und anschließend publiziert.

Mit diesem konsensualen Ansatz, der dem selbstverwalteten, pluralistischen und gegliederten System des Gesundheitswesens in Deutschland entspricht, ist in Deutschland ein Projekt initiiert worden, das auch internationale Vergleiche nicht zu scheuen braucht. Das Programm ist ambitioniert und selbstverständlich werden die Herausforderungen an das Programm mit steigendem Konkretisierungsgrad größer werden. Dennoch gibt es dazu keine Alternative, da Gesundheitsziele und Prioritätensetzungen notwendig sind, um mehr Rationalität und mehr Qualität in den Versorgungsalltag zu bringen.

Dabei ist es besonders wichtig, in diesem Prozess nicht nur „die unmittelbar Systembeteiligten", sondern auch die Wissenschaft – hier insbesondere den Sachverständigenrat für die Konzertierte Aktion im Gesundheitswesen – sowie diejenigen einzubinden, die letztlich Adressaten von Gesundheitspolitik sind und die das Gesundheitswesen (neben den Arbeitgebern) finanzieren: die Versicherten bzw. die Patienten.

Gesundheitsziele in Deutschland – Steuerungsinstrument für die Gesundheitspolitik und für die Akteure im Gesundheitswesen*

Franz Knieps

---

* Der Verfasser dankt Dr. Christina Tophoven und Dr. Jörg Lauterberg für die wertvollen Anregungen zu diesem Beitrag

Angesichts der sozio-ökonomischen Veränderungen in Deutschland ist es für die Zukunft des solidarisch finanzierten Gesundheitssystems von erheblicher Bedeutung, das medizinisch Notwendige im Sinne einer qualitativ hochwertigen und wirtschaftlichen Versorgung zu bestimmen, um die auch unter ethischen Gesichtspunkten unvertretbare Fehlallokation von knappen Ressourcen zu vermindern und die Qualität von Gesundheitsleistungen und –produkten zu sichern und zu verbessern. So banal die Forderung nach Qualität und Wirtschaftlichkeit der gesundheitlichen Versorgung klingt, so schwierig ist es, diese in dem zergliederten, von Interessenkonflikten geprägten deutschen Gesundheitswesen in Verträgen zwischen Kranken- und Pflegekassen und Leistungserbringern generell sowie im konkreten Einzelfall durchzusetzen.

Wegen der begrenzten Wirksamkeit vieler Instrumente primär ordnungspolitisch motivierter Interventionen in der Gesundheitspolitik hat sich nicht nur im Sachverständigenrat für die Konzertierte Aktion im Gesundheitswesen die Erkenntnis durchgesetzt, dass Effektivität und Effizienz im Gesundheitswesen weniger von den ordnungspolitischen Richtungsentscheidungen zwischen GKV oder PKV, Umlageverfahren oder Kapitaldeckung, Korporatismus oder Wettbewerb als von einer stärkeren Ergebnisorientierung der Steuerungsansätze – insbesondere der Vergütungs- und Honorierungssysteme – abhängen. Zusätzlich muss die Wandlung des Krankheitspanoramas hin zu chronischen Erkrankungen und Multimorbidität – speziell im Alter – ihren Niederschlag in einer Neujustierung des Verhältnisses von Gesundheitsförderung und Prävention, Kuration, Pflege und Rehabilitation finden. Maßgebliche Voraussetzungen für die Erschließung unzweifelhaft vorhandener Wirtschaftlichkeitsreserven und für die Eindämmung von Über-, Unter- und Fehlversorgung sind einerseits die Sensibilisierung für integratives, an den Gesundheitsproblemen der Patientinnen und Patienten orientiertes Denken und Handeln sowie andererseits die Kommunikation, Koordination und Kooperation über die Gremien von Berufen und Einrichtungen hinweg.

Bei der Suche nach Steuerungsansätzen, die der Komplexität des Systems gerecht werden und den Schritt von der Theorie in die Praxis erleichtern, wird jetzt endlich auch in Deutschland – im Nachgang zu fast allen anderen OECD-Staaten – eine stärkere Steuerung über Gesundheitsziele diskutiert. Bereits Anfang der 80er-Jahre formulierte die Weltgesundheitsorganisation für Europa 38 mittlerweile revidierte und ergänzte Gesundheitsziele, die eine Positionierung gesundheitspolitischer Aktivitäten und finanzieller Ressourcen bis zum Jahr 2000 ermöglichen sollten. In ihrer Strategie mit dem obersten Ziel „Gesundheit für alle" mahnte die WHO schon vor fast 20 Jahren die Verlagerung von der struktur- und prozessorientierten Steuerung zur Outcome-Orientierung vor allem über Anreizsysteme und Evaluierung an. Zentrales Instrument dieses Transformationsprozesses sollen aus Sicht der WHO Gesundheitsziele für die Gesundheitspolitik auf nationaler und regionaler Ebene sowie für die Institutionen des Gesundheitswesens sein. Während nahezu alle OECD-Staaten nationale Gesundheitsziele formulierten und zum Teil sehr kritisch evaluierten, wurden in Deutschland nur einige Bundesländer aktiv. Die Bundesregierung hat erst vor einigen Wochen die GVG mit der Erarbeitung von Gesundheitszielen für Deutschland beauftragt.

Für die AOK als einen wesentlichen Akteur im deutschen Gesundheitswesen bietet es sich an, die Potentiale eines solchen bereits aus der Unternehmensführung bekannten „Management by objectives" auf eine Möglichkeit zur gesundheits- und unternehmenspolitischen Profilierung als Gesundheitskasse zu untersuchen und an der Entwicklung einer problemorientierten Gesundheitsstrategie zu arbeiten. Eine trotz 15-monatiger intensiver Arbeit noch immer vorläufige Analyse und Bewertung wird im Folgenden in Thesenform vorgelegt, um die Diskussion auch außerhalb der AOK anzuregen:

These 1:
Gesundheitsziele sind Voraussetzung rationaler Gesundheitspolitik und Kristallisationspunkt eines inhaltlich orientierten Reformprozesses im deutschen Gesundheitswesen.

Das Sozialgesetzbuch V formuliert bereits heute prozess- und strukturbezogene Ziele für das Gesundheitssystem. So soll die medizinische Versorgung der Versicherten ausreichend, zweckmäßig, bedarfsgerecht, wirksam, human, dem allgemeinen Stand der medizinischen Erkenntnisse entsprechend und wirtschaftlich sein. Diese abstrakten Ziele müssen konkretisiert werden, um den Akteuren eine praxistaugliche Orientierung zu geben. So bewertet der Bundesausschuss Ärzte/Krankenkassen neue und herkömmliche therapeutische Verfahren nach Stufen der Evidenz ihrer Wirksamkeit und diagnostische Methoden nach ihrer Aussagekraft für die Therapie. Dies ist ein erster Schritt in Richtung Ergebnisorientierung. Ob etwas ausreichend, zweckmäßig und bedarfsgerecht ist, lässt sich allerdings abschließend erst von einem zuvor vereinbarten Zielpunkt aus beurteilen. Hiermit wird die enge Verflochtenheit der Diskussion über die Bestimmung des medizinisch Notwendigen mit dem Thema „Gesundheitsziele" deutlich.

Ergebnisorientiert konkretisieren lassen sich die Zielformulierungen des Gesetzgebers über Gesundheitsziele, die durch eine Beschreibung bzw. die Vereinbarung eines zielführenden Versorgungsprozesses operationalisiert werden. Ein steter Soll/Ist-Vergleich – also die laufende Evaluation des Leistungsgeschehens – erlaubt dann Aussagen dazu, ob eine Versorgung zweckmäßig, bedarfsgerecht, ausreichend und vor allem wirksam in Bezug auf das vereinbarte Versorgungsziel ist.

Gesundheitsziele sind dann besonders effektiv als Steuerungsinstrumente im Gesundheitswesen, wenn sie nicht nur auf der Ebene abstrakter Prinzipien und Visionen angesiedelt sind, sondern in prioritären Problemfeldern eine konsequente Herunterleitung der Ziele von der Visions- und Oberzielebene auf die Ebene spezifischer, quantifizierbarer Unterziele stattfindet. Die Angelsachsen differenzieren denn auch zwischen „goals", „targets" und „objectives". Die eingesetzten Strategien zur Erreichung medizinischer Ziele sollen auf medizinisch-wissenschaftlicher Evidenz beruhen und – soweit bereits möglich – an qualitätsgeprüften, allgemein akzeptierten Leitlinien orientiert sein.

Gesundheits- bzw. Versorgungsziele, die sich speziell auf das deutsche Gesundheitssystem beziehen und entsprechend operationalisiert sind (z. B. Herz-Kreislauf-Krankheiten reduzieren, Krebs bekämpfen, Folgen der unterschiedlichen Diabetestypen wie Erblindungen, Nierenversagen oder Amputationen reduzieren, Lebensqualität chronisch Kranker verbessern), gibt es jedoch – nimmt man einzelne Anstrengungen auf der landespolitischen Ebene aus – bisher nicht. Der Sachverständigenrat für die Konzertierte Aktion im Gesundheitswesen thematisiert dieses gesundheitspolitische Versäumnis und diesen Managementfehler seit 1987. Er legte zuletzt in seinem Jahresgutachten 1995 einen Zielkatalog analog der WHO-Systematik vor. Er benennt Ziele, die sich auf prioritäre Gesundheitsprobleme bestimmter Altersgruppen richten, sowie Ziele, die sich auf versorgungspolitische Strategien und notwendige Unterstützungsinstrumente beziehen. Basis der Zieldefinition sind epidemiologische Erkenntnisse, die differenziert Auskunft über prioritäre Gesundheitsprobleme verschiedener Altersgruppen geben. Der Rat empfiehlt die Priorisierung des Mitteleinsatzes auf der Basis von Erkenntnissen über Versorgungsstrategien, in denen die Kosten in einem angemessenen

Verhältnis zum erreichbaren gesundheitlichen Erfolg und den insgesamt verfügbaren Mitteln stehen. In anderen Ländern haben sich dabei als Hilfsmittel Qualy League Tables bewährt, die schematische Therapiealternativen nach Wirtschaftlichkeits- und Qualitätskriterien ordnen.

In Deutschland sind rationale, ergebnisorientierte Entscheidungen über angemessene Versorgungsprozesse und -strukturen wenig verbreitet. Statt einer systematischen Bewertung des Nutzens neuer Diagnose- und Behandlungsmethoden (Health Technology Assessment), die selbst in stark marktwirtschaftlich ausgerichteten Gesundheitssystemen als öffentliche Aufgabe angesehen wird und erst durch die Gesundheitsreform 2000 Eingang in das deutsche Gesundheitswesen gefunden hat, bestimmen heute Marketingstrategien der Medizintechnik- und Pharmafirmen, gefördert durch Einkommensinteressen vieler Leistungsanbieter, die Ausrichtung und Verbreitung (Diffusion) von Innovationen.

Durch die Einführung von Gesundheitszielen und einer ergebnisorientierten Evaluierung des Gesundheitssystems könnten standes- und professionsbezogene Hindernisse für die Durchsetzung von Qualitäts- und Wirtschaftlichkeitsaspekten in Frage gestellt werden. Die Dominanz einer hochspezialisierten Akutmedizin, eine übersteigerte Diagnostik ohne therapeutische Konsequenzen, eine arztzentrierte Dienstleistungsstruktur und -kultur, geschützte Märkte für Medizinbedarf, Medizintechnik und pharmazeutische Produkte müssen nicht nur im Hinblick auf ihren Beitrag zur Optimierung der Ressourcenallokation hinterfragt werden. Die zielorientierte Evaluation des Gesundheitswesens stellt zwangsläufig seit langem bestehende Mängel des deutschen Gesundheitssystems auf den Prüfstand. Die Gesundheitspolitik könnte Entscheidungskriterien gewinnen, die der ökonomischen und gesundheitswissenschaftlichen Rationalität im lobbyistisch geprägten Feld der Gesundheitspolitik eine neue Chance geben.

Zentrale Kennzeichen eines ziel- und ergebnisorientierten Gesundheitssystems sind die Orientierung der Versorgungsstruktur an epidemiologischen Erkenntnissen, eine besondere Betonung von Gesundheitsförderung, Prävention, Pflege und Rehabilitation sowie ein auf Vernetzung der Versorgungsangebote und Versorgungsprozesse angelegtes Gesundheitsmanagement. Mit der Abkehr vom professionsbezogenen Modell unter dem Primat des Arztes werden sich für die Berufsgruppen im Gesundheitssystem Status, Einfluss, Einkommen und Anforderungen an fachspezifische Kompetenz ändern.

These 2:
Die Steuerung über Gesundheitsziele steigert Effizienz und Effektivität des Gesundheitswesens und verhindert eine rein anbieterorientierte Wachstums- und Beschäftigungspolitik.

Jede Prioritätensetzung für ganze Versorgungssektoren oder –prozesse sowie für einzelne diagnostische und therapeutische Verfahren hat Konsequenzen, die die ökonomischen Interessen der Leistungsanbieter im Gesundheitssystem tangieren. Entfalten Gesundheitsziele Steuerungswirkungen, werden sie ein effizientes Rationalisierungsinstrument sein, das sich zu Lasten ineffizienter und/oder ineffektiver Leistungserbringer auswirken wird.

Eine auf Gesundheitsziele hin orientierte Gesundheitsversorgung, verbunden mit einer entsprechenden Evaluierung, wird zu einer Reduktion der Überkapazitäten im deutschen Gesundheitswesen führen, wenn zum Beispiel im neu geschaffenen Koordinierungsausschuss konkret Über- und Fehlversorgung thematisiert werden. Damit sind im volkswirtschaftlichen Saldo aber Arbeitsplätze und Einkommenschancen im Dienstleistungssektor bedroht, wenn nicht gleichzeitig die Unterversorgung behoben und sozialpflegerische Dienste ausgebaut werden.

Das Gesundheitssystem ist einer der wenigen arbeitsintensiven Wachstumssektoren in der deutschen Wirtschaft. Gesundheitspolitik ist damit de facto ein Feld der Wachstums- und Beschäftigungspolitik. Ist diese Wachstums- und Beschäftigungspolitik nicht inhaltlich orientiert, gefährdet das die ökonomische und politische Basis, auf der die solidarische Absicherung des Krankheitsrisikos fußt. Die Akzeptanz von Pflichtbeiträgen zur GKV geht verloren, wenn die Mittel nicht für politisch klar definierte, gesundheitspolitisch begründete Zwecke eingesetzt werden.

Aus ökonomischer Sicht wäre eine rationale Mittelallokation nur zu erwarten, wenn die Versicherten und Patienten selber darüber entscheiden könnten, für welche Gesundheitsleistungen sie Präferenzen haben. Dies bedeutet allerdings, dass man vom System einer solidarischen Krankenversicherung mit Pflichtbeiträgen und Sachleistungsprinzip Abschied nehmen und stattdessen einen echten Markt für Krankenversicherungs- und Gesundheitsdienstleistungen etablieren müsste. Die zahlreichen Marktinsuffizienzen des Gesundheitswesens – z. B. das Informationsdefizit bei Versicherten, der Souveränitätsverlust bei Erkrankungen oder vor allem das Definitionsmonopol der Anbieter – stehen einer rein marktlich organisierten Organisation und Steuerung entgegen. Erfolgt die Entscheidung über die Mittelzufuhr durch den Gesetzgeber, werden weniger die Bedürfnisse, Interessen und Präferenzen, sondern erfolgreiche

Lobbypolitik entscheidend für die Verteilung der GKV-Mittel im System sein. Schon deshalb eignet sich ein Sozialversicherungssystem, das einen Mittelweg zwischen Politik und Markt geht, als Instrument „blinder" Beschäftigungsförderung durch Nachfragestimulation nicht. Die Entscheidung für eine soziale Krankenversicherung bedeutet implizit, dass zumindest im Sektor des solidarisch finanzierten Gesundheitssystems Qualitäts- und Wirtschaftlichkeitsverbesserungen der Versorgung und nicht Beschäftigungs- und Wachstumsziele Priorität haben.

Kennzeichen rationaler Gesundheitspolitik muss es sein, dass die Mittelallokation zumindest im solidarisch finanzierten Sektor rationalen gesundheitspolitischen Zielen und Prioritäten folgt und nicht den ökonomischen oder institutionellen Interessen der Leistungsanbieter oder externen Zielen der Wachstums- und Beschäftigungspolitik.

These 3:
Gesundheitsziele ermöglichen eine inhaltliche Orientierung des Kassenwettbewerbs.

Krankenkassen sind unter den heutigen Rahmenbedingungen primär Unternehmen im Wettbewerb. Ihre Marktposition oder gar ihre Existenz sind davon abhängig, dass sie durch eine gute Risikomischung günstige Beitragssätze anbieten. Der Risikostrukturausgleich – angelegt als Instrument zur Verhinderung der Risikoselektion durch Kassen – weist bedenkliche Lücken auf (Morbidität, Härtefallbelastung). Kassen können anhand ihrer Daten nachvollziehen, welche Versichertengruppen über oder unter dem Deckungsbeitrag liegen. Mit Hilfe moderner betriebswirtschaftlicher Instrumente sind sie ohne weiteres in der Lage, eine ausgefeilte Risikoselektionsstrategie durchzuführen.

Für Krankenkassen kommt es in einem ungezügelten Wettbewerb darauf an, die relativ gesunden Versicherten in jeder Altersgruppe zu gewinnen und zu behalten. Krankheitsspezifische Programme, die eventuell so genannte schlechte Versichertenrisiken noch attrahieren könnten, stehen damit zwangsläufig nicht im Focus von Wettbewerbsaktivitäten. Angebote für überwiegend „gesunde" Zielgruppen sind Ausdruck der verfehlten Wettbewerbsordnung.

Gesundheitspolitisch sinnvoll wäre es aber, den Wettbewerb als Instrument zur patientenorientierten Weiterentwicklung der Versorgungsstrukturen einzusetzen. Nur solche Kassen sollten am Markt erfolgreich sein, die eine an Gesundheitszielen orientierte Produktpolitik betreiben, die an die unterschiedlichen Problem- und Bedürfnislagen der verschiedenen Alters- und Versichertengruppen adaptiert ist. Für eine solche funktionale

Ausrichtung des Wettbewerbs fehlen bisher allerdings Rahmenbedingungen und Anreizmechanismen. Der Schritt von der Theorie zur Praxis ist jedoch – trotz hoffnungsvoller Ansätze in den Gutachten zur Weiterentwicklung des Risikostrukturausgleichs – schwierig, da der Unternehmenserfolg der einzelnen Kasse bisher nicht von einer durch Gesundheitsziele operationalisierten Patientenversorgung abhängt.

Um die Wettbewerbsordnung in der GKV sozial gerechter und gesundheitspolitisch zielgenauer zu gestalten, werden unterschiedliche, einander ergänzende Ansätze diskutiert. Neben einer Einbeziehung der Morbidität in den Risikostrukturausgleich – zum Beispiel durch den Aufbau von Risikopools oder durch die Schaffung indikationsspezifischer Chronikerprofile – ist es längerfristig denkbar, Zuschläge oder Ausgleichsbeträge für die Erreichung oder Umsetzung von Gesundheitszielen einzuführen. Als Vorstufe könnte die Einschreibung in qualitätsgesicherte Disease-Management-Programme dienen.

Damit könnten Gesundheitsziele indirekt einen Versorgungsrahmen der gesetzlichen Krankenversicherung beschreiben, dem sich gemeinsam Kassen und Leistungserbringer verpflichtet fühlen. Wettbewerb in der GKV könnte dann darauf ausgerichtet sein, durch neue alternative Versorgungskonzepte mit Blick auf die Erreichung gemeinsamer Ziele zu konkurrieren.

These 4:
Gesundheitsziele sind strukturierendes Element neuer Versorgungsformen und fordern systemübergreifende Kooperation.

Ein indikationsbezogenes Fallmanagement bietet die Chance, vor allem für chronische Erkrankungen Gesundheitsziele und Leitlinien für alle Akteure des Gesundheitssystems einzusetzen. Gesundheitsziele können dabei strukturierendes Element bei der Entwicklung neuer Versorgungsformen sein.

Über Leitlinien und Qualitätsindikatoren – für die epidemiologisch wichtigsten chronischen Krankheitsbilder weitgehend evidenzbasiert – lässt sich beschreiben, wie die Versorgung im hausärztlichen, fachärztlichen und stationären Behandlungskorridor aussehen sollte. Wenn diese ablauf- und indikationsbezogene Operationalisierung von Gesundheitszielen mit entsprechenden ökonomischen Anreizsystemen und differenzierten Implementationsstrategien gekoppelt wird, können Gesundheitsziele konkrete Steuerungswirkung in der Versorgungspraxis entfalten. Ziel- und ergebnisorientierte Projektansätze können modulartig die derzeit praktizierten Modelle und Schemata (Bonusverträge, kombinierte

Budgets, vernetzte Praxen) ergänzen und zu einem wichtigen Kennzeichen integrierter Versorgung nach §§ 140 a ff. SGB V werden. Sie können über eine verbesserte und transparente Qualität zu mehr Wirtschaftlichkeit führen, wenn die richtigen Leistungen auf der richtigen Versorgungsstufe erbracht werden.

Im Disease-Management-Ansatz treffen sich globale Zielformulierungen (Top-down-Ansatz), wie z. B. die St.-Vincente-Deklaration der WHO für Diabetes-Kranke, mit regionalen Modellprojekten (Bottom-up-Ansatz). So können Allianzen, Netzwerke oder Kooperationen entstehen, um indikationsbezogen Gesundheitsprobleme im Rahmen neuer Versorgungsstrukturen zu lösen. Die Verknüpfung der Ziele von Modellprojekten mit denen des Gesamtsystems ist erforderlich, um der Gefahr zu begegnen, Gesundheitsziele als Instrument zur Durchsetzung oder Aufrechterhaltung von Partikularinteressen zu missbrauchen.

Die medizinischen Interventionen sind eng auf das Handlungsspektrum im institutionellen Gesundheitswesen orientiert. Eine Verengung der Gesundheitspolitik allein auf das professionelle Gesundheitssystem reicht nicht aus. Gesundheitsziele müssen darüber hinaus die Wahrnehmung der sozialen, ökonomischen und ökologischen Ursachen von Krankheit und Gesundheit schärfen und die Rolle der Versicherten als Co-Produzenten von Gesundheit sowie von Selbsthilfegruppen und niedrigschwellig aktivem Laienpotential stärken.

Gesundheitliche Probleme treten häufig in engem Zusammenhang mit sozialen, beruflichen oder privaten Umständen auf. Folglich können diese Probleme auch nur in einem systemübergreifenden Ansatz gelöst werden. Auf der Basis übergreifender Strategien für die gesundheitlichen Folgen von Arbeitslosigkeit, Migration, Stress oder Sucht können Gesundheitsziele für besonders belastete Gruppen und besonders häufige Gesundheitsprobleme formuliert werden.

Eine vor dem Hintergrund des demographischen und sozialen Wandels dringliche Aufgabe, die nur über sektorübergreifende, kooperative Versorgungsstrategien für die gesetzliche Kranken- und Pflegeversicherung zu lösen sein wird, liegt in der Gesundheitsversorgung älterer Menschen. Hier wird der Anteil der Hochbetagten bis zum Jahr 2030 um mehrere 100 % im Vergleich zu heute zunehmen. Könnten hier systemübergreifend Gesundheits- und Versorgungsziele vereinbart und konsekutiv Kooperationsregelungen der beteiligten Kostenträger und weiterer Akteure geschlossen werden, hätte dies eine positive Signalwirkung für weitere Versorgungsbereiche.

Gesundheitsziele sollten also in Abhängigkeit von konkreten Lebenslagen und Versorgungsproblemen, die als solche auch von allen Akteuren wahrgenommen werden, formuliert werden. Dabei sollte sorgfältig beobachtet werden, inwieweit die in einem partizipativen Prozess formulierten Einzelziele übereinstimmen mit globalen Gesundheitszielen, die sich aus epidemiologischen Erkenntnissen sowie ökonomischen und gesundheitspolitischen Einschätzungen ableiten.

These 5:
Gesundheitsziele lassen sich wissenschaftlich ableiten oder projekt-/ortsnah erarbeiten. Beide Ansätze tragen konstruktiv zur Entwicklung eines ergebnisorientierten Gesundheitswesens bei.

Gesundheitsziele sollten auf unterschiedlichen Ebenen und mit unterschiedlichen Ansätzen erarbeitet werden. Man kann diese Ziele aus Projekten oder der Alltagsarbeit entwickeln, indem man unter Beteiligung der Betroffenen und auf der Basis primär regionaler Gesundheitsberichterstattung gesundheitliche Defizite beschreibt und entsprechende Lösungen für die Praxis erarbeitet (bottom up). Man kann aber auch aus gesundheitswissenschaftlich-epidemiologischer Forschung Prioritäten entwickeln und Gesundheitsziele ableiten (top down).

Die leider nicht fortgesetzte Arbeit an den prioritären Gesundheitsproblemen auf Bundesebene oder die Formulierung der Gesundheitsziele in Berlin sind dem akademisch-wissenschaftlichen Ansatz gefolgt. Der zielgruppenspezifische Ansatz in Brandenburg ist vorrangig partizipativ angelegt. Einen Mittelweg geht Nordrhein-Westfalen. Hier erarbeitete 1995 die Landesgesundheitskonferenz für das Land Gesundheitsziele, die dann vor Ort durch Netzwerke, Allianzen oder Kommunen aufgegriffen wurden. Beide Ansätze tragen konstruktiv zur Entwicklung eines ergebnisorientierten Gesundheitswesens bei. Der Bottom-up-Ansatz sichert Patientenorientierung sowie Interesse und Engagement der Akteure vor Ort. Der Top-down-Ansatz ermöglicht eine transparente Beschreibung der Gesundheitsprobleme und eine nachvollziehbare Bewertung unterschiedlicher Versorgungsstrategien.

These 6:
Gesundheitsziele müssen je nach Zielgruppe und Bindungswirkung unterschiedliche Kriterien erfüllen.

Entsprechend der unterschiedlichen Herangehensweise lassen sich unterschiedliche Kriterien für Gesundheitsziele als Orientierungs- und Steuerungsinstrument herausfiltern.

- Für Gesundheitsziele als globales Orientierungsinstrument ist entscheidend, dass sie auf einer epidemiologischen Analyse basieren. Werden die hieraus abgeleiteten Gesundheitsziele durch konkrete Maßnahmen und Strategien operationalisiert, kann eine ökonomische Bewertung, zum Beispiel durch Qualy League Tables, als weiteres Strukturierungsinstrument hinzutreten.

- Formulieren einzelne Institutionen wie etwa Krankenkassen für sich Gesundheitsziele, so ist nicht nur die transparente und nachvollziehbare Ableitung der Ziele und Strategien von entscheidender Bedeutung, die Gesundheitsziele müssen auch schlüssig in das gesamte Zielsystem der jeweiligen Institution integriert werden.

- Gesundheitsziele müssen durch eine Aufgabenbeschreibung und die Zuweisung von Verantwortlichkeiten so konkretisiert werden, dass eine Selbstbindung der sie verabschiedenden Institutionen entsteht.

- Ziele müssen mit messbaren Indikatoren für die Zielerreichung und einer realistischen Zeitperspektive versehen werden, um zu einem bestimmten Zeitpunkt Erfolg oder Misserfolg des Orientierungsansatzes hinterfragen zu können.

Für die Bottom-up-Strategie, also den Einsatz von Gesundheitszielen als Steuerungsinstrument für Netzwerke oder Projekte, müssen diese Kriterien modifiziert werden:

- Ausgangspunkt ist hier eine nachvollziehbare Bestimmung des Bedarfs. Zumindest Anhaltspunkte hierfür sollte die regionale bzw. kommunale Gesundheitsberichterstattung liefern, deren Basis auch eine Betroffenen- und Expertenbefragung sein kann. Wenn verschiedene Akteure ein gemeinsames Ziel erreichen wollen, muss bereits beim Prozess der Zieldefinition ein partizipatives Vorgehen gewählt werden. Bereits hier muss die Sensibilisierung für systemübergreifendes Vorgehen beginnen.

- Ist ein gemeinsames Ziel definiert, kommt es darauf an, durch konkrete Aufgabenbeschreibung und die organisatorische und personelle Zuordnung der Verantwortlichkeiten den Prozess der Umsetzung in Gang zu bringen. Eine nachvollziehbare Potenzialanalyse und eine realistische Finanzierungsplanung sind Voraussetzungen, um von einer gemeinsamen Zieldefinition über einen konkreten Zeit-/Maßnahmenplan zu einem gemeinsamen operativen Handeln zu kommen.

- Integraler Bestandteil eines geschlossenen Managementkreislaufs muss ein schlüssiges Konzept zur Überprüfung der Zielerreichung sein. Eine nachvollziehbare und transparente Evaluation kann vor allem durch einen epidemiologischen Soll-Ist-Vergleich, näherungsweise auch durch unterschiedliche Verfahren des Qualitätsmanagements, gesichert werden. Eine realistische Zeitperspektive ist wiederum zwingend.

Die unterschiedlichen Konzepte, Gesundheitsziele als Steuerungs- und Orientierungsinstrument einzusetzen, schließen sich nicht aus, sondern müssen sich ergänzen. Die AOK hat sich vorgenommen, zunächst eine begrenzte Zahl prioritärer Gesundheitsziele in eine problemorientierte Gesundheitsstrategie einzufügen und damit die Diskussion und Konsensfindung über Gesundheitsziele für Deutschland zu befördern. Beispielhaft seien Rheuma, Herz-Kreislauf, Diabetes Mellitus, Asthma, Allergien, Zahngesundheit oder Osteoporose als indikationsbezogene Zielbereiche, Leistungstransparenz, Sterbebegleitung oder integrierte Versorgung als systemische Zielbereiche genannt.

Wenn es auf vielfältige Weise gelingt, operational definierte Gesundheitsziele zu einem strukturierenden Element der Weiterentwicklung des deutschen Gesundheitssystems zu machen, stehen Prozesse und Strukturen des derzeitigen deutschen Gesundheitssystems auf dem Prüfstand. Durch Transparenz und Evaluation könnte die Gesundheitspolitik Entscheidungskriterien erhalten, die der ökonomischen, sozialen und medizinischen Rationalität eine neue Chance geben. Es ist allerdings auch diese potentielle Durchschlagskraft des Steuerungs- und Orientierungskonzeptes Gesundheitsziele, die zu erheblichen Implementierungsproblemen in dem durch vielfältige Interessen geprägten deutschen Gesundheitssystem geführt hat und noch führen wird.

Literatur

Bergmann/Baier/Meinlschmidt (Hg.), Gesundheitsziele für Berlin – Wissenschaftliche Grundlagen und epidemiologisch begründete Vorschläge, Berlin 1996.

Busse/Wismar: Funktionen prioritärer Gesundheitsziele, Arbeit und Sozialpolitik 3-4/1997, 26 ff.

International Policy Conference „Targets for Health: Shifting the debate", European Journal of Public Health, Vol. 10, No. 4, December 2000.

Knieps: Gesundheitsziele und gesundheitspolitische Orientierung der Krankenkassen, Arbeit und Sozialpolitik 3-4/1997, 26 ff.

Kusch: Erstellung und Ausarbeitung eines Gesundheitskonzepts zur Ableitung von AOK-Gesundheitszielen, Köln 1999.

Lauterberg/Becker-Berke: Gesundheitsziele – Wege aus dem Labyrinth, Gesundheit und Gesellschaft 3/1999, 22 ff.

Meyer/Robra/Schwartz: Zur adjuvanten Funktion von Zielsystemen für die gesundheitspolitische Entscheidungsfindung, Sozialer Fortschritt 1987, 28 ff.

Sachverständigenrat für die Konzertierte Aktion im Gesundheitswesen, Gesundheitsversorgung und Krankenversicherung 2000 – Mehr Ergebnisorientierung, mehr Qualität und mehr Wirtschaftlichkeit, Baden-Baden 1995.

Schönbach: Marktorientierung der Krankenkassen auf der Grundlage von Gesundheitszielen, Arbeit und Sozialpolitik 3-4/1997, 45 ff.

Schwartz/Kickbusch/Wismar: Ziele und Strategien der Gesundheitspolitik, in: Schwartz (Hg.), Das Public Health Buch – Gesundheit und Gesundheitswesen, München 1998, 173 ff.

Sendler: Zielorientierte Gesundheitspolitik erforderlich – Zu den Möglichkeiten und Grenzen gesundheitspolitischer Ziele im pluralen Gesundheitswesen, Arbeit und Sozialpolitik 5-6/1998, 50 ff.

Tophoven: Gesundheitsziele – Zur möglichen Renaissance eines Steuerungskonzepts, Sozialer Fortschritt 4/1998, 92 ff.

Van de Water/van Herten: Gesundheitsziele: Lehren aus der Auswertung des „Health for all"-Programms, Arbeit und Sozialpolitik 5-6/1998, 45 ff.

Themenkreis 2

Reform der ambulanten Vergütungssysteme – Einleitung

Helmut Laschet

Mit der Gesundheitsreform 2000 hat der Gesetzgeber für die ambulante Versorgung eine partielle, für die stationäre Versorgung in mehreren Schritten eine umfassende Reform des Vergütungssystems vorgeschrieben. Zwischen beiden Reformen sieht zumindest die Kassenärztliche Bundesvereinigung einen inneren Zusammenhang, weil es zwischen ambulantem und stationärem Sektor wettbewerbliche, weil substitutive Beziehungen gibt. Dies gilt vor allem für den Bereich des ambulanten Operierens und für die Liste der stationsersetzenden fachärztlichen Leistungen. Daraus resultiert für die Kassenärztliche Bundesvereinigung die Forderung, dass sowohl für das Krankenhaus als auch für die ambulante Medizin die gleichen Kalkulationssystematiken zu gelten haben, wenn man Wettbewerbsverzerrungen zwischen beiden Sektoren vermeiden will. Am Ende müssen nicht unbedingt gleiche Preise für gleiche Leistungen stehen – unterschiedliche Preise wären der Ausdruck dafür, dass verschiedene Sektoren eben unterschiedlich wettbewerbsfähig wären. Von vornherein wäre aber eine Wettbewerbsverzerrung gegeben, wenn in dem einen System, nämlich der stationären Versorgung, bestimmte Kosten wie etwa die für Investitionen, nicht in den Preis einkalkuliert werden müssten, weil der Ausgabenträger dafür der Staat und nicht die gesetzliche Krankenversicherung ist. Aus der Sicht der niedergelassenen Ärzte ist also die Einführung eines auf einer gemeinsamen Kalkulationsgrundlage stehenden Vergütungssystems für ambulante und stationäre Leistungen mit der Forderung nach einer Einführung der monistischen Finanzierung verbunden.

Generell muss man für die Reform des Einheitlichen Bewertungsmaßstabes konstatieren, dass politischer und gesetzgeberischer Wille und ärztliches Interesse in Teilen identisch sind und nur partiell divergieren.

Seit jeher schreibt der Gesetzgeber eine regelmäßige Überprüfung der Leistungen und relationalen Leistungsbewertungen vor. Dies liegt zweifellos auch im ärztlichen Interesse, um einerseits neue medizinische Entwicklungen als erbringbare und auch abrechenbare Leistungen in den kassenärztlichen Arbeitsalltag zu integrieren. Andererseits ist es möglich, Rationalisierungspotentiale durch Kostenverschiebungen und Reorganisationen zu erschließen – daraus folgt die Notwendigkeit, bestehende Leistungen neu zu bewerten.

Explizit vorgegeben hat der Gesetzgeber die Trennung in haus- und fachärztliche Vergütung mit jeweils eigenen Honorarbudgets für Hausärzte und für Fachärzte. Daraus folgt, dass zunächst auf der Basis des bestehenden EBM haus- und fachärztliche Leistungen neu sortiert worden sind, dann aber in einem weiteren Reformschritt im Rahmen des EBM 2000plus haus- und fachärztliche Leistungen völlig neu legendiert und in jeweils eigenständigen Kapiteln bewertet werden sollen. Das Projekt EBM 2000plus der KBV geht weit über den gesetzgeberischen Auftrag hinaus, macht aber deshalb Sinn, weil es Partiallösungen vermeidet und alle ambulanten ärztlichen Leistungen auf eine neue, einheitliche Kalkulationsgrundlage stellt, die aus dem schweizerischen TarMed-System auf deutsche Leistungsinhalte und deutsche Kostensituationen umgerechnet worden sind.

Neu als gesetzlicher Auftrag sind veranlasserbezogene Vergütungsregelungen. Hierunter sind Budgets zu verstehen, die auftraggebende Ärzte, etwa für teure bildgebende Verfahren, erhalten, deren Überschreitung aber auch zu einer Minderung des Honorars des überweisenden Arztes gehen. Dieses Konzept geht weit über die mengenbegrenzenden Maßnahmen hinaus, die die KBV 1999 mit der Laborreform realisiert hat: Hier wurden ebenfalls für veranlasste Laborleistungen Budgets geschaffen, deren Überschreitungen jedoch nur einen definierten Wirtschaftlichkeitsbonus, nicht jedoch das Honorar des auftraggebenden Arztes an sich tangieren.

Unverändert möglich geblieben ist die Bildung von Regelleistungsvolumina mit festen Punktwerten und Abstaffelungen bei Überschreitungen – ein Konstrukt, das im Rahmen der 96er GKV-Neuordnungsgesetze geschaffen worden ist, bislang aber nur einmal kurzzeitig in der Kassenärztlichen Vereinigung Bayerns angewendet wurde.

Mit der Gebührenordnungsreform verfolgt die KBV strategische Ziele, die den Positionen der Krankenkassen teilweise diametral entgegenstehen. Dies erklärt – neben innerärztlichen Widerständen aus Furcht vor Veränderungen – auch, warum der Reformprozess ausgesprochen schleppend vonstatten geht. Die gegenwärtige Situation ist dadurch geprägt, dass die Krankenkassen den Kassenärztlichen Vereinigungen ein Honorarbudget zahlen, das sich aus einer Kopfpauschale und der Zahl der Versicherten der jeweiligen Kasse zusammensetzt. Die Krankenkassen erwarten dafür alle medizinisch notwendigen Leistungen, wobei sie die Definition des medizinisch Notwendigen wiederum den Ärzten überlassen. Eine solche Position ist bequem, vor allem dann, wenn der Gesetzgeber den Steigerungssatz für die vertragsärztliche Versorgung mit 1,43 % in 2000 und 1,63 % in 2001 vorgibt. Die Masse der Leistungen in der vertragsärztlichen Versorgung ist dann gar nicht mehr Verhandlungsgegenstand, sondern nur noch die Honorierung von Zusatzleistungen wie Prävention oder die Dotierung von Strukturverträgen oder Modellversuchen.

Aus dieser Klemme, mit stagnierendem, teilweise infolge des Kassenwechsels sogar sinkenden Honorarvolumens medizinische Innovation einerseits und sich verändernde Morbidität andererseits bedienen zu müssen, will sich die Kassenärztliche Bundesvereinigung in einer zweistufigen Strategie befreien:

Der erste Schritt ist die Reform des Einheitlichen Bewertungsmaßstabes mit einer Neukalkulation der Kosten. Dabei gibt es auch die Möglichkeit, vor allem im Bereich der technikintensiven spezialisierten Leistungen, Vorstellungen davon zu entwickeln, wie eine wirtschaftliche Versorgungsdichte auszusehen hat. Wenn denn – wie bisweilen unterstellt wird – die ambulante Medizin übertechnisiert ist und es medizinisch nicht notwendige Leistungsanreize gibt, dann kann dies begrenzt werden über die kalkulatorische Unterstellung hoher technischer Auslastungsgrade, daraus folgend relativ niedriger Kosten für technische Leistungen, die dann im „Preissystem" Gebührenordnung Signale für einen Desinvestitionsprozess (idealerweise aber auch für mehr Arbeitsteilung und Kooperation) setzen, der aber dann auch schließlich zu einer weniger dichten Versorgung – also weniger Patientennähe – führen müsste. An dieser Schraube können die Krankenkassen mitdrehen.

Verknüpft ist das EBM-Konzept mit einer bundeseinheitlich zu vereinbarenden Regelung über die Honorarverteilung: Dabei soll die Bemessung der Regelleistungsvolumina (Grenzpunktzahlvolumina sowohl in der Dimension Fallwert als auch in der Dimension Fallzahl) zunächst auf historischen Daten unter Berücksichtigung regionaler Besonderheiten abgebildet werden. Ergibt die Anwendung des neuen Einheitlichen Bewertungsmaßstabes in Verbindung mit diesen Honorarverteilungs- und Mengenbegrenzungsregelungen, dass die gegebenen Budgets bei einem festen Punktwert von zehn Pfennig ausreichend sind, will die KBV auch keine Nachforderungen an die Krankenkassen stellen. Zeigt sich aber, dass die gedeckelte Gesamtvergütung nicht ausreicht, die erforderliche Leistungsmenge zu einem Punktwert von zehn Pfennig zu erbringen, dann würde dies die Rationierungslücke transparent machen.

In einem zweiten Schritt baut die KBV einen Morbiditätsindex auf, der zunächst auf den tatsächlichen Leistungsmengen beruht, schrittweise aber auf eine normativ durch Leitlinien gestützte Medizin umgestellt werden soll. Das Ziel ist, mit einem auf einem medizinischen Konsens aufbauenden Normsystem das medizinisch Notwendige zu objektivieren, den Bedarf transparent zu machen und schließlich die Krankenkassen zur Offenbarung zu zwingen, ob sie bereit sind, das Notwendige zu bezahlen. So würde deutlich werden können, wie groß die Rationierungslücke ist, von der die Ärzte zurzeit jedenfalls glauben, dass sie auf ihre Kosten gedeckt wird.

Prototypen der ambulanten Versorgung in Europa

Günter Danner[2]

Das Gesundheitswesen im Zentrum permanenter Reform – können wir von anderen lernen?

Reformversuche der ambulanten Versorgung in EU-Staaten unterschiedlicher struktureller Systemnähe zu Deutschland: Frankreich und die Niederlande

In der aktuellen gesundheitspolitischen Reformszene zeigen sich in vielen EU-Staaten Ansätze und Entwicklungen, deren bessere Kenntnis auch dann nützlich ist, wenn das jeweilige System in Gänze aus verschiedenen Gründen in der Regel nicht übertragen werden kann. Überhaupt geht der verständliche Wunsch, es doch endlich einmal „wie die anderen" und damit automatisch „richtig" zu machen, vermutlich regelmäßig in die Irre. Weder sind andere Staaten durchgängig reformfähiger, noch fehlen ihnen die traditionellen Hemmnisse, die jedwede Veränderung aus dem einen oder anderen Grund scheitern lassen. Beliebt sind neuerdings fragmentarische Betrachtungen kleiner Systemteile eines ausländischen Gesundheitswesens, die die Gelegenheit bieten, neue Impulse in unsere heimische Diskussion zu leiten. Vor gesundheitsökonomischer Rosinenpickerei sollte man dabei jedoch auf der Hut sein und stets versuchen, eine so genannte „best practice" in einem Teilbereich nicht voreilig zu verallgemeinern. Mit europäischem Blick ist die Konjunktur des „Benchmarking", also einer an Prüfkategorien ermittelter „best practice", sehr aktuell. Analog zum so genannten „Luxemburg-Prozess" im Beschäftigungsbereich wird ein „Lissabon-Prozess" in nicht mehr ferner Zukunft auch in der Sozial- und Gesundheitspolitik für die „offene Koordinierung" oder besagtes „Benchmarking" sorgen. Hier beizeiten und effektiv an der Formulierung der Prüfkriterien mitgewirkt zu haben, dürfte mithin zum Gradmesser der subsidiären Selbstbehauptung eines Systems werden. Dies erfordert eine versachlichte Kooperation nationaler Akteure für ein zielgenaues Einwirken auf die eigene Politik, die sich einer unterstützenden Mitwirkung nur um den Preis der de-facto-Aufgabe ihres Nationalmodells entziehen kann. Die nachfolgenden Betrachtungen sind zwangsläufig fragmentarisch. Die Auswahl der Staaten erfolgte anhand ihrer relativen Strukturnähe zu Deutschland und damit

---

[2] Der Verfasser ist stellv. Direktor der Europavertretung der Deutschen Sozialversicherung in Brüssel und persönlicher Referent des Vorstandes der Techniker Krankenkasse in Hamburg. Der Beitrag gibt seine persönliche Meinung wieder.

verbunden dem ableitbaren Grad an Übertragbarkeit auch nur von Teillösungen auf die heimische Szenerie.

Gesundheitspolitische Reformansätze: kleine Schritte oder großer Schnitt?

Permanente Reformen, oft beschränkt auf gesetzgeberische Kosmetik, gelegentlich auch einmal fundamentale Eingriffe in bestehende Strukturen, kennzeichnen die gesundheitspolitische Landschaft in allen heutigen Mitgliedstaaten der EU. Künftige Beitrittsländer haben, mehr oder weniger erfolgreich, in den zurückliegenden zehn Jahren versucht, aus einem unbefriedigenden Versorgungszustand zeitgleich zu wirtschaftlichen Deregulierungsmaßnahmen in eine sozialadäquate Gesundheitsversorgung westeuropäischen Standards aufzurücken. In vielen Fällen wurde dabei das hehre sozialpolitische Ziel nicht oder nur unbefriedigend erreicht, manchmal gar wirkt der durch Veränderung erreichte Zustand kaum überzeugender als die Ausgangslage. Das politische Verteilungsspiel um die Gesundheitsmilliarden bewegt die Gemüter und die Ideologie. Interessenfelder sind schon durch Tradition weitgehend fest abgesteckt; Kompetenzerweiterungen einer Akteursgruppe über das zur Routine gehörende Maß hinaus trüben gelegentlich nachhaltig die Stimmung. Vielen Akteuren gemein ist bei allen zur Rolle gehörenden Konflikten eine generelle Angst vor einem gesundheitspolitischen „New Deal", also einem Neuverteilen von Ansprüchen, Einkommen, Sicherheiten und Kompetenzen. Solch eine allokative Kraftanstrengung könnte vermutlich nur durch die Politik ausgelöst werden, vorausgesetzt, dies wäre mehrheitsfähig, opportun, gremienfest, gerecht und allen Betroffenen in zumindest wissenschaftlich einwandfreier Weise vermittelbar. Die lange Liste der dazu erforderlichen Voraussetzungen wäre bedarfsweise um detailfeste Sachkompetenz einer dazu wirklich entschlossenen Sozialpolitik zu ergänzen. Nicht von ungefähr wird derlei EU-weit und darüber hinaus so gut wie niemals auch nur versucht. Da ein sozialethisch fragiles Gut wie die gerechte Sicherung der Volksgesundheit aus einfachen Gründen nicht ohne schwerwiegende Folgen einer „reinen" Marktverteilung unterworfen werden kann, vermag sich auch eine dazu heimlich bereite Politik nicht aus der verteilungskontrollierenden Gestaltungsverantwortung zu lösen. Im Gegenteil, ein Blick auf kleinere und kleine Reformschritte, wie dieser Aufsatz sie beschreiben wird, zeigt, wie sehr politisch Gesundheit ist und vermutlich auch bleiben wird. Zwar fehlt es hier und da nicht an spektakulären Ersatzmodellen aus der Retorte, jedoch teilen solche Produkte mangels praktischer Verbindung mit dem Status quo das Schicksal nicht marktfähiger Kunst. Sie genügen oft nur sich selbst. Eigentlich sind sich fast alle einig: So, wie vieles heute bei uns und bei anderen im Gesundheitswesen abläuft, kann und wird es nicht auf unbestimmte Zeit weitergehen. Regelmäßige Ausgabenanstiege bei instabiler Einnahmesituation, unzureichende teilverfügbare Ressourcen in mehr oder weniger logischer Beschränkung, fehlende Transparenz und Koordinierung, Mangelsteuerung, Doppelstrukturen, Verteilungsanachronismen, Verschwendung und die Gewissheit eines bevorstehenden nicht unbeachtlichen Kostenschubs durch Innovation, gerade bei den großen Volkskrankheiten, haben schon viele zum Nachdenken veranlasst. Wer immer es ernst meint mit einer sozialethisch wichtigen Breitenzugänglichkeit bedarfsgerechter medizinischer Versorgung muss heute die dazu erforderlichen Grundlagen bereiten. Bleibt zur Vervollständigung der Risiken die Demographie. Weniger Einwohner, ein rasant wachsender Anteil älterer und vermutlich oft kränkerer Personen werden einer sinkenden Zahl an beitragsrelevant Beschäftigten gegenüberstehen. Produktivitätsfortschritte durch Innovation und Prozessoptimierung dürften wahrscheinlicher sein als ein nachhaltiger Beschäftigungsanstieg nach Art eines zweiten Wirtschaftswunders. Konkurriert angebotsseitig eine wachsende Größe auf hohem Niveau mit einer quantitativ stagnierenden Nachfrage so ist eine Verschärfung des Wettbewerbsdruckes wahrscheinlich. Bereits heute ist dies in vielen Angebotsbereichen des Gesundheitsmarktes zu beobachten. Träte, dies sollte sich niemand wünschen, eine fühlbare Abschwächung der finanziellen Kraft der nachfragebefähigenden Organisationen, also insbesondere der GKV, hinzu, käme es – für uns kaum vorstellbar, doch vielerorts Realität – zu wirklichen Wartelisten infolge von Solvenzproblemen, so wären die Konsequenzen für die Anbieterseite wirtschaftlich dramatisch und für die Kranken sozialethisch fragwürdig.[3]

Reformkalamitäten und Freiheitsgrade eines strukturverwandten Modells: Frankreich

Vergleicht man die Vehemenz der gesetzgeberischen Eingriffe in die Verteilungs- und Interessensystematik der nationalen Gesundheitswesen, so schneidet Deutschland auf den ersten Blick nicht eben günstig ab. Bei vielen anderen Staaten kommt es zu häufigeren und substanzverändernderen Eingriffen. Prima facie könnte somit behauptet werden, dass die dortige Politik ihre „Hausaufgaben" wirkungsvoller erledigte und den bei uns verbreiteten Vorwurf der „Schwäche" nicht hinnehmen muss. Dies betrifft keineswegs nur so genannte Staatsmodelle, wo naturgemäß bei jeder staatsinduzierten Reform ganz oder ausschließlich im eigenen Haus gekehrt wird und strukturelle Widerstände in der Regel auf dem

---

[3] Zur Problematik einer unzureichenden Steuerungsfähigkeit im deutschen Gesundheitswesen auch: Jan Böcken, Martin Butzlaff, Andreas Esche, (Hg), „Reformen im Gesundheitswesen", Gütersloh 2000, S. 7 ff.

Anordnungsweg entschieden werden können. Selbst die reformatorische Bilanz eines uns „relativ strukturnahen" Systems, wie desjenigen Frankreichs, zeigt während des Zeitraumes der vergangenen fünf Jahre massive Eingriffe ordnungspolitischer Art durch den Gesetzgeber. Die damit ausgelösten Veränderungen haben den individualökonomischen Kompetenzbereich der Leistungsanbieter aller Sparten stark berührt. Abwehrreaktionen, bis hin zu höchstgerichtlichen Auseinandersetzungen fanden zwar statt, doch konnten sie den Wirkungshorizont der politischen Entscheidungen bestenfalls verzögern.[4] Bemerkenswerterweise haben allerdings auch politisch „hochkompetente" Eingriffe des Staates keineswegs immer zur Erreichung eines objektiv wünschbaren Ziels beigetragen. Dieser Umstand lässt den Schluss zu, dass es auf Seiten des einwirkenden Staates eben mehr bedarf als reiner Macht, um tatsächlich eine stabile Verbesserung der Situation zu erzielen. Wiewohl einflussreich so läuft das französische Vorgehen doch infolge ideologieimmanenter Logikmängel Gefahr, in wenig verbundenen Halblösungen stecken zubleiben. Ein Indiz dafür ist der ziemlich einzigartige Hybridcharakter aus noch immer freiberuflichen Leistungserbringern im ambulanten Bereich und dem politischen Streben nach einer völligen Steuerfinanzierung. Es verdient Beachtung, dass es in Frankreich trotz schwerwiegender ideologischer Unterschiede zwischen den großen politischen Lagern keine auffälligen Differenzen hinsichtlich der herausgehobenen Stellung des Staates gibt, wenn es um soziale Gerechtigkeit geht. Ob Sozialist, Kommunist oder erzkonservativer Gaullist, erst durch höchstmögliche Kompetenzverlagerung zum Staat erwartet man sich eine Garantie dafür, dass die „Sécu" als Symbolorganisation für sozialen Ausgleich wirkungsvoll vor (angelsächsischen) Neoliberalismen, vor EU-Binnenmärkten und ähnlichem geschützt wird. Was der Staat nicht en détail regelt, unterliegt hohen Gefährdungen. Es lauern Ungerechtigkeiten und gar „Privatisierungen" (für viele ein nur negativer Begriff) mit Preisgabe von Gerechtigkeit.[5] Der Begriff des „Wettbewerbs" hat es entsprechend schwer, im Gesundheitswesen überhaupt Fuß zu fassen. Wettbewerb (frz. concurrence) galt bisher kaum als sozialpolitisches

---

[4] Beispielhaft sei schon hier auf das französische Hausarztmodell hingewiesen, das an späterer Stelle ausführlich beschrieben wird.
[5] Diese politkulturellen Besonderheiten sind für die Politikformulierung mehrfach wichtig: Ohne parteieigene und sich deutlich unterscheidende sozial- und gesundheitspolitische Programme findet kaum ein Ideenwettbewerb statt. Man verteidigt und bewahrt auch dort, wo im ausschließlichen sozialen Interesse reformiert werden müsste. Viele Franzosen verstehen ihr Land als bewusstes Gegenmodell zu den unpopulären Vereinigten Staaten und dem EU-Renegaten Großbritannien. Probleme werden in der Regel durch den Staat gelöst. Schafft dieser es nicht, wie etwa in den Verkrustungen des französischen Gesellschaftssystems, so regt sich kaum mehr Opposition.

Steuerungsinstrument, geschweige denn als Option zur Optimierung der Relation von Input und Output eines komplexen volkswirtschaftlichen Regelkreises. Langsam, beginnend im Hospitalsektor, und dort vorwiegend bei den nicht-staatlichen Häusern, setzt hier auf niedriger Ebene ein anderes Denken ein. Telemedizin, Transparenzdefizite und Qualitätsaspekte werden langsam aber stetig eher unter wettbewerblichen Kriterien betrachtet, wobei auch die jüngsten Budgetverteilungsinstrumente nicht zur allseitigen Befriedigung funktionieren. Zeitgleich versuchte man auch im ambulanten Sektor Alternativen zur doppelten Vorhaltung fachärztlicher Kompetenz zu entwickeln. Angesichts der hohen strukturellen Nähe zur deutschen Situation soll das Geschehen nachfolgend näher beleuchtet werden.

Finanzierung und Vergütung in der französischen Krankenversicherung

Strukturentwicklung und Einnahmesituation

Zum Verständnis der reformatorischen Schritte und ihrer politischen Standortgebundenheit ist ein knapper Überblick über die augenblickliche Struktur auch der Einnahmeseite der französischen KV-Systeme hilfreich. Das französische System der Grundversicherung (Régime générale) umfasst die Arbeitnehmer der Privatwirtschaft, der Industrie, des Handels und ähnlicher Berufe, zusammen rund 47 Millionen Menschen oder etwa 80 % der Bevölkerung. Eine landesweite „Dachorganisation" CNAMTS (Caisse nationale d'assurance maladie des travailleurs salariés) ist für die Finanzverwaltung der Kranken- und Mutterschaftsversicherung ebenso zuständig, wie sie die 16 regionalen und 123 örtlichen Krankenkassen dieses Typs kontrolliert. Eine Reihe von so genannten „Besonderen Systemen" versichert rund 2,5 Millionen Personen; insbesondere sind dies das System des Staatsmonopolisten E.D.F-G.D.F (Elektrizitäts- und Gasgesellschaft) und natürlich ein Sondersystem für die zahlreichen Staatsdiener auf allen Ebenen der französischen Verwaltung.[6] Für die in Frankreich traditionell noch ökonomisch relevante Landwirtschaft und für die Selbständigen existieren zwei Sondersysteme

---

[6] Der französische Energiemonopolist müsste sich auf der Basis geltenden EU-Wettbewerbsrechts langsam aber sicher aus seiner historischen Rolle verabschieden. Allerdings tut sich wohl kaum ein Staat schwerer mit der Deregulierung solcher Verwaltungsrelikte, die neben einer sicheren Einnahmequelle durch wettbewerbsfreie Preisbildung auch stets ein Auffangbecken für versorgungsbedürftige Politiker in Beschäftigungsnot sind. Bemerkenswerterweise gilt manchen sogar die Existenz eines sozialversicherungsrechtlichen Sondersystems als ein überzeugendes Gegenargument, das zumindest eine weitere Verschleppung rechtfertigen könnte.

für zusammen rund 8,5 Millionen Mitglieder. Das französische KV-System ist ein fast reines Kostenerstattungsmodell mit nicht eben üppigen Erstattungssätzen. Allerdings sind die erstattungsfähigen Beträge weitgehend eindeutig klassifiziert. Der Patient weiß also im Vorwege ziemlich genau, was eine bestimmte Behandlung tatsächlich kostet und was an Erstattungen zurückfließen wird. Hohe Selbstbeteiligungen haben in Frankreich eine uralte Tradition, die noch im heutigen technischen Begriff dafür („ticket modérateur" = kostenbegrenzende Eintrittskarte) deutlich wird. Das System wurde im Jahre 1928, also weit vor der staatlichen Sozialversicherung, als Eigenbeteiligungsmodell für jeden Arztbesuch eingeführt.[7] Zusatzversicherungen spielen eine zentrale Rolle in einem Basissystem, dessen Leistungskraft nicht ausreicht, mehr als Kostenanteile zu ersetzen. Trotzdem trägt das Basissystem mit rund 73,9 % der laufenden Ausgaben für Geldleistungen und medizinische Infrastruktur den überwältigenden Kostenanteil. Bei durchweg fehlender Mengenbegrenzung und erst spät und zögerlich greifenden Kostendämpfungsbemühungen durch Ausgabendeckelung geriet zum Jahresende 1995 das gesamte System in eine bedenkliche Verschuldung beim Staat, die ihrerseits für Frankreich empfindliche Auswirkungen auf den Beitritt zur Gemeinschaftswährung gehabt hätte, wäre es nicht mit einigen Tricks und durchaus rigidem Sparwillen zu nachhaltigem Schuldenabbau zumindest auf vorübergehende Dauer gekommen.[8] Weitere Finanzierungsquellen des französischen Gesundheitswesens sind die privaten Haushalte (rund 13,3 %), die Krankenversicherung auf Gegenseitigkeit (Mutualité) (7,1 %), Sozialhilfe (1,7 %), sonstige Versicherungsgesellschaften (3,1 %) und unmittelbare Staatsleistungen (0,9 %). Als ein Ergebnis der großen Finanzreform mit Einführung der „Allgemeinen Krankenversicherung" (assurance maladie universelle) zum Jahresbeginn 2000 wird der Sozialhilfeanteil nunmehr durch das Basissystem zusätzlich getragen. Auch mittellose Personen, für die in der Vergangenheit

---

[7] Damals führten für einen kleinen Teil der Bevölkerung die heute als „genossenschaftliche" Zusatzversicherungsträger aktiven „Mutualités" die einzig existente Versicherung außerhalb des einstmals deutschen Elsass-Lothringen durch. Der Eintritt für den Arztbesuch sollte kostendämpfend wirken, tat dies jedoch nicht. Erstaunlich, dass sich ein ähnlicher Vorschlag im Jahr 2000 bei deutschen Sachverständigen erneut findet. Für Elsass-Lothringen gelten bis heute andere Erstattungssätze als für den Rest Frankreichs, eine Fernwirkung des dort einmal geltenden „Bismarckmodells".

[8] Die Geschichte der Umdeklarierung von Schattenhaushalten, versteckten Schulden und Verbindlichkeiten und Konstruktion von öffentlichen Einnahmen aus Einmalverkäufen kurz vor Beginn der „heißen" Prüfungsphase zum Eurobeitritt wird vermutlich erst in vielen Jahren quellengestützt geschrieben werden können. Die Schuldenlast der „Sécu" war derart enorm, dass sie unvermindert neben der Mitwirkung Frankreichs am Euro wohl das gesamte Projekt zum Scheitern gebracht hätte. Ein Euro ohne Frankreich wäre politisch kaum vorstellbar.

mangels einer geeigneten Härtefallregelung offenbar die Inanspruchnahme von Versicherungsleistungen generell problematisch gewesen ist[9], können nun über diese Neuregelung zuzahlungsfrei und ohne Verpflichtung zur Verauslagung von Abrechnungspositionen einen Arztbesuch wagen.[10] Prima facie ein großer administrativer Aufwand, wenn man sein Ergebnis mit der Regelung für die Krankenversicherung von Sozialhilfeempfängern sowie mit der bestehenden Härtefallsystematik bei uns vergleicht. Hätten wir allerdings ein quasi-obligatorisches Ergänzungserstattungsmodell statt des GKV-Vollschutzes, so wären unsere Regelungen schon durch die völlig abweichende Rechtsstruktur der verschiedenen Kostenträger kaum mehr praktikabel. Sobald dann im Ergänzungsversicherungsbereich der sozialrechtliche Rechtskreis verlassen würde und beispielsweise privatrechtliche Strukturen griffen, entstünden für die Gewährung zusätzlicher Hilfen an Bedürftige etliche Schwierigkeiten.[11] Seit 1991 erfolgt die Gesamtfinanzierung des Basissystems aus einer Mischform von Beiträgen und Steuern, eingeführt von dem seinerzeitigen sozialistischen Premierminister Rocard[12], die keinesfalls durchgängig „herrschende sozialpolitische Lehre" gewesen ist. Diese erste Sozialversicherungssteuer wurde unter dem etwas verwirrenden Begriff „Beitrag" (contribution sociale généralisée) seinerzeit zusätzlich zu einem bestehenden Beitragsgefüge eingeführt. Heute beläuft sie sich auf 7,5 %, nota bene auf das gesamte Einkommen, also Arbeitsentgelt, Ersatzeinkommen (Rente) sowie sonstige Einkünfte, insbesondere aus Kapitalvermögen. Im Jahr 1998 wurde die Finanzierung

---

[9] Die früheren Befreiungsregelungen von der Zuzahlung waren unübersichtlich, verworren und in wenig informierten Kreisen kaum bekannt. Allein im Krankenhaus – dort ging dies einfacher – gab es bis zu 18 verschiedene Befreiungsmöglichkeiten (vgl. Weber, Leienbach, Dohle; „Soziale Sicherung in den Mitgliedstaaten der EG", Nomos Verlag, Baden-Baden 1994).

[10] Das System einer durchgängigen Kostenerstattung anstelle einer Sachleistung ist nach französischen Erfahrungen jedenfalls kaum mit greifbaren sozialen oder finanziellen Vorteilen für die Patienten verbunden. Es hat in der Vergangenheit zusammen mit dem Unvermögen sowohl des Basissystems als auch der Mutualité, preisbildend in das Beschaffungsgeschehen einzugreifen, zu einer Ausgrenzung von Personen geführt, die nun durch die „Allgemeine Krankenversicherung" beseitigt werden soll.

[11] Diese Problematik der unterschiedlichen Rechtskreise von Grund- und Ergänzungsversorgung ist offenbar in den davon gekennzeichneten Staaten derart erheblich, dass das Europäische Parlament mit einer Entschließung zur Zusatzkrankenversicherung (A5-0266/2000) hervorgetreten ist. Zum besseren Verständnis sei dazu angemerkt, dass es hierbei weniger um aktuell bei uns relevante Wahlleistungs/-Wahlarzt-Ergänzungsmodelle geht als um solche Zusatzversicherungen, die wie in Frankreich als nahezu unverzichtbarer Bestandteil einer vollwertigen sozialen Absicherung anzusehen sind.

[12] Heute als EP-Abgeordneter Urheber des für die Zusatzversicherungsentschließung ursächlichen gleichnamigen Berichtes.

dergestalt geändert, dass der ehemalige Arbeitnehmeranteil von 5,9 % bis auf einen nominellen Rest von 0,75 % des Bruttogehalts (Bemessungsgrenze ist 95 %) durch diese Steuer ersetzt wurde. Die Arbeitgeber entrichten 12,8 % (vor Ersetzung durch die Steuer 12,6 %) bezogen auf das tatsächliche Bruttogehalt. Es ist also fraglich, ob der Systemwechsel in der „Sécu" nicht für alle Zahlenden ein schlechtes Geschäft gewesen ist. Eine weitere Steuer dient der Abtragung der bestehenden und wohl auch zukünftigen Schulden (Contribution au remboursement de la dette sociale, CRDS). Sie ist vom Arbeitnehmer/Versicherten in einer Höhe von derzeit 0,5 % auf die Bemessungsgrundlage der tatsächlichen Einkünfte (95 %) zu entrichten.[13] Mit der Umstellung des Arbeitnehmer-Beitragsanteils auf fast völlige Steuerfinanzierung ist vermutlich erst ein Schritt hin zu einer kompletten Veränderung der Einkommenssicherung in der französischen KV getan. Dies um so mehr, als die Überwälzung des einstigen Sozialhilfeanteils auf das Basissystem kaum ohne Probleme dauerhaft vonstatten gehen dürfte. Zugleich „haftet" das Allgemeinsystem für Arbeitnehmer für die Sondersysteme, deren Existenz weniger durch Leistungskraft oder gar „Wettbewerb" als durch Korporatismus und Traditionspflege begründet wird. Unter streng formalen Kriterien betrachtet, ist der Solidargedanke zu bemerkenswerter Vollendung geführt. Ohne Mindest- oder Höchstversicherungsgrenzen, mit einer allgemeinen Pflichtversicherung und völlig einheitlichen Beiträgen, mit einer subsystemübergreifenden Garantieverpflichtung sowie ohne Möglichkeiten zur Entsolidarisierung durch „opting-out" oder Abwandern in eine Privatversicherung mit der Folge, im Pflichtsystem nichts mehr bezahlen zu müssen, hat der Staat in der Tat Rechtsgrundlagen für solidarische Organisation geschaffen, die umfassender kaum sein könnten, zumal die letzten Lücken durch die „Allgemeine Krankenversicherung" geschlossen wurden. Kampfbegriffe aus der deutschen Szene wie „Risikoselektion", „virtuelle Kassen", „Entsolidarisierung", „Risikostrukturausgleich" u. ä. fehlen erwartungsgemäß dort, wo ohnehin jeder weiß, was seines Amtes ist. Wie steht es allerdings mit der Perspektive dieses, vielleicht auch bei uns für manchen verlockenden, solidarischen Ordnungsmodells angesichts wachsender Einnahmeprobleme, einer unbefriedigenden Ausgabensituation und dem Zwang, aus Standorterwägungen heraus ein be-

---

[13] Ein teurer Spaß: bei einem Brutto von FF 20.000/Monat (= 6.000 DM) fallen allein für die Basiskrankenversicherung insgesamt 1.425+95+150+2.560 (AG-Beitrag) = 4.230 FF (1.269 DM) monatlich an. Dabei sind etwaige Nebeneinkünfte nicht berücksichtigt. Die Zusatzversicherung geht zu Arbeitnehmerlasten. Die Einnahmeprobleme folgen aus den vergleichsweise niedrigen Löhnen in Frankreich. Hohe Steuern mit nur geringen „Sparmöglichkeiten" und andere Sozialabgaben reduzieren die Bruttobezüge dramatisch und fördern die Schattenwirtschaft trotz vergleichsweise drakonischer Strafen für Fiskal- und Sozialbetrug.

schäftigungsfreundliches Sozialmodell höchstmöglicher gesellschaftlich-ethischer Qualität zu schaffen?

Leistungsbeschaffung und Vergütung

Traditionell gliedert sich die französische Arztstruktur in drei Gruppen, die zusammen rund 95 % der gesamten Ärzteschaft ausmachen. Ärzte des so genannten „ersten Bereiches" sind dem weitgehend staatlich definierten und alle 4 Jahre ausgehandelten „Vertrag" (convention) beigetreten. Sie unterwerfen sich einer entsprechenden Honorarbegrenzung, und die Kostenerstattung erfolgt auf der Grundlage des tatsächlich geflossenen Honorars. Üblicherweise werden durch die Basiskrankenversicherung 60 % der Kosten für die ambulante Versorgung übernommen. Für ihre Versicherten deckt die genossenschaftliche Zusatzkasse (Mutualité) den Differenzbetrag. Als Ausgleich für ihre Honorarkonformität erhalten diese Ärzte bestimmte soziale Vorteile bei ihrer persönlichen Renten- und Krankenversicherung.[14]

In der zweiten Gruppe finden sich Ärzte, die ihrerseits den Vertrag ihrer Berufsgruppe mit der Sozialversicherung aufgekündigt haben. Sie dürfen ihre Honorare nach freiem Ermessen festlegen, haben sich jedoch – überaus vage – zur „Angemessenheit" verpflichtet. Sie können höhere Honorare fordern als die vertraglich festgelegten Tarife. Die Patienten erhalten jedoch seitens der Krankenkasse nur den Erstattungssatz in vertragsüblicher Höhe. Seit 1989 ist zu dieser Gruppe normalerweise kein Beitritt mehr möglich. Ausnahmen bestehen noch für ehemalige Chefärzte. Die Anzahl dieser Mediziner belief sich im Jahr 1989 auf rund 33 % und sank bis zum Jahr 1999 auf 24,4 % der niedergelassenen Ärzteschaft bzw. der Spitalärzte mit Erlaubnis zur ambulanten Tätigkeit.

In der dritten Kategorie schließlich finden sich diejenigen rund 15 % der Ärzteschaft, die ein Recht zur Überschreitung der Fixtarife haben. Sie stehen in keinerlei Rechtsbeziehung zu den Sozialversicherungsträgern und liquidieren weitgehend nach Gutdünken. Die Erstattungssätze für sozialversicherte Patienten sind noch sehr gering und dürften auf Sicht völlig entfallen. Damit stellte sich diese Arztgruppe dem Nachfragerisiko einer reinen Bedienung von Selbstzahlern bzw. Angehörigen der in Frankreich nicht sehr verbreiteten Gruppe von Privatversicherten mit entsprechendem Versicherungsumfang.

---

[14] Nota bene existieren auch für frei praktizierende Ärzte keine „Verkammerung" mit handfesten Versorgungsprivilegien oder günstige PKV-Gruppenverträge mit einer Befreiungsmöglichkeit aus der Pflichtversicherung.

Die Probleme des ambulanten Sektors in Frankreich gleichen in gewisser Hinsicht der deutschen Situation, wenngleich bestehende Strukturunterschiede zu beachten sind. Auffällig ist der hohe ideologische Stellenwert einer „freien Arztwahl" ebenso wie die Vorhaltung von Doppelstrukturen, insbesondere im fachärztlichen Bereich sowohl am Spital als auch im Niedergelassenenbereich. Die Verzahnung dieser Bereiche ist überaus schwierig und hat kaum zu befriedigenden Ergebnissen geführt. Bemerkenswert ist das lange Ausbleiben von mengenbegrenzenden Steuerungselementen, das eine Mengenausweitung nahezu überall zur Regel werden ließ. Eine durchgängige Politik der Ausgabenbegrenzung galt lange Zeit als „unsozial". Erst neueste Ansätze einer medizinisch rationalen Kostendämpfung („maîtrise médicalisée des dépenses") versuchen, bedarfsorientierte und möglichst standardisierte Versorgungsleistungen zu definieren, um ein System von Behandlungsrichtlinien („références médicales opposables"), sozusagen als Richtgrößenmodell, auszuhandeln. Überraschenderweise hielt sich der Staat – vielleicht schon vor dem Hintergrund überaus konfliktreicher innenpolitischer Konkurrenz zwischen dem Staatspräsidenten und dem Ministerpräsidenten um den kommenden Präsidentschaftswahlkampf – hier mit Machtübungen vergleichsweise zurück.[15] Zwang und Regresse, auch bei uns nicht völlig unbekannt, waren allerdings auch in Frankreich vorgesehen: Ärzte mit Behandlungsaufwand oberhalb einer vom Staat für richtig befundenen Steigerungsrate sollten individuell haften. Für solche Mediziner, die unterhalb der zulässigen Steigerungssätze blieben, war eine Erhöhung der Honorarsätze vorgesehen. Dieses Vorgehen der Regierung endete, wie kaum anders zu erwarten war, vor Obergerichten. Insbesondere die Einzelhaftung scheiterte nach einer Klage eines Teils der französischen Ärzteschaft infolge juristischer Mängel. Als Ausweg versuchte die Politik – anders als bei uns – kollektive Sanktionen, die bei einer Überschreitung des Ausgabenrahmens für alle Ärzte gelten sollten. Dieser Versuch scheiterte aus verfassungsrechtlichen Gründen vor dem französischen Verfassungsrat und ging somit nicht in das Gesetz zur Finanzierung der Sozialversicherung („Loi de financement de la Sécurité Sociale") ein. Die ökonomischen Folgen waren drastisch. Weitgehend ohne funktionierende Steuerungselemente ist ein finanzielles Ausbluten der Krankenversicherung mehr als wahrscheinlich. Schon im ersten Halbjahr 2000 wurden die Ausgabengrenzen weitflächig überschritten. Als Notanker griff die Regierung zu kurzfristigen Begrenzungen im Anordnungswege: bestimmte Leistungen der Radiologen werden in der Vergütung um 10 %

---

[15] Die Grundidee geht schon auf den Juppé-Plan von 1995 zurück, dessen Mittelpunkt eine Systematik sein sollte, die die gesamte ärztliche Tätigkeit inklusive der Verordnungen und veranlassten Leistungen in einem ökonomisch orientierten Kontrollmechanismus erfassen wollte. Vgl. Bode, Ingo, „Das französische Gesundheitswesen im Wandel" in „Die BKK" 9 (1998), S. 459-465.

abgesenkt, die einst als Anreiz gedachte Aufwertung der pauschalen Vergütung für die Hausärzte wurde eingefroren. Eine ganze Reihe anderer Spontaneingriffe in die Vergütung vieler Gesundheitsberufe ergänzt das beschriebene Szenario und offenbart weitgehende Ratlosigkeit, wie dem Problem beizukommen wäre.

Hausarztmodell im Machtkonflikt

Das 1997 als Wahlmöglichkeit eingeführte französische Hausarztmodell verdient Beachtung als ein Versuch, eine geordnetere Form der Nachfrage nach medizinischer Behandlung mit positiven ökonomischen Auswirkungen zu verknüpfen. Die Versicherten erhielten seinerzeit das Recht, zunächst für ein Jahr einen Allgemeinmediziner mit der hausärztlichen Versorgung zu beauftragen. Als so genannter „gatekeeper" sollte dieser Arzt den Zugang zu weiteren Versorgungsstufen steuern. Man versprach sich davon u. a. den Vorteil, dass es nicht zu einer unkontrollierbaren Inanspruchnahme teurer fachärztlicher Angebote mit der entsprechenden Ergänzungsdiagnostik kam, wenn dies unter seriösen medizinischen Aspekten hätte vermieden werden können. Als Belohnung gewährte man den Patienten die Befreiung vom Kostenerstattungsprinzip und führte – erstmals in der französischen GKV-Geschichte – ein Sachleistungsmodell ohne Vorleistungen ein.[16] Der Hausarzt erhielt zusätzlich zum Honorar einen Patientenbonus von 150 FF (45 DM) pro Patient und Jahr gegen die Zusage, keinerlei ergänzende Privathonorare zu liquidieren. Zur Kontrolle der Diagnose- und Therapieverläufe wurde ein Patientenheft mit umfassenderen Informationen, als im üblichen „carnet médical" enthalten sind, eingeführt. Rund 270.000 Versicherte und etwa jeder sechste Hausarzt schlossen sich dem Modell in den Jahren 1998/99 an.

Wie nicht anders zu erwarten, wehrten sich die Fachärzte erbittert gegen diesen Versuch zur systematischen Minderung ihrer Einkünfte. Der Streit zwischen Allgemeinmedizinern und Fachärzten wurde – bei uns nicht völlig unbekannt – durch innerfachärztliche Rivalitäten und Vergütungsneid zwischen einzelnen Arztgruppen verschärft. Nach einem Etappensieg der fachärztlichen Fraktion im Sommer 1998, als der Staatsrat die Rechtsgrundlage der „convention médicale" von 1997 infolge „überschrittener Zuständigkeiten" sowohl auf Seiten des Hausärzteverbandes (eher eine Gewerkschaft!) als auch der nationalen Krankenkasse aus-

---

[16] In der Wahrnehmung der Patienten war dies immerhin Anreiz genug, sich mit rund 270.000 Personen relativ kurzfristig für ein solches Modell zu entscheiden. Die Kostenerstattung als für alle Versicherten „attraktives" Modell kann damit auch dort als widerlegt gelten, wo sie zum Kern des nationalen Systems gehört.

setzte, drückte die Politik im November desselben Jahres einen neuen Start durch.[17]

Fazit Frankreich

Das französische System schafft es trotz hoher Staatskompetenz nicht, einen sozialökonomisch überzeugenden Weg aus seinen Strukturproblemen zu finden. Einzelne Versuche scheitern an der Divergenz der Interessen und in letzter Konsequenz an den nicht-ökonomischen Entscheidungsgrundlagen der fast omnipotenten Politik. Angesichts eines reichlichen Arztangebotes, besonders natürlich in den dafür attraktiven Landesteilen, fehlt ein qualitätsgestütztes wettbewerbliches Regulativ auf der Seite der Leistungserbringer. Traditionelle Reformen haben entweder an der Höhe der Vergütungen oder am Leistungsumfang stellschraubenartige Korrekturen vorgenommen, ohne allerdings glaubhaft wettbewerbliche Elemente zur Qualitäts- und Kostensteuerung nur zu bemühen. Die Problemlage ist für einen Funktionshybrid aus weitgehender Steuerfinanzierung jedoch mit freiberuflicher Angebotsstruktur kennzeichnend. Eine weitgehend monolithische Kassenseite, überwiegend vertreten durch den Staat selbst, sei es als Verhandler, Parteigänger oder Schiedsrichter, steht einer zersplitterten Ärzteschaft gegenüber, die verständlicherweise einstige Vorteile materieller Art nicht kampflos preisgeben möchte. Erstarrung, Sprunghaftigkeit und Notreaktionen sind die wenig systematische Folge. In letzter Konsequenz wird die Politik versuchen, den Schritt zum staatlichen Gesundheitswesen in ganzer Tragweite zu unternehmen. Entsprechende Gedankenspiele, bis hin zu einer als Netzbetrieb und Modell verbeutelten Neuzertifizierung von „Kassenärzten neuen Typs" könnten schon bald nach der Präsidentschaftswahl aus den Schubladen geholt werden. Strukturelle Ordnungsmechanismen können, Frankreich macht dies deutlich, fehlende Kooperationsbereitschaft der betroffenen Akteure ebenso wenig ersetzen wie schlichte ökonomische Logik. Ohne solidarfinanzierte Zahlerkollektive ist der heutige Gesundheitsmarkt für die meisten Menschen verschlossen. Die Kassen der Anbieter aller Sparten blieben weitgehend leer. Kaum ein vernünftiger Leistungserbringer, ja selbst kein forschendes Arzneimittelunternehmen kann also an einer dauerhaften finanziellen Schieflage der die Patienten zur Nachfrage befähigenden Institutionen interessiert sein.

---

[17] Das durch eine Vielzahl von Rivalitäten im breiten Spektrum zwischen Einkünften und Sozialprestige geprägte Konfliktpotential der französischen Ärzteschaft zeigt sich auch an deren Zergliederung in vier miteinander hadernde Gewerkschaften. So wetteifern „la Confédération des Syndicats Médicaux Français (CSMF)", „La Fédération des médecins de France (FMF)", „Le Syndicat des médecins libéraux (SML)" mit der Hausarztgewerkschaft MG-France („Médecins généralistes de France") um Prestige, Einfluss und politisches Gehör.

Keine westeuropäische Regierung kann und wird die Zugangsverantwortung zu einer adäquaten medizinischen Versorgung auf den Patienten als schwächstes Glied der Kette abwälzen, ohne schon auf Sicht aller Mehrheiten verlustig zu gehen. Ersatzvornahmen, Zwangseingriffe und eine schleichende Verstaatlichung des gesamten Sektors wären die für alle Beteiligten negative Folge.[18] Zwar kennt Frankreich noch kaum Wartelisten in Diagnostik und Therapie, doch könnte sich derartiges kurzfristig einstellen. Unterstellt man ein den Rahmen dieser Arbeit sprengendes institutionelles Überlebensinteresse der „genossenschaftlichen" französischen Zusatzkrankenkassen der „Mutualité", deren finanzielle und strukturelle Probleme nicht eben gering sind, so kann der Weg sehr wohl in ein rein staatliches Basisschema – flankiert durch eine sozialrechtlich strukturierte Ergänzungsversicherung – „für alle" gehen. Auch die EP-Entschließung zur sozialkompatiblen Zusatzkrankenversicherung ließe sich in diese Richtung deuten.

Staatsmodell im Gewand der Wettbewerblichkeit: die Niederlande

Gern wird das niederländische Modell systematisch zu den Sozialversicherungsvarianten oder gar mit einiger historischer Kühnheit als „Bismarckmodell" dargestellt.[19] Seit das einstige regionalgebundene Einheitsmodell auch noch in den Tagen des „Decker-Simons-Planes" durch Strukturwandel den Weg zu einem „regulierten Wettbewerb"[20] gefunden hat, steht es gerade in Deutschland ganz oben auf der Liste der beispielhaften Ansätze. Analog zum so genannten „Poldermodell", jenem Wunder an klassen- und kassenübergreifender gesellschaftlicher Konsensbereitschaft, das es den Niederlanden auch in Zeiten schlimmer Krisen ermöglichte, als Arbeitsmarktbeispiel insbesondere für das wie immer hinterherhinkende und „reformunfähige" Deutschland zu dienen, kennt die Begeisterung so manches „Experten" kaum noch Grenzen.[21]

---

[18] Man darf nicht unterschätzen, dass selbst ein zum bedingten Nachtwächterstaat neigendes EU-Land, wie das Großbritannien Margaret Thatchers, nicht etwa das Gesundheitswesen „liberalisierte" und den Patienten seiner Marktfähigkeit überließ, sondern einen, wie unzulänglich auch immer verfassten, NHS in seinen Grundstrukturen erhielt.

[19] Angesichts der historisch verständlichen Animositäten gegen die während der deutschen Besatzung aufgezwungene Bismarckvariante nicht unbedenklich.

[20] Böcken, Butzlaff, Esche (Hg) „Reformen im Gesundheitswesen", Ergebnisse internationaler Recherche, Bertelsmann-Stiftung, Gütersloh 2000, S. 81.

[21] Das Spektrum ist dabei durchaus parteien- und ideologieübergreifend: Sowohl vermutlich eher „liberale" Kreise als auch Teilnehmer eines Besuchs von SPD-Parlamentariern in den Niederlanden und Schweden verwiesen auf den „Mustercharakter" der Neuordnung der Sozialpolitik. Vgl. SPD-Pressedienst Nr. 825 vom 27. Mai 1997 „Sozialstaat in Schweden und Niederlanden über deutschem Niveau" und ähnlich Pressedienst Nr. 754 vom 15. Mai 1997. Freude über die

Wo deutsche Interessenvielfalt in so ungewöhnlich einhelliger Weise Lob verteilt, lohnt gelegentlich der Blick sowohl auf das Detail als aufs Ganze.

Strukturen und sozialpolitisches Umfeld

Das niederländische KV-Modell steht auf den drei Säulen der gesetzlichen Krankenversicherung (Rechtsgrundlage ist das Krankenversicherungsgesetz ZFW) vertreten durch die Ziekenfondsen, der privaten Krankenversicherung mit einem Standardtarif, Kontrahierungszwang und Verzicht auf Risikoprüfung sowie der steuerartig finanzierten Volks„versicherung" (AWBZ), die Langzeitrisiken und Leistungen nach Art einer „Pflegeversicherung" auf der Rechtsgrundlage eines Leistungsgesetzes gewährt. Die Mittel dazu werden durch die Steuerbehörden anhand der tatsächlichen Einkünfte eingezogen.[22] Immerhin 40 % der nationalen Gesundheitsausgaben werden durch den AWBZ bestritten.[23] Der versicherungsartige Teil der niederländischen Modells beschränkt sich also strenggenommen auf das Zuweisungsmodell „Ziekenfond" oder „partikuliere Verzeekering" oder PKV. Nur für öffentlich Beschäftigte gibt es ein Sondermodell. Gehaltsabhängige Beiträge oder Kopfprämien regeln die Einnahmen beider Sparten. Ausgleichssysteme existieren sowohl kassenübergreifend als auch kassenartenübergreifend. Die Beitragssätze der gesetzlichen Krankenkassen werden per Gesetz bestimmt und variierten nach Wirtschaftszweigen bis auf einen zusätzlichen nominellen Anteil, den der Ziekenfond selbst bestimmt. Wahlfreiheit zwischen dem

---

„hochinteressanten" Entdeckungen des Chefs des Verbandes der deutschen PKV Peter Greisler im niederländischen Gesundheitswesen (Frankfurter Rundschau vom 23.01.99), vermutlich in Verkennung der tatsächlichen Struktur der dortigen Privaten, die aus deutscher PKV-Sicht neben Kontrahierungszwang und Mitnahmefähigkeit von Altersrückstellungen und dem RSA-artigen MOOZ noch allerhand anderes „Teufelszeug" für selbstverständlich halten müssen. Das „Poldermodell" schließlich zeigt nicht erst seit dem sensationellen Protest des Arbeitgeberchefs Hans Blankert Anfang 1999 Risse: Der einst bequeme Weg, ältliche und kranke Arbeitnehmer statt in die Arbeitslosigkeit in die sozial wie statistisch zweckmäßigere Dauerarbeitsunfähigkeit abzuschieben, geriet ins Schlingern. Die Zahl der Leistungsempfänger der entsprechenden Sozialversicherung (WAO) stieg zwischen 1996 und Oktober 1998 um 8 % auf 899.000 Personen. Gleichzeitig sank die Zahl der Arbeitslosenhilfebeziehenden um stolze 20,5 % auf 257.000 Menschen.

[22] Der Charakter des AWBZ-Systems hat mit einer Versicherung eigentlich kaum mehr etwas zu tun, sondern gleicht eher den „Versicherungsbeiträgen" anderer Staatsysteme, wie dem schwedischen Riksförsäkringsverk und seinen regionalen Gliederungen.

[23] Vgl. Böcke, Butzlaff, Esche, aa.O., S. 82.

„gesetzlichen" oder dem „privaten" System besteht nicht, da die Einkommenshöhe den Versicherungsstatus regelt.

Beiden Systemteilen ist es möglich, Zusatzversicherungen und so genannte „Luxuspakete" anzubieten, die üblicherweise einkommensunabhängig kalkuliert werden und risikoäquivalent sein können.[24] Die tatsächliche Bedeutung dieser Angebote für das Versorgungsgeschehen in zentralen medizinischen Bereichen sollte jedoch nicht überschätzt werden.

Selbstbehalte sind dem reinen Sachleistungsmodell des gesetzlichen Systemteils bis auf geringe Ausnahmen (jährliches Maximum für Nichtchroniker 200 hfl. entsprechend 178 DM) eher fremd.

Angebotsorganisation und –zugang

Im Zentrum des ambulanten Versorgungsgeschehens steht der Hausarzt oder „GP". Ein vergleichsweise bürokratisches Einschreibeverfahren, eingeschränkte Möglichkeiten zum Arztwechsel mit Zustimmung der Krankenkasse, insbesondere in Ballungsräumen, kennzeichnen dieses rigide Primärarztmodell. Der GP ist selbständig tätig und erhält für die Ziekenfonds-Patienten eine Kopfpauschale. Das niederländische Sozialversicherungsmodell kennt nur Sachleistungen, ein Umstand, der in den zahlreichen EuGH-Fällen, die niederländische Situationen betreffen, wiederholt zum Gegenstand von amtlichen Einlassungen über die „Unmöglichkeit" einer Erstattung eigenmächtig vorgenommener Patientennachfrage im EU-Ausland wurde. Eine ambulante fachärztliche Angebotsstruktur wie bei uns existiert in den Niederlanden nicht. Der Zugang erfolgt über den Primärarzt. In langen Kämpfen zwischen Standesvertretern, Politikern und Allgemeinärzten sahen sich die Gebietsärzte in eine ihre freiberufliche Tätigkeit nicht unerheblich berührende Nähe zu den Angebotsstrukturen der Krankenhäuser gedrückt.[25] Zwar konnte die

---

[24] Dieses Zusatzangebot wird als „drittes Segment" gedeutet. Logischer ist es wohl, dieses für den Umfang und den Versorgungszugang bei durchgängigen Wartelisten im stationären Bereich kaum entscheidende Element als wettbewerbliche Ergänzung wenn nicht gar als Zierrat zu deuten. Es ersetzt jedenfalls die nachhaltigen Versorgungsmängel des Basissystems im Zugang zu stationären Leistungen nicht. Der hohe Grad der Inanspruchnahme von 90 % deutet auf das Fehlen von Selektion beim Zugang ebenso hin wie auf die relative Bezahlbarkeit des Produkts. Beides schließt einen verbesserten Zugang zur „großen Medizin", etwa bei Versagen der Basissicherung, aus.

[25] Vgl. Vortrag Prof. J. Herre Kingma, M.D.; Ph.D. ehemaliger Präsident der Fachärztlichen Vereinigung auf einem Kongress, Amsterdam 1996. Hier werden insbesondere statistische Vergleiche über Behandlungsintensität, -effizienz und

Selbständigkeit des nunmehr eher als Belegarzt Tätigen in etwa gerettet werden, doch steht die beliebte Einzelleistungsvergütung nebst der eher ungeliebten Steuerung durch bereichsspezifische Budgets zur Debatte. Die aktuelle Suche zielt verbal auf „anreizintensivere" Modelle, schließt jedoch eine stärkere Verknüpfung mit der Hospitalszene ein.

Für Leistungen, die an Privatversicherten erbracht wurden, wird nach Einzelleistungsposition vergütet. Die Kontrolle der Hausärzte erfolgt durch Quartalsmeldungen von Praxisstatistiken an die Krankenversicherung. Bei Überschreitung der Vergleichswerte müssen die Ärzte eingehende Begründungen vorweisen. Fachärzte sind der niederländischen Struktur nach mit dem Krankenhausgeschehen eng verbunden, obwohl derzeit nur 15 % der Fachärzte unmittelbar dort angestellt sind.[26] Die Einzelleistungsvergütung der Fachärzte führt nach niederländischen Erkenntnissen zu einer regelmäßigen Mengenausweitung. Theoretisch vorgesehene Regresse oder auch nur Nachverrechnungen von Budgetüberschreitungen während des Vorjahres funktionieren offenbar nicht. Ziel der Politik ist es daher, eine noch stärkere Integration der Fachärzte in das Krankenhaus, den höchstmöglich staatlich geregelten Bereich überhaupt, sicherzustellen. Rigide Kapazitätsplanung und Bettenabbau haben im stationären Bereich zu eindeutigen Anzeichen einer Mangelsteuerung geführt, allerdings auch Sparwillen und Entschlossenheit dokumentiert. Zur Sicherstellung eines Kostenzieles werden den Versicherten jedoch umfangreiche Wartezeiten zugemutet. Zugleich werden alle Möglichkeiten eines eigenmächtigen Ausweichens nach Deutschland mit juristischen Spitzfindigkeiten bis hin zur offenkundigen Systemblamage verwehrt.[27] Was auch immer an Details in den Niederlanden

---

-anreize zwischen freiberuflich liquidierenden und angestellten Fachärzten angestellt.

[26] Vgl. Böcken, Butzlaff, Esche, a.a.O., S. 89.

[27] Die anhängigen EuGH-Fälle „Smits-Geraets" und „Peerbooms" verdienen trotz eines für den abwehrenden niederländischen Staat günstigen Zwischenstandes durch den Schlussantrag des Generalanwalts Beachtung. Frau Smits begab sich als Parkinsonpatientin in eine deutsche Klinik und begehrte (anteilige) Kostenerstattung. Ihre niederländische Kasse verweigerte dies mit dem Hinweis, dass die Binnenmarktfreiheiten nicht gelten. Die gewünschte Leistung gäbe es auch daheim; offen blieb nur wann. Schwerwiegender der dramatische Fall „Peerbooms": Nach einem Unfall im Tiefkoma wurde der Patient in Innsbruck daraus erweckt. Die gewählte Therapie gibt es in den Niederlanden nur als Modellversuch bis zum 25. Altersjahr. Der 40-jährige Patient dürfte vermutlich keine Chance auf Erstattung haben, da nicht wahrscheinlich ist, dass der EuGH den nationalen Leistungskatalog erweitert. Die propagandistischen Folgen wären jedoch für das niederländische System überaus schmerzhaft: Ein nachweislich behandelbarer furchtbarer Leidenszustand muss ertragen werden, damit das dies verursachen-

faszinieren mag, angesichts der eher nach Großbritannien weisenden Mangelsteuerung sollten zumindest all diejenigen vorsichtig argumentieren, die zwischen der Möglichkeit zu beliebig vielen Facharztbesuchen nach Laune und Befindlichkeit, einer fossilen Arzneimitteldistribution und erkennbaren Schwachstellen in der Koordinierung medizinischer Angebote zwischen den Sektoren bei uns und dem planmäßigen Aufschieben von komplexen Behandlungen bei unseren Nachbarn zu unterscheiden bereit sind. Planung, Steuerung bis hin zur leitliniengestützten und qualitätsgesicherten Rezertifizierung der Ärzte[28] mögen durchaus qualitätsfördernde Elemente eines Gesundheitswesens sein. Ob sie aus Patientensicht die Wartelisten sozialethisch kompensieren können, mag jeder für sich dann entscheiden, wenn er oder sie auf eine solche Liste gesetzt wird. Interessant sind verschiedene Ansätze zur strukturierten Qualitätssicherung des medizinischen Geschehens, wie sie bei uns eher noch in Anfängen stecken. Mit gewissem Recht weisen daher Betrachter des niederländischen Modells auf die partielle Vorbildlichkeit von „Leistungsmonitoring", „Praxisvisitationen" bei Allgemeinärzten sowie die obligate regelmäßige Neuzulassung unter Kontrolle der Fachgesellschaften hin.[29] Im streng kontrollierten stationären Bereich wirkt eine nationale Organisation für Qualitätssicherung in Spitälern mit einem Füllhorn an Instrumenten von „peer groups" bis zu fachärztlichen Inspektionsprogrammen.[30] Trotz dieser zweifelsohne spannenden Ansätze bleibt die niederländische Krankenhausversorgung überschattet von Wartelisten und Mangelsteuerung. Sie ist, dies mögen Apologeten des Poldermodells anders sehen, die eigentliche Schwachstelle der Gesundheitsversorgung unseres Nachbarlandes.

---

de soziale Gesundheitssystem in seinem Bestand nicht gefährdet wird. Fürwahr ein argumentativer Pyrrhossieg!

[28] Bemerkenswerterweise erhielt das niederländische Modell eine Auszeichnung der für eine eher liberale Grundhaltung bekannten Bertelsmannstiftung. Selbst wenn dieses hohe Lob nur für die innovativen Teile eines bestimmten Angebotssegmentes gedacht ist, könnte der Preis leicht auf das ganze Modell samt aller Mängel übertragen werden. Dies würde einen qualitativen Erneuerungsschub bei uns vermutlich eher hindern als fördern.

[29] Siehe Böcken, Butzlaff, Esche, a.a.O., S. 93 ff.

[30] In vielleicht nicht unbedingt hinreichender Repräsentativität kommt eine Patientenbefragung von niederländischen Versicherten, die im Rahmen des Zorg-opmaat-Programms in Deutschland operiert wurden, zu erstaunlich positiven Resultaten über deutsche Krankenhausbehandlung, sehr im Unterschied zum gewohnten heimischen Standard, der auch bisweilen in der niederländischen Presse nicht eben durchweg positiv kommentiert wird. Sollte sich das Wirken der verfassten Qualitätssicherungsinstitutionen etwa nicht regelmäßig bis an die Basis auswirken?

Schlussbemerkung

In kaum einem anderen Staat Europas ist eine bewundernde Betrachtung ausländischer Errungenschaften so sehr im Einklang mit dem Zeitgeist wie bei uns. Wurden anfänglich ganze Landessysteme auf den Schild gehoben und zur Nachahmung empfohlen (Sozialmodell Schweden), so mutierte die Begeisterung für das Fremde mittlerweile eher in eine zergliederte Betrachtungsweise. Allerdings ist dieser Weg nicht eben unproblematisch. Über die Detailversunkenheit kann der kritisch-analytische Blick für das Endprodukt, eben die für den kranken Menschen spürbare Vernetzung diagnostisch-therapeutischer Aktivitäten mit dem Ziel einer heilenden oder zumindest lindernden Einwirkung auf das individuelle Krankheitsgeschehen, nur zu leicht im Begriffswirrwarr von soziologisch-medizinischen Modetermini verloren gehen. Es bleibt die Frage, was nun aus der Betrachtung anderer Strukturen gelernt werden kann. Da ist zum einen der simple Abschreckungseffekt: Entscheidungen und Strukturen, die anderenorts so eindeutig zu negativen Resultaten geführt haben, braucht man nicht erst daheim zu etablieren, um auf eigenem Boden entsprechende Erfahrungen zu machen. Strukturdetails wirken stets aus einem Gefüge heraus: Wie immer auch ein leitliniengestütztes Primärarztmodell niederländischer Art faszinieren mag, es bleibt vermutlich schon rechtlich auf Deutschland nicht übertragbar. Verfassungskonform geschrumpft, bleibt die „Stärkung der hausärztlichen Versorgung", vielen Beobachtern als Polizziel bekannt und entsprechend vage in seiner Wirkung auf das System. Der französische Schritt zum Staat als dem alleinigen Retter einer solidarischen Gesellschaft geht vermutlich eher in eine politisch mit uns vergleichbare Richtung, wenngleich das dort schon erkennbare Resultat eigentlich eher aufhorchen lassen müsste. Im europäischen Kontext ist Deutschland eines der ganz wenigen Länder, die zumindest aus ökonomischen Gründen nahezu wartelistenfrei sind. Wer immer daher die freiheitlichen Prinzipien des Wettbewerbs ernstlich hochhält, sollte sicher sein, dass sie im jeweiligen System Freiheit denn auch tatsächlich gewährleisten. Grundsätzlich entzieht sich der moralisch- und ethisch hochkomplexe Gesundheitsbereich einer völligen Ökonomisierung. Der Entschluss einer Gesellschaft, auch Schwerkranken, Normalverdienern, Alten und Kinderreichen eine bestmögliche medizinische Behandlung zu eröffnen, ist primär ethischer Natur. Dieser Personenkreis bedarf als unvollständige Marktteilnehmer einer solidarischen Organisation der Finanzierung und des Zugangs zu medizinischer Versorgung. Dass dazu bestimmte logische Prozesse sowie nützliche Instrumente bemüht werden müssen, damit die Dynamik des Medizinmarktes nicht diese, seine zur Breitennachfrage befähigenden Institutionen gefährdet, ist wohl überall erkannt. Starke Unterschiede zeigen sich zwischen nationalen Systemen in der Art der dazu bemühten

Steuerungen. Noch haben Deutschlands Akteure die Möglichkeit, durch kreatives, zukunftsorientiertes Zusammenwirken, auch einmal unter Aufgabe traditioneller Abgrenzungen, ihre Mitwirkungsmöglichkeit in einem vergleichsweise höheren Freiheitsgrad zu entfalten, als dies in anderen EU-Staaten üblich ist. Führt dies jedoch nicht schon auf Sicht zu brauchbaren Resultaten, so zeigt Frankreich, wohin die Reise gehen kann. Ist auch die ambulante Versorgung schon aus Gründen ihrer strukturellen Vielgestalt ein interessanter Untersuchungsgegenstand für vergleichende internationale Ordnungslösungen, so darf gerade das Überwinden einer an engen Segmentsgrenzen ausgerichteten Denkweise nicht vergessen werden. Die Entwicklung geschmeidiger Verbindungen zwischen den einzelnen Versorgungsstufen ist aus Sicht des Kranken eine zentrale Aufgabe. Der administrative Umgang mit Widerständen ist in unseren Nachbarländern nicht eben zimperlich. Auch hier sind synergetische Standpunkterneuerungen aus dem Lager der oft betriebswirtschaftlich individuell Betroffenen heraus wiewohl wünschenswert, so noch eher die Ausnahme. Erst langsam könnte sich die Einsicht durchsetzen, mit einem kleinen „Positionsopfer" von heute auf Sicht viel für die eigenen Interessen getan zu haben. Solche Einsichten entstehen vermutlich nur unter Einwirkung des Wettbewerbs, der schlechterdings zur Flexibilität zwingt und Erbhofdenken und günstige Besitzstände ständig hinterfragt. Beide Staaten dieser Betrachtungen haben kein stringentes Verhältnis zum Wettbewerb im Gesundheitswesen entwickelt. Frankreich versucht, ihn nach Kräften zu vermeiden, die Niederlande verdrängen seine Ausprägung in nahezu bedeutungslose Randsegmente des Geschehens, ja schaffen den Eindruck, solche „Freizonen" just zu diesem Dokumentationszweck vorzuhalten. Wo Mangel herrscht, wird Wettbewerb stets nur unter den Schwächsten anzutreffen sein, eben gerade dort, wo er unter moralisch gewichteten Allokationsgesichtspunkten nicht hingehört. In der durchaus steigerungsfähigen Wettbewerblichkeit unseres medizinischen Angebots könnte eine deutsche Systemstärke liegen, die uns in der EU zu durchaus mehr befähigte als zur Bewunderung ausländischer Lösungen. Wer immer dereinst „durch Europa" vielleicht doch die daheim versagte Behandlung bei uns finden wird, würde dazu beitragen, den deutschen Sonderweg zu erhalten. Schon bald wird ein EU-weiter Prozess einer „offenen Koordinierung" anhand von noch nicht definierten „Prüfsteinen" (benchmarks) auch die Gesundheits- und Sozialpolitik erreichen. Es wäre im Interesse aller national Beteiligten, hier schon im Vorfeld aktiv beteiligt zu sein. Dazu bedarf unser Gesundheitswesen eines höheren Selbstvertrauens und dringend der notwendigen Binnenreformen, die seine Zukunft sichern müssen. Schön wäre es, wenn es auch uns einmal gelänge, bestimmte nationale Besonderheiten, die wir für wertvoll erachten, in ebenso geschickter Weise international zu vertreten, wie uns dies in Brüssel fast alle Partnerländer regelmäßig vormachen.

Das ambulante Vergütungssystem in der Schweiz

Stefan Felder

Der neue Arzt- und Krankenhaustarif, genannt TarMed, hätte bereits 1997 eingeführt werden sollen, aber Widerstände v. a. aus der Ärzteschaft haben dies bisher verhindert. Für die ärztlichen Praxisleistungen existieren bis heute in jedem Kanton andere Einzelleistungstarife mit unterschiedlichen Leistungsbezeichnungen und unterschiedlichen Preisen. Für die Leistungen in der Krankenhausambulanz gilt dagegen heute in der ganzen Schweiz, mit Ausnahme des Waadtlandes, der Krankenhausleistungskatalog, wenn auch mit deutlich unterschiedlichem Punktwert: Die Preise für ein und dieselbe Leistung schwanken bis zu einem Faktor zwei.

Das revidierte Krankenversicherungsgesetz aus dem Jahr 1994, Anfang 1996 in Kraft gesetzt, verlangt in Artikel 43, Absatz 5 eine Vereinheitlichung des Tarifs für alle ambulanten Leistungen, unabhängig davon, ob sie in der Arztpraxis oder im Krankenhaus erbracht werden. Während die Tarifstruktur vereinheitlicht werden soll, ist nach wie vor eine Differenzierung des Punktwerts nach Kanton zulässig. Mit dem neuen Gesetz standen Kranken- und Unfallversicherer, Ärzteschaft und Spitäler vor der Aufgabe, gemeinsam einen neuen Tarif auszuarbeiten.

Die Interessenkonstellation der Vertragsparteien

Auf der Seite der Leistungserbringer verhandeln der Berufsverband der Ärzte, FMH, und „H+", der Verband der rund 400 Schweizer Spitäler. Die Krankenhäuser verfolgen eine Bereinigung der Tarifstruktur mit kostengerechten Preisrelationen. Die FMH dagegen hat das Ziel, die Einkommen ihrer Mitglieder (20.000 Ärzte) zu halten bzw. zu erhöhen. Wenn auch zwischen den Fachgesellschaften eine divergierende Interessenlage besteht, so ist man sich in der Ärzteschaft einig, dass die sprechende Medizin gegenüber der operativ/invasiven aufgewertet werden muss. Gleichzeitig sollten die Einkommensrelationen für eine Leistung unter den Gesichtspunkten der Erfahrung und Spezialisierung des Arztes – die Schweizer verwenden dafür den Begriff der Dignität – und des Zeitaufwands objektiviert werden. Da aber jede Fachgesellschaft die Leistungsbewertung (Zeit und Dignität) isoliert ausgehandelt hat, ging es darum, diese Parameter möglichst hoch anzusetzen, da jede Erhöhung direkt einkommenswirksam ist.

Die Spitäler befürchten, über einen Verfall des Taxpunktwertes die Einkommensforderungen der Ärzte mitfinanzieren zu müssen. Sie sind an kostenorientierten Tarifen interessiert; dies gilt insbesondere für die Privatspitäler, deren Ambulanzen im Wettbewerb mit den Arztpraxen stehen.

Auf der Kostenträgerseite verhandeln das Krankenkassenkonkordat (KSK) für die Krankenversicherer und die Medizinaltarifkommission (MTK) für die Unfall-, Invaliden- und Militärversicherungen. Die Krankenversicherer interessieren sich hauptsächlich für möglichst niedrige Preise. Bei den Unfall- und Invalidenversicherern spielen die Ausgaben für medizinische Leistungen gegenüber den Renten für verminderte Arbeitsfähigkeit eine untergeordnete Rolle. Daher setzen sie sich für einen transparenten Tarif ein, der Leistungsüberprüfung zulässt; die Höhe des Tarifs ist für sie nicht so entscheidend.

TarMed: Ein Zeittarif

TarMed richtet sich bei der Vergütung einer medizinischen Leistung nach der zeitlichen Nutzung der Inputfaktoren ärztliche Arbeitskraft, technisches Gerät und Raumnutzung. Die Leistung des Arztes bemisst sich nach dem Zeitaufwand, gemessen in 5-Minuten-Intervallen, der so genannten Minutage. Wie viel eine Minutage wert ist, hängt im Wesentlichen von drei Faktoren ab: i) von der Produktivität der Leistung, ii) von der Dignität des Arztes und iii) vom Taxpunktwert.

Bei der Vorbereitung des neuen Vergütungssystems ging man von einem Taxpunktwert von einem Franken aus. Der Basis-Stundenlohn eines Arztes ist der Stundenlohn bei einer Produktivität von eins. Er entspricht dem Quotienten aus dem kalkulatorischen Jahreseinkommen und der unterstellten Jahresarbeitszeit. Das geschätzte Durchschnittseinkommen liegt bei 207.000 Franken pro Jahr, die Jahresarbeitszeit bei 1.920 Stunden. Der Stundenlohn beträgt demnach 107,87 Franken, die Minutage 8,98 Franken. Zusätzlich wird berücksichtigt, dass die effektive Arbeitszeit nur etwa 81,7 % des tatsächlichen Zeitaufwandes ausmacht. Der Kehrwert, 1,22, wird als durchschnittlicher Produktivitätsfaktor bezeichnet und wichtet die Minutage. Dadurch erhöht sich der monetäre Wert einer Minutage auf 10,96, der Stundenlohn effektiver Arbeitszeit auf 131,47 Franken.

TarMed tarifiert neben der ärztlichen Leistung auch die gesamte Infrastruktur der Arztpraxis, inklusive den nichtärztlichen Angestellten. Das Ziel bei der Tarifierung der technischen Leistung besteht darin, die Kosten einer normal ausgelasteten Praxisinfrastruktur zu decken, dem Arzt soll aber aus der technischen Leistung kein zusätzliches Einkommen erwachsen. Grundlage der Tarifierung ist die rollende Kostenplanung, ein Projekt der Kostenrechnung, das die Arztkasse vor ein paar Jahren eingeführt hat.

Auch bei der Vergütung der Technischen Leistung handelt es sich um einen Zeittarif. Es wird zwischen Raumbelegungszeit und Wechselzeit unterschieden. Dann berücksichtigt man den Bereich, in dem ein klinisches Bündel von Leistungen erbracht wird. Jede Sparte ist durch besondere Investitionen und durch eine bestimmte Zahl von nichtärztlichem Personal charakterisiert. Wie bei der Leistung des Arztes wird deshalb die Minutage bei der technischen Leistung durch Faktoren gewichtet, die die Charakteristiken des Inputs berücksichtigen.

Die ärztliche Dignität

Die Dignität bildet die Erfahrung des Arztes ab. Maßgeblich für die Bewertung der Dignität sind die Facharzttitel und Schwerpunkte des Arztes sowie seine Fähigkeits- und Fertigkeitsausweise der Weiterbildungsordnung.

Für den Ökonomen ist die Dignität das Humankapital eines Arztes. Es wird aufgebaut durch das Medizinstudium und die Facharztausbildung und erweitert durch die berufsbegleitende Weiterbildung. Eine Grunddignität wird mit dem ersten Facharztabschluss nach 5 Jahren (FMH 5) erreicht. FMH 5 ergibt eine Wichtung von 0,905 auf den Basis-Lohnsatz. Dieser Wichtungsfaktor erhöht sich auf 2,2625 nach 10 Jahren Facharztausbildung (FMH 10). Damit ist ein Maximum erreicht, auch wenn Ausweise bis zum FMH 12 erworben werden können. Die geleisteten FMH-Ausbildungsjahre werden als quantitative Dignität bezeichnet.

Die qualitative Dignität ergibt sich aus dem Schwerpunkt der Ausbildung und den erworbenen Fähigkeits- und Fertigkeitsausweisen gemäß Weiterbildungsordnung. Die Vergabe von Facharzttiteln und die Weiterbildungsordnung obliegen im Moment noch dem Berufsverband FMH bzw. den Fachgesellschaften. Allerdings ist geplant, die „Lizenzierung" der Ärzte ab dem nächsten Jahr einer Bundesbehörde zu übertragen.

Für Ärzte, die zum Zeitpunkt des In-Kraft-Tretens von TarMed als niedergelassene Ärzte, als Belegärzte oder als leitende Ärzte in Krankenhäusern bereits ihren Beruf ausüben, gilt das Prinzip der wohlerworbenen Rechte. Sie dürfen unabhängig von den formalen Kriterien diejenigen Leistungen verrechnen, die sie im Rahmen der alten Tarifstruktur bereits regelmäßig, in genügendem Umfang und ohne Beanstandung erbracht haben.

Die FMH führt für ihre Mitglieder Datenbanken, aus denen hervorgeht, für welche Leistungen ein Arzt abrechnungsberechtigt ist. Diese Zuordnung ist das Resultat zweier anderer Abbildungen. Erstens ist jedem Arzt eine qualitative und eine quantitative Dignität zugeordnet. Eine analoge Abbildung gibt es auch auf jede medizinische Leistung bezogen. Zum Beispiel ist für „Biopsie(n) im Nasenraum ohne Optik" eine quantitative Dignität von FMH 5 sowie eine qualitative Dignität von ORL festgelegt. Vergütungstechnisch bedeutet dies, dass jeder Facharzt für HNO diese Leistung abrechnen kann. Bringt er eine höhere Dignität als FHM 5 ein, dann kann er die Leistung natürlich auch erbringen, jedoch keine höhere Vergütung liquidieren.

Die nachfolgende Tabelle zeigt die Zusammensetzung des Honorars am Beispiel eines operierenden Arztes. Neben den bereits erwähnten Faktoren wird in diesem Fall noch ein so genannter Complexity-Severity-Faktor berücksichtigt. Dieser Faktor beträgt 1,2.

Abbildung: Vergütung ärztlicher Leistung am Beispiel eines Operateurs

---

Honorar = Zeit · Produktivität · Dignität · Taxpunktwert

Faktor Zeit: Zeit = Σ (Schnitt – Nahtzeiten) + Σ (Vor- und Nachbereitungszeiten) + Σ (Berichtzeiten)

Faktor Produktivität: im Operationssaal I: 1,39 ($\varnothing$-Produktivität: 1,22)
                         im Operationssaal II: 1,54

Complexity-
Severity-Score: 1,2

Faktor Dignität: 0,905 (FMH 5) – 2,2625 (FMH $\geq$ 10)

Stundenhonorar: FMH 5 im Operationssaal I: 135,69 Fr.
                   FMH 10 im Operationssaal III: 451,02 Fr.

Das Beispiel illustriert die maximale Spreizung der Vergütung ärztlicher Leistung. Das Gehalt eines Operateurs III im Vergleich zu einem Allgemeinpraktiker gleicher Dignität ist um den Faktor 1,5 ($\approx$ 1,54/1,22 1,2) höher, bei FMH 10 im Vergleich zum Allgemeinmediziner mit minimaler Dignität um den Faktor 3,6 ($\approx$ 1,5 2,2625/0,905). Im Gegensatz dazu beträgt der Spreizungsfaktor im heutigen Vergütungssystem 10. Damit wird deutlich, dass das neue Vergütungssystem zu einer massiven Umverteilung zwischen den Fachgesellschaften führen wird. Es kann also nicht verwundern, dass gegen die Einführung des TarMed Widerstände vor allem aus den chirurgischen Fächern kommen.

Festlegung des Taxpunktwertes

Während in der Vergangenheit Tarifstruktur und Tarifniveau kantonal unterschiedlich waren, wird mit dem TarMed eine einheitliche Tarifstruktur umgesetzt. Weiterhin wird aber ein nach Kantonen differenziertes Tarifniveau zugelassen. Wie wird es bestimmt? Die Einführung des TarMed erfolgt unter der Prämisse der Kostenneutralität. Damit sind die kantonalen Taxpunktwerte im Prinzip determiniert. Sie ergeben sich endogen aus den erbrachten Leistungen und ihren Gewichten auf der einen und dem insgesamt in einem Kanton zur Verfügung stehenden Geldbetrag auf der andern Seite. Damit vollzieht die Schweiz einen Systemwechsel. In der Vergangenheit waren die Kosten das Ergebnis einer heterogenen Tarifstruktur und heterogener Preise. Zwar unterlag die Preisbestimmung in den einzelnen Segmenten der Vergütung letztlich auch einem Verhandlungsprozess zwischen den Verbänden der Leistungserbringer und der Kostenträger. Da es aber zu keinem Zeitpunkt Budgets gab, erfolgte die Einzelleistungsvergütung immer auf der Grundlage von festen Preisen. Preisanpassung gab es in diesem System in der Regel immer nur nach oben. Die heterogene Tarifstruktur immunisierte das System zudem gegen kurzfristige politische Einflussnahme auf die Preise. In Zukunft wird es ganz anders sein. Bei festen Taxpunktwerten sind alle Kostensteigerungen definitionsgemäß Mengensteigerungen. Da die Tarifstruktur bundesweit einheitlich ist, kann die Entwicklung der Ausgaben in den einzelnen Kantonen leicht verfolgt werden. Die Gefahr ist dann allerdings, dass der Taxpunktwert zum Steuerungsparameter mutiert, indem ein Globalbudget festgelegt und die Ärzte bei Nichteinhalten des Budgets ähnlich wie in Deutschland in Regress genommen werden.

TarMed sieht einen gleichen Taxpunktwert für ärztliche und technische Leistungen vor. Der schweizerische Preisüberwacher hat dies kritisiert, weil es „unnötigerweise die Verhandlungen zum Taxpunktwert auf kantonaler Ebene im Rahmen des Krankenversicherungsgesetzes" beschränkt. Es ist in der Tat nicht einzusehen, weshalb angesichts regional stark divergierender Faktorpreise der relative Preis von Arbeit und Kapital – um den handelt es sich, einfach gesagt, beim relativen Taxpunktwert von ärztlicher und technischer Leistung – in allen Regionen gleich sein sollte. Ein analoges Problem tritt bei sich ändernden Faktorpreisen über die Zeit auf – diese haben Auswirkungen auf den optimalen Mix von Kapital und Arbeit in der ärztlichen Versorgung, was wiederum einen Niederschlag auf die Tarifstruktur haben sollte.

Die ambulante Leistung im stationären Bereich

TarMed deckt auch die ambulanten Leistungen im stationären Bereich ab. Das Vorgehen bei der Vergütung von medizinischen Leistungen ist grundsätzlich dasselbe wie im ambulanten Bereich. Die Vergütung basiert auf dem Input Zeit. Zusätzlich zum ambulanten Bereich gibt es die Position Nutzungskosten von kostspieligen Großgeräten.

Intensiv diskutiert wird im Moment die Frage, ob die Taxpunktwerte im ambulanten und stationären Bereich gleich hoch sein sollen. Die Krankenhäuser fordern eine strikte Trennung der Kostenneutralität zwischen Arztpraxen und Krankenhäuser. Sie sehen ihre Wettbewerbsposition angesichts der auf eine Maximierung des Einkommens ausgerichteten Politik der Ärzteschaft gefährdet.

Nach dem Prinzip des einen Preises sollten gleiche Leistungen den gleichen Preis haben, unabhängig davon, ob sie stationär oder ambulant erfolgen. Allerdings setzt dieses Prinzip voraus, dass die Krankenhausfinanzierung monistisch organisiert ist. Dies ist in der Schweiz wie in Deutschland noch nicht der Fall. Im Moment ist deshalb noch offen, wie mit dem relativen Taxpunktwert im stationären Bereich endgültig verfahren wird.

Ausblick

Die Ärztekammer der Schweiz hat Anfang 2000 dem TarMed grundsätzlich zugestimmt. Die Vertragsparteien haben sich bei den meisten Punkten bereits geeinigt. Insbesondere sind die 4.300 Diagnosecodes bereinigt und das Dignitätskonzept ist konsensfähig. Innerhalb der Ärzteschaft wird noch über die unterschiedlichen Produktivitäten der einzelnen Fächer verhandelt. Man rechnet damit, dass im Frühjahr 2001 alle Rahmenverträge unterschrieben werden können. Die Ärztekammer sieht vor, die Verträge in einer Urabstimmung den Ärzten vorzulegen.

Parallel zu den Anstrengungen für ein neues ambulantes Vergütungssystem gab es aus dem Parlament verschiedene Vorstöße zur Aufhebung des Kontrahierungszwanges. Der Bundesrat – die Exekutive – schlug daraufhin vor, den Krankenkassen das Recht einzuräumen, mit einzelnen Ärzten oder Gruppen von Ärzten Spezialverträge einzugehen. Bei der Vernehmlassung der entsprechenden Botschaft hat sich dieser Vorschlag bei den Parteien und Verbänden als nicht konsensfähig erwiesen. Geblieben ist und wahrscheinlich ins Gesetz geschrieben wird die Aufhebung des Kontrahierungszwanges von Ärzten, die das 65. Lebensjahr überschritten haben. Gleichzeitig sollen die Kassen verpflichtet werden, ihren Patienten neue Vertragsformen im Bereich von HMOs und Hausarztsystemen anzubieten. Die Vergütung der Ärzte in diesen alternativen Systemen ist nicht festgelegt. In den bereits bestehenden Modellen gibt es sowohl Einzelleistungsvergütung als auch Pauschalzahlungen pro Patient und Mischformen.

Mit Sicherheit wird der TarMed für die überwiegende Mehrheit der Schweizer Ärzte der neue ambulante Vergütungstarif werden. Gleichzeitig werden aber immer mehr Ärzte in alternativen Versorgungsformen tätig sein und damit auch über Vergütungssysteme entlohnt werden, die über TarMed hinausgehen. Wieder einmal ist festzustellen, dass in der Schweiz im Bereich des Gesundheitswesens alles im Fluss ist.

Frage: Herr Professor Felder, ich habe eine Verständnisfrage, warum braucht man überhaupt Vereinbarungen über den Taxpunktwert, wenn der eigentlich automatisch als Punktwert aus dem Quotienten von Budget, also dem, was man ausgeben will und der Leistungsmenge resultiert?!

Antwort: Dies hat damit zu tun, dass im Moment die Mengen noch nicht feststehen und auch die Produktivitäten nicht abschließend festgelegt sind. Das bedeutet, dass man im Moment an verschiedenen Stellen des Systems noch schrauben kann. Stehen die Mengen, Dignitäten und Produktivitäten einmal fest, dann ist – da haben Sie völlig Recht – auch der Taxpunktwert bestimmt.

Zukünftige gebietsärztliche Vergütung

Axel Munte/W. Popp

Vorbemerkungen

Im nachstehenden Beitrag formuliert A. Munte – als Internist und Gastroenterologe – die Anforderungen an eine gebietsärztliche Vergütung der Zukunft.

W. Popp versucht – als Ökonom und Vergütungsexperte – am Beispiel des EBM 2000 plus aufzuzeigen, wie diesen Anforderungen in der Vergütungsrealität Rechnung getragen werden kann.

Abschließend nehmen beide Autoren einen Ausblick auf eine zukünftige Gesamtarchitektur der ambulanten und stationären Vergütung vor, mit der sich auch die Honorierung der niedergelassenen Gebietsärzte in eine umfassende Versorgungs- und Finanzierungsstrategie einordnen lässt.

Inhalt

1. Einführung
2. Was sollte ein Vergütungsansatz – aus Sicht der Gebietsärzte – leisten?
3. Wie kann diesen Anforderungen mit Blick auf den Gesamtbereich der vertragsärztlichen Versorgung Rechnung getragen werden?
4. Fazit und Ausblick

Einführung

Für die Aufrechterhaltung, wenn nicht gar Intensivierung der fachärztlichen Versorgungsstrukturen im ambulanten und stationären Bereich, sprechen der medizinische Fortschritt, der demographische Wandel, verbunden mit einer steigenden Krankheitslast in der Bevölkerung, und damit einhergehend der unabsehbare Anstieg des Bedarfs an Behandlungsleistungen in allen Sektoren.

Die Versuche der Gesundheitspolitik sind unübersehbar, die Sandwich-Position der niedergelassenen Gebietsärzte – zwischen Hausarzt und

Krankenhaus – vor dem Hintergrund zukünftiger gravierender Finanzierungsengpässe geschickt zu instrumentalisieren, um ihre Stellung im Gesundheitswesen schleichend auszuhöhlen und ihre Existenzberechtigung in Zweifel zu ziehen.

Fatal wäre eine künftige gebietsärztliche Vergütung, in der sich bedarfsnotwendige Leistungen dem Beurteilungskriterium der Finanzierungsmöglichkeiten im GKV-System unterwerfen müssten. Der Koordinierungsausschuss nach § 137 e SGB V darf seine Feststellungen bezüglich Über-, Unter- und Fehlversorgung nur auf der Grundlage anerkannter medizinischer Erkenntnisse treffen und nicht durch Budgetengpässe tatsächlich erforderliche Leistungen z. B. in die Kategorie Fehlversorgung einstufen. Künftige Vergütungsstrukturen der Fachärzteschaft müssen sich daher messen lassen am notwendigen Leistungsbedarf zur Befriedigung der Leistungsnachfrage und nicht an einer staatlich vorgegebenen Budgetierung.

Eine adäquate ärztliche, insbesondere auch gebietsärztliche Vergütung ohne Reform der Finanzierungsbasis der GKV ist nicht erreichbar. Die Koppelung der Einnahmen der GKV an die Zahl und das Einkommen der Beschäftigten ist nicht mehr zeitgerecht und gefährdet die ausreichende medizinische Versorgung der Bevölkerung. Spezialisierte gebietsärztliche Leistungen, die, wie z. B. eine ambulante endoskopische Polypektonie, mit 550 Punkten seit Jahren keineswegs kostendeckend vergütet sind, bedeuten eine schleichende Rationierung im Versorgungssystem. Die Fachärzteschaft wird hier zum Verwalter einer inakzeptablen Budgetierungspolitik.

Die künftige gebietsärztliche Vergütung im ambulanten Bereich und bei den ermächtigten Klinikärzten wird nicht alleine durch den Wunsch der Leistungsanbieter und zunehmend weniger von der Notwendigkeit einer sachgerechten Honorierung ärztlicher Tätigkeit bestimmt. Politische Zielvorstellungen und ihre Beeinflussung durch die mächtigen Organe im Gesundheitswesen – wie die Krankenkassenverbände, die deutsche Krankenhausgesellschaft, der Marburger Bund, aber auch die Bundesärztekammer und die Kassenärztliche Bundesvereinigung – bestimmen die Vergütungsstrukturen im deutschen Gesundheitswesen. Somit kann die gebietsärztliche Vergütung nicht abgekoppelt von den Vergütungsstrukturen im hausärztlichen Bereich und schon gar nicht von den Kostenstrukturen im stationären Bereich betrachtet werden.

Es erscheint als unabdingbar, dass eine gebietsärztliche Vergütung in einem neu strukturierten EBM auch bei der Hausärzteschaft Konsens finden muss, wie umgekehrt die hausärztlichen Vergütungsstrukturen der

Fachärzteschaft plausibel erscheinen sollten. Diesem Wunsch eines auf Gerechtigkeit und auf die optimale Versorgung von Patienten bedachten Arztes bläst die kalte Wirklichkeit der Interessenlagen der Politik und der Machtgruppen im Gesundheitswesen entgegen.

So muss man sich vergegenwärtigen, dass Vergütungsstrukturen auch mit kontraproduktiven Steuerungswirkungen verbunden sein können, wie die Vergangenheit bewiesen hat. Eine tendenzielle vergütungsmässige Besserstellung der Gebietsärzte führte in den letzten Jahrzehnten zu einem entsprechend hohen Angebot an Fachärzten im ambulanten Bereich. Die Förderung der hausärztlichen Medizin in den letzten Jahren erzeugte die ausgeprägte Bereitschaft einer Mehrheit der Internisten, auf ihre gebietsärztliche Tätigkeit und auf angestammte technische Leistungen zu verzichten, nicht zuletzt wegen einer stabileren und politisch geförderten hausärztlichen Vergütung.

Bei einem Vergütungsgefälle wird nicht nur zwischen Haus- und Gebietsärzten sichtbar gemacht, dass sich die ambulante Ärzteschaft wie kommunizierende Röhren verhält – dies wird auch zunehmend für den stationären Bereich zutreffen. Die im Regelfall gesicherte 40-Stunden-Woche, der Lohn- oder Zeitausgleich für Überstunden, die hohe wirtschaftliche Absicherung eines Angestelltenverhältnisses, die allmähliche Abkehr vom autoritären Chefarztprinzip und Hinwendung zur Teamarbeit in Krankenhäusern lassen die lebenslange Krankenhaustätigkeit vielen jungen Ärzten immer attraktiver erscheinen. Insbesondere, da der finanzielle Vorteil, den die ambulante Ärzteschaft über Jahrzehnte genoss, immer kleiner und das Risiko des Freiberuflers immer grösser werden. Bei einer Vielzahl von Klein- und Kleinstpraxen besteht längst kein finanzieller Anreiz mehr, und der Vorteil der Freiberuflichkeit wiegt kaum noch das finanzielle Risiko auf.

Festlegungen zur künftigen gebietsärztlichen Vergütung im Niedergelassenenbereich erfolgen nicht aus objektiver Sicht, sondern werden im Spannungsfeld der sektoriellen und berufspolitischen Interessengruppen, deren zum Teil divergierenden Zielvorstellungen sowie deren unterschiedlicher Realisierungsmacht getroffen werden. Am stärksten muss die Fachärzteschaft fürchten, dass die in bestimmten gesundheitspolitischen Kreisen gebetsmühlenartig wiederholte Meinung von der Unwirtschaftlichkeit der Vorhaltung gebietsärztlicher Leistung im ambulanten und im stationären Bereich politische Mehrheiten findet.

Munition für Gegner der ambulanten Facharztmedizin – die nicht nur unter Kostengesichtspunkten über ausserordentliche Wettbewerbsvorteile verfügt – liefert die durchaus berechtigte Kritik an einer mangelnden

Transparenz bei Indikation und Qualität. Beides muss umgehend für Patienten und Krankenkassen nachvollziehbar gestaltet werden.

Weniger Gefahr droht dem ambulanten Gebietsarzt durch Steuerungselemente im hausärztlichen Bereich. Wobei der Hausärzteschaft die hohe Verantwortung, z. B. bei der Übernahme einer Gatekeeper-Funktion, erst nach Aufbau entsprechender Strukturen in der Weiter- und permanenten Fortbildung zugemutet werden darf und die Akzeptanz dieses Modells wohl immer sowohl in der Ärzteschaft als auch besonders in der Bevölkerung umstritten sein wird. Entsprechend fortgebildete Hausärzte wie auch qualifizierte Gebietsärzte bräuchten ein Rezertifizierungsreglement, beispielsweise nach holländischem Vorbild, nicht zu fürchten.

Was sollte ein Vergütungssystem – aus Sicht der Gebietsärzte – leisten?

Wir entfernen uns jetzt in unseren Gedankengängen vom gesundheitspolitischen Alltag und nehmen an, dass weder politische Ideologen noch finanzorientierte Gesundheitsorganisationen die zukünftige Vergütung der Gebietsärzte gestalten. Im Idealfall stellen wir uns das konstruktive Zusammenspiel aller Machtblöcke im Gesundheitswesen im Sinne einer konzertierten Aktion zur Optimierung einer kostengünstigen und qualitätsgesicherten Patientenversorgung vor.

Unter dieser Annahme wäre es klug, bestehende, gewachsene und bewährte Strukturen vom Grundprinzip her zu erhalten und nur die Fehlentwicklungen zu korrigieren. Die Arbeitsteilung von Haus-, Fach- und Klinikärzten hat sich im Prinzip bewährt, bedarf jedoch vieler Verbesserungen.

Die Arbeit der Gebietsärzte müsste nach innen und aussen so transparent und nachvollziehbar dargestellt werden, dass Mechanismen der Selbstregulierung greifen und eine nicht indizierte Leistungsausweitung verhindern.

Voraussetzung für die Entstehung solcher Regelungsmechanismen sind einerseits Wettbewerb, andererseits Kooperation und Transparenz.

a) Wettbewerb

Die effektivste Qualitätssicherungsmaßnahme in den Industriestaaten ist der freie Wettbewerb. Das trifft bedingt auch auf das Gesundheitswesen zu. Wettbewerb kann Innovation und Effizienz fördern, wobei der im Gesundheitswesen unabdingbare Solidaritätsgedanke nicht gefährdet werden darf. Der freie Wettbewerb stösst hier an Grenzen.

Für die niedergelassene Gebietsärzteschaft wird die Einführung von Wettbewerbsinstrumenten zur Überlebensfrage. Denn Wettbewerb zieht die Offenlegung von Kosten im ambulanten und stationären Bereich, die Transparenz von Qualität und Effizienz sowie die Wahrhaftigkeit der Ergebnisse nach sich. Der Kostenvergleich führt unter den Bedingungen des Wettbewerbs zu einer bestmöglichen Nutzung der Ressourcen. Das bedeutet jedoch, dass ärztliche Vergütung ambulant und stationär den gleichen Kriterien folgen muss. So kann der Wettbewerbsvorteil des einen Anbieters gegenüber dem anderen Anbieter sichtbar gemacht werden.

Ein ungeahntes, weitgehend unerkanntes und brachliegendes Feld künftigen Wettbewerbs im Gesundheitswesen sind die §§ 140 ff. zur integrierten Versorgung. Es ist zu wünschen, dass die Selbstverwaltungskörperschaften dieses Instrument richtig begreifen, um die angebotenen Chancen für einen Innovationswettbewerb im Gesundheitswesen aufzunehmen, mit der zusätzlichen Chance, eine angemessene Vergütung für qualitätsgesicherte Leistungen zu erzielen. Die solidarischen GKV-Strukturen dürfen dabei weder durch Risikoselektion noch durch Vernachlässigung der Sicherstellung gefährdet werden.

Das komplizierte Regelwerk der §§ 140 ff. wird deren Umsetzung möglicherweise auf Dauer verhindern, es sei denn, der Gesetzgeber bessert die Bestimmungen nach.

b) Kooperation und Transparenz

Die noch weitgehend vorhandene, Intransparenz fördernde Einzelpraxisstruktur in Deutschland muss durch neue Formen der Kooperation unter Zuhilfenahme der neuen Kommunikationsmedien ersetzt werden. Bei der hohen Mobilität der Bevölkerung sind Einzelpraxen als Strukturelement der Sicherstellung nicht mehr im ubiquitären Sinne erforderlich. Zur Transparenzschaffung, zur Ressourcennutzung, zur Verbesserung der Lebensqualität des Arztes sind Zusammenschlüsse im niedergelassenen Versorgungsbereich zu fördern. Steuerungselemente sollten im neuen EBM eingebaut werden.

Einen konkreten Ansatzpunkt für Kooperation bieten die digitalisierte Dokumentation und Auswertung der ärztlichen Arbeit im echten und/oder virtuellen Netz. Die elektronische Bilddokumentation von z. B. operativen und endoskopischen Eingriffen sollte zum Bestandteil einer angemessenen, qualitätssichernden Vergütung werden.

Zur Transparenz tragen auch fachgruppengleiche Qualitätsnetze bzw. horizontale Netzstrukturen bei, die zur statistischen Auswertung vergleichbarer Leistungen bereit sind. Zu fordern ist gleichzeitig der Integrationswille, in vertikalen Netzstrukturen mit der hausärztlichen Versorgungsebene und dem Krankenhaus mitzuwirken. Nur Kooperationen dieser Art schaffen die nötige Transparenz und vermeiden die oft von Krankenkassen überschätzten Mehrfachuntersuchungen.

Gerade für den gebietsärztlichen Bereich sind Praxisbegehungen zur Demonstration der vorgehaltenen Strukturqualität unabdingbar. Praxisbesichtigungen als Voraussetzung für die Abgeltung von Leistungen ambulanter Operateure und fachärztlich tätiger Internisten im bayerischen Strukturvertrag haben durch den informellen interkollegialen Informationsaustausch im Sinne eines Frühwarnsystems („Achtung, die lassen sich auch die TÜV-Plaketten, das Gerätebuch, etc. zeigen!") zu erfreulichen Ergebnissen geführt. Die beteiligten Ärzte waren dankbar für Hinweise über Mängel, z. B. in den Hygieneplänen, nicht bedachten Arbeitsschutzbestimmungen oder fehlenden TÜV-Untersuchungen.

Ein wichtiges Element einer künftigen Vergütungsordnung – nicht nur bei den Gebietsärzten, sondern bei allen Arztgruppen – ist die Offenlegung der abgerechneten Leistungen gegenüber dem Patienten. Am einfachsten, da weltweit so gehandhabt, in Form einer Rechnungslegung, wobei Diagnosen und Leistungen in verständlicher Form mit deutschen Begriffen aufzuführen sind.

Der Schlüssel zur adäquaten Vergütung der ambulanten Gebietsärzteschaft liegt in der Schaffung einer Leistungs- und Kostentransparenz. Diese muss nach gleichen Regeln auch für den stationären Sektor gelten. Ärztliche Entgelte dürfen stationär und ambulant nicht differieren, die unterschiedlichen Aufgaben und entsprechenden Vorhaltekosten müssen in gesonderte Berechnungen eingehen. Die Leistungskraft jedes Sektors für die verschiedensten medizinischen Diagnosen und Therapien muss so nach und nach transparent gemacht werden.

Dieser Weg schafft für die Ärzteschaft selbst und für die Gesundheitspolitiker erst die Sicherheit, welche Strukturanpassungen erforderlich sind.

Mit einer uneinheitlichen, unkoordinierten Vergütung (in Zukunft ambulant der EBM 2000 plus, stationär die German Refined DRG's) würde ein Wettbewerb zwischen den Sektoren um knappe Ressourcen – beabsichtigt oder nicht beabsichtigt – auf jeden Fall entscheidend behindert werden.

Bei objektiver Beurteilung der heutigen Ausgangslage sowie der erkennbaren Perspektiven sollte kein Zweifel daran bestehen, dass die ambulant tätige Gebietsärzteschaft für sich auch in Zukunft genügend große und interessante Tätigkeitsfelder reklamieren kann. Sie wird eben viele ärztliche Leistungen bei vergleichbarer Qualität wesentlich günstiger erbringen können. Man sollte aber die Augen nicht davor verschliessen, dass diese kostengünstigen Strukturen zurzeit im ambulanten Bereich ganz wesentlich durch die Selbstausbeutung der niedergelassenen Ärzteschaft zustande kommen, die von der Stundenbelastung vergleichbar ist mit der Fremdausbeutung von Assistenzärzten im Rahmen hierarchischer Krankenhausstrukturen.

Wie kann diesen Anforderungen mit Blick auf den Gesamtbereich der vertragsärztlichen Versorgung Rechnung getragen werden?

Die gerade artikulierten Anforderungen an eine zukünftige ambulante Vergütung der Gebietsärzte entsprechen einer als durchaus objektiv einzuschätzenden Betrachtungsweise, sind nachvollziehbar und verständlich und sollten sich daher von allen an der Weiterentwicklung von Vergütungskonzepten Beteiligten mittragen lassen. Aus der übergeordneten Warte einer vertragsärztlichen Versorgung lässt sich somit zusammenfassen:

Eine zukünftige Vergütung gebietsärztlicher wie auch hausärztlicher Leistungen muss

- qualitäts- und effizienzsichernd,
- wettbewerbs- wie auch kooperationsfördernd

wirken und die Leistungs-, Kosten- sowie Vergütungstransparenz eindeutig verbessern. Damit ist allerdings – z. T. im Widerspruch zu den Forderungen des Gesetzgebers – einem Vergütungsansatz im ambulanten Bereich, der einzig auf Komplexierung und Pauschalierung setzt, eine Absage zu erteilen.

Während Arztvergütung früher als unreflektierte Entschädigung auf Basis grober Schätzungen anzusehen war, welche am ehesten noch die Verhandlungskunst widerspiegelte, wurden die heute verfügbaren Systeme sukzessive zu Instrumenten einer optimalen Allokation knapper (Effizienz) wie auch geeigneter Ressourcen (Effektivität) ausgebaut. Bei einem unkoordinierten, nur auf kurzfristige Effekte abzielenden Einsatz sind diese Potentiale allerdings nicht ausschöpfbar, und es besteht die Gefahr, intelligente und konstruktive, mit hohem Aufwand entwickelte Vergütungsansätze zur Verwaltung von Mangelzuständen und zur Organisation von Verschiebebahnhöfen zu missbrauchen.

Friktionen und Inkompatibilitäten könnten jedoch gerade mit einem ganzheitlichen Ansatz verhindert werden. Im Idealfall sollte die zukünftige Vergütungslandschaft daher aus einem zwar differenzierten, jedoch koordinierten Gesamtinstrumentarium aus Pauschal- sowie Einzelleistungsvergütungen bestehen, das sich über den Gesamtbereich der ambulanten und stationären Versorgung hinweg erstreckt sowie einen Diagnose- und Morbiditätsbezug aufweist. Hierzu ist eine Gesamtarchitektur der Vergütungsstrukturen erforderlich, die bis heute nicht einmal in ihrer rudimentärsten Form zu erkennen ist und schmerzlich vermisst wird. Denn jede etwas längerfristig angelegte Gesundheitsreform, bei der es immer auch um die Lenkung der Finanzströme geht, wird ohne ein derartiges Instrumentarium wohl zum Scheitern verurteilt sein.

Für die ambulante Versorgung ist aus pragmatischen Gründen und in realistischer Einschätzung des derzeit Machbaren zunächst der etwas bescheidenere Weg eines integrativ wirkenden, schnittstellenoptimierenden Vergütungssystems zu beschreiten, das die niedergelassenen Haus- und Gebietsärzte gleichermaßen umfasst. Der EBM 2000 plus, dessen Einführung im kommenden Jahr bevorsteht und dem ein ausgeprägtes Weiterentwicklungspotential zu bescheinigen ist, bietet hierzu ein gutes Anschauungsbeispiel.

Integration bedeutet beim neuen EBM,

- Qualität und Wirtschaftlichkeit gleichwertig sowie in ihren Wechselwirkungen zu berücksichtigen sowie

- gleich lange „Spieße", d. h. Chancengleichheit im Wettbewerb, zu schaffen.

Ein integriertes Vergütungssystem wie der EBM, das aus den Komponenten der Leistungsdefinition, Leistungsbewertung und Leistungssteuerung besteht, setzt einheitliche Maßstäbe und Regeln voraus.

Die folgenden Überlegungen konzentrieren sich auf die Steuerungswirkungen der Leistungsbewertung. Einige kurze Gedankengänge zu Leistungsdefinition und Leistungssteuerung seien vorangestellt. Beide tragen maßgeblich dazu bei, Wettbewerbsspielräume zu eröffnen, Qualitätsstandards zu setzen und Leistungsmengen – aus Qualitäts- und Effizienz-, aber auch aus Indikationsgründen – zu begrenzen.

Bei der Leistungsdefinition sind zunächst Fragen des angemessenen Komplexierungsgrades zu klären sowie medizinische Interpretationen und abrechnungstechnische Erläuterungen zu den festgelegten Leistungen vorzunehmen. Der neue EBM fasst Leistungen zwar zu Paketen zusammen (u. a. Ordinationskomplex, in dem mehrheitlich Gesprächs- sowie diagnostische Basisleistungen enthalten sind), er behält jedoch die Einzelleistungsstruktur weitgehend bei, was der Transparenz dienlich ist.

Die Leistungssteuerung kann unterschiedlichen Ansätzen folgen, einmal dem des Praxisbudgets, zum anderen jenem des Regelleistungsvolumens. Mit den heutigen, historisch bemessenen Praxisbudgets und der de facto bestehenden Kopfpauschale wird eine leistungs- und damit implizit morbiditätsbezogene Vergütung geradezu ad absurdum geführt und die Mangelverwaltung durch den Arzt offensichtlich.

Dass ein berechtigtes Interesse der Krankenkassen an einer Beherrschbarkeit der Leistungs- und Kostenspirale besteht, ist nachvollziehbar. Restriktive Finanzierungspolitik, für welche die Kassen wohlgemerkt nicht verantwortlich zeichnen, darf jedoch nicht alleine auf dem Rücken des niedergelassenen Arztes – sei er Haus- oder Gebietsarzt – ausgetragen werden.

Deshalb ist auch dem Ansatz des Regelleistungsvolumens, wie er mit dem EBM 2000 plus aufgegriffen wird, mit größerer Aufmerksamkeit und Verständnis zu begegnen. Eine budgetorientierte und damit am Finanzierbaren ausgerichtete Mengenbeschränkung durch die Ärzteschaft soll zu einer Preisstabilisierung führen und damit dem der Selbstausbeutung Vorschub leistenden Punktwertverfall beggenen, denn erst jene, jenseits des Regelvolumens erbrachten Leistungen werden punktwertmäßig abgestuft. Inwieweit dieses preislich stabilisierte, an Kostendeckung orientierte Regelleistungsvolumen dem effektiven Versorgungsbedarf entspricht, wird sich erst noch erweisen müssen. Ein höherer, durch das Regelleistungsvolumen nicht abgedeckter Versorgungsbedarf würde dann neue Budgetmittel erfordern. Im umgekehrten Fall könnte das Budget herabgesetzt werden.

Die Wirkungsweise der für die gebiets- wie für die hausärztliche Versorgung geplanten Leistungsbewertung im EBM 2000 plus sei nachfolgend aufgezeigt.

Der EBM unterscheidet die Leistungsbereiche der allgemeinen, arztgruppenübergreifenden Leistungen, der arztgruppenspezifischen Leistungen (nach Fachgebieten) sowie der arztgruppenübergreifenden, qualifikationsgebundenen Leistungen. Die qualitäts- und effizienz- sowie wettbewerbs- und kooperationsfördernden Elemente der Leistungsbewertung beeinflussen z. T. mit unterschiedlicher Intensität diese Leistungsbereiche.

a) Die qualitätsfördernden Elemente

Qualitätsfördernde Elemente sind der Q-Faktor Arzt, der S-Faktor sowie der beim EBM 2000 plus noch nicht vorgesehene, in Zukunft jedoch möglicherweise zum Einsatz kommende Q-Faktor Praxis (siehe Abb. 1). Die qualitätsfördernden Elemente wirken auf alle Leistungsbereiche.

Abbildung 1: Qualitäts- sowie effizienzfördernde Elemente im Kalkulationsmodell des EBM 2000 plus (vgl. Kassenärztliche Bundesvereinigung)

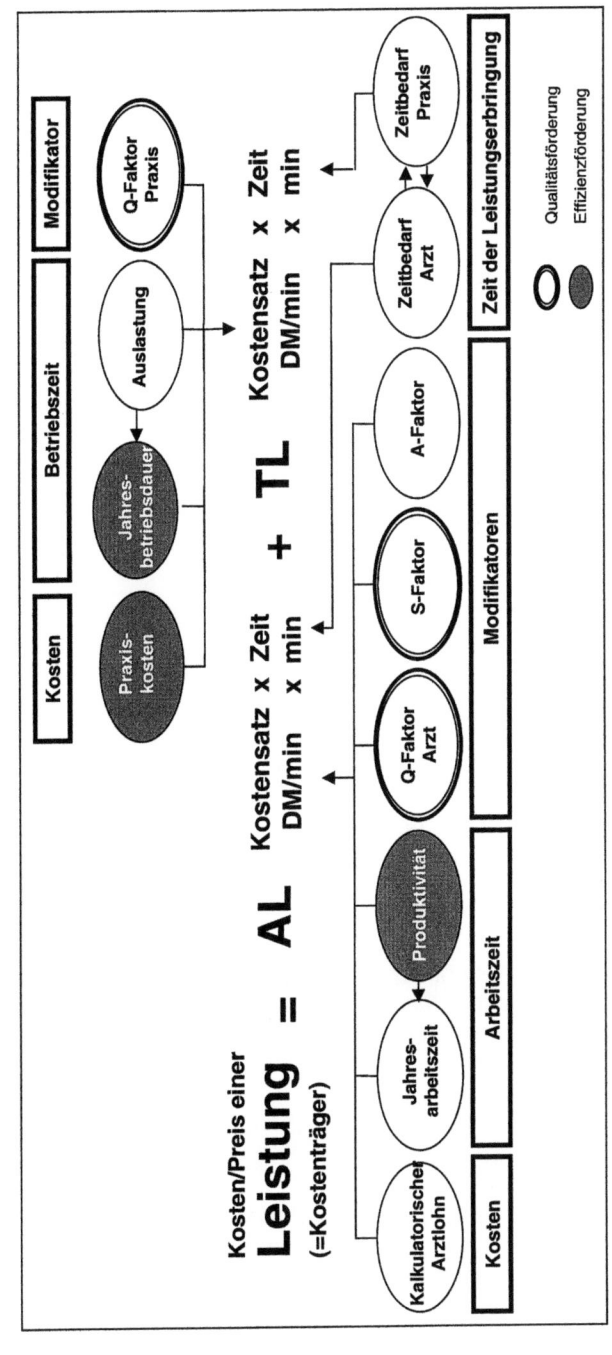

Q-Faktor Arzt

Mit dem Q-Faktor Arzt soll die erforderliche ärztliche Qualifikation bei der Erbringung einer bestimmten Leistung zum Ausdruck gebracht und damit die Strukturqualität der Leistungserbringung gefördert werden. Das Graduierungsschema reicht von Q 0 (keine bestimmten Qualifikationsanforderungen definiert) bis Q 5 (höchstes Weiter- und Fortbildungsniveau wird vorausgesetzt). Zur verbindlichen Qualifikationsbeschreibung ist eine Verknüpfung des Q-Faktors mit den Weiter- und Fortbildungsordnungen der Ärztekammern sowie mit allgemein anerkannten Richtlinien einer Zertifizierung/Rezertifizierung erforderlich.

Mit dem Q-Faktor Arzt sollen die Opportunitätskosten des Arztes für eine längere jährliche Weiterbildung und/oder längere jährliche oder mehrjährige Fortbildung, durch die ein Leistungszugang für diesen Arzt ggf. erst möglich wird, abgegolten werden.

S-Faktor

Mit dem S-Faktor soll dem Schwierigkeitsgrad der Erbringung einer ärztlichen Leistung in außergewöhnlichen Fällen Rechnung getragen werden. Man denke beispielsweise an die Glaskörper- und Netzhautchirurgie, eine Prozedur, die sich ärztlicher Routine weitgehend entzieht.

Die Spannbreite des S-Faktors reicht von S 0 (Normalniveau, d. h. keine außergewöhnliche Schwierigkeit konstatierbar) bis S 6 (höchster Schwierigkeitsgrad). Kriterien der Beurteilung sind die intellektuelle Anstrengung, die psychische sowie die physische Belastung bei der Leistungserbringung. Es versteht sich von selbst, dass die Anwendung des S-Faktors nicht inflationär, sondern äußerst selektiv vorzunehmen ist.

Durch die Berücksichtigung von Regenerationsbedarf in Abhängigkeit des Schwierigkeitsgrades und im Sinne einer (vergütungsmäßig zu kompensierenden) Zeitkomponente erfolgt eine spezifische, eher indirekt wirkende Form der Qualitätssicherung, die aus dem prophylaktischen Abbau von Stress resultiert.

Q-Faktor Praxis

Mit dem Q-Faktor Praxis können Standards bei der kostenstellenspezifischen Praxisausstattung sowie beider Personalqualifikation gesetzt werden (z. B. beim Betrieb des EKG, des Praxisklinik-OP). Kosten der Qualitätssicherung (für spezielle Investitionen, Upgrading, Unterhalt, Personalweiter- bzw. -fortbildung, Zertifizierung, u. ä.) werden in diesem Falle besonders berücksichtigt. Wer qualitätssichernde Maßnahmen unterlässt, darf bestimmte Leistungen nicht erbringen oder wird vergütungsmäßig bei der Technischen Leistung „TL" (siehe Abb. 1) tiefer gestuft. Durch die Verknüpfung mit dem Q-Faktor Arzt lässt sich eine integrierte Qualitätsförderung erreichen.

Mit dem Q-Faktor Arzt und dem Q-Faktor Praxis, jedoch auch mit dem S-Faktor sollen Anreize zur Qualitätssicherung geschaffen werden. Qualitätssicherung soll dem Arzt nicht als unnötige Kostenbelastung, sondern als allgemein anerkannt und erstrebenswert erscheinen.

b) Die effizienzfördernden Elemente

Effizienzfördernde Elemente sind die Produktivität, die Praxiskosten als Kosteninput bei der Leistungsbewertung sowie die Auslastung (siehe Abb. 1). Auch die effizienzfördernden Elemente wirken auf alle Leistungsbereiche.

Produktivität

Bei der Produktivität geht es um den direkt patientenbezogenen, ärztlichen Wirkungsgrad.

Eine Einschränkung dieses Wirkungsgrades ergibt sich

- ganz allgemein wegen Praxismanagements,

- kostenstellenspezifisch wegen der technisch und arbeitsorganisatorisch unterschiedlichen Komplexität der Leistungserbringung (Bandbreite der Produktivität von Sprechzimmer mit 85 % bis OP-Herzchirurgie mit 60 %).

Die Produktivität lässt sich als IST-Produktivität mit Hilfe von Arbeitszeitstudien ermitteln, was allerdings extrem aufwendig ist, weswegen beim EBM 2000 plus zum einen eine Anlehnung an Eckwerte des schweizerischen Arzttarifs, zum anderen eine Orientierung an den Ergebnissen von Expertengesprächen vorgenommen wurde.

Praxiskosten

Beim neuen EBM erfolgt eine Erfassung der Praxiskosten nach Kostenarten (Personal-, Kapitalkosten usw.) sowie eine Umlage dieser Kosten auf Kostenstellen (z. B. Audiometrie, Ultraschall). Die Praxiskosten wurden nach Fachgruppen empirisch erhoben und repräsentieren, da keine regionalen Unterscheidungen getroffen wurden, den nationalen Durchschnitt in Bezug auf die IST-Praxiskosten je Praxisinhaber. Die Praxiskosten schwanken je nach Spezialität sowie Personal- und Anlagenintensität zwischen ca. 100.000 und 600.000 DM.

Auslastung

Die Auslastung gibt das Ausmaß der zeitlichen Nutzung bzw. Nutzbarkeit der Infrastruktur der Arztpraxis bzw. einer Kostenstelle der Arztpraxis an. Die Auslastung lässt sich als IST-Auslastung empirisch aus den Abrechnungsstatistiken rekonstruieren. Während sie in der Gemeinkostenstelle (Sekretariat, Wartezimmer, usw.) bei 100 % liegt, wird sie bei den Funktionskostenstellen (Sprechzimmer, Konventionelles Röntgen usw.) durch das Leistungsspektrum (Breite), durch die Präsenznotwendigkeit des Arztes (Zeitanteil bei Leistungserbringung) sowie durch dessen verfügbare Arbeitskapazität (Jahresarbeitszeit) determiniert.

Bei der Effizienzförderung geht es in erster Linie um eine Überprüfung der Ist-Werte sowie um die eventuelle Vornahme effizienzsichernder Soll-Eingriffe, wobei Wirtschaftlichkeitsgebot und Versorgungsauftrag gegeneinander abzuwägen sind.

Während die qualitätsfördernden Elemente primär auf Ebene der Leistung ansetzen, wirkt die Effizienzsicherung auf die Arztpraxis als Ganzes sowie auf die Kostenstellen als Betriebsteile der Arztpraxis. In beiden Fällen bedeutet Förderung normative Vorgaben, die in ihrer Verbundwirkung zu betrachten und zu begreifen sind.

c) Das kooperationsfördernde Element

Der Kooperationsgedanke erfährt durch das Prinzip der „Durchschnittspraxis" Unterstützung. Mit der „Durchschnittspraxis" ist das Vorgehen gemeint, bei der Kalkulation der Technischen Leistung „TL" die Betriebskosten von Einzel- und von Gemeinschaftspraxen entsprechend deren statistischen Gewichts zu berücksichtigen und auf einen Praxisinhaber zu beziehen. Hierdurch sollen die Vorteile von Kooperation, die ebenfalls bei allen Leistungsbereichen wirksam werden, verdeutlicht und nutzbar gemacht werden (siehe Abb. 2).

Abbilung 2: Prinzip der „Durchschnittspraxis" als kooperationsförderndes Element
(fiktives Beispiel aus gebietsärztlichem Bereich)

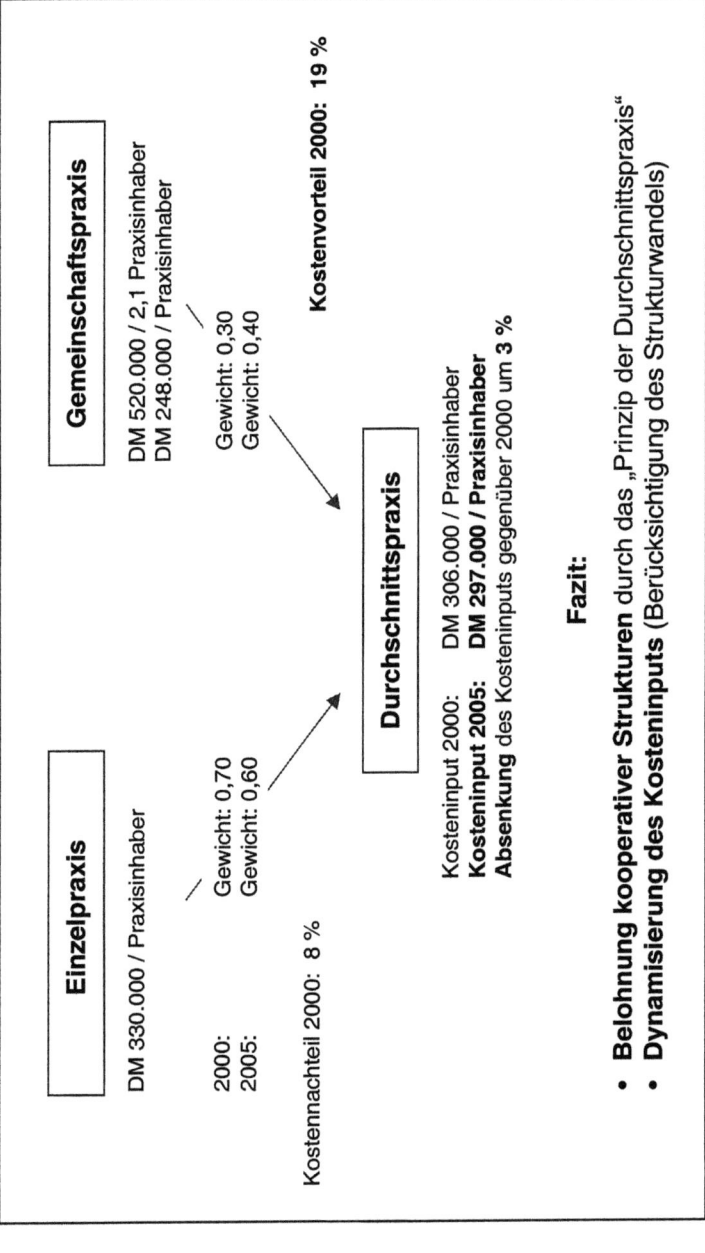

d) Das wettbewerbsfördernde Element

Eine Art virtueller Wettbewerb lässt sich beim EBM 2000 plus mit Hilfe des „Tarifgebers" schaffen. Der Wettbewerb in der Gesundheitsversorgung kann dadurch zwar nicht ersetzt werden, der angestrebte Effekt ist jedoch ähnlich (siehe Abb. 3).

Abbildung 3: Prinzip des „Tarifgebers" als wettbewerbsförderndes Element
(fiktives Beispiel aus gebietsärztlichem Bereich)

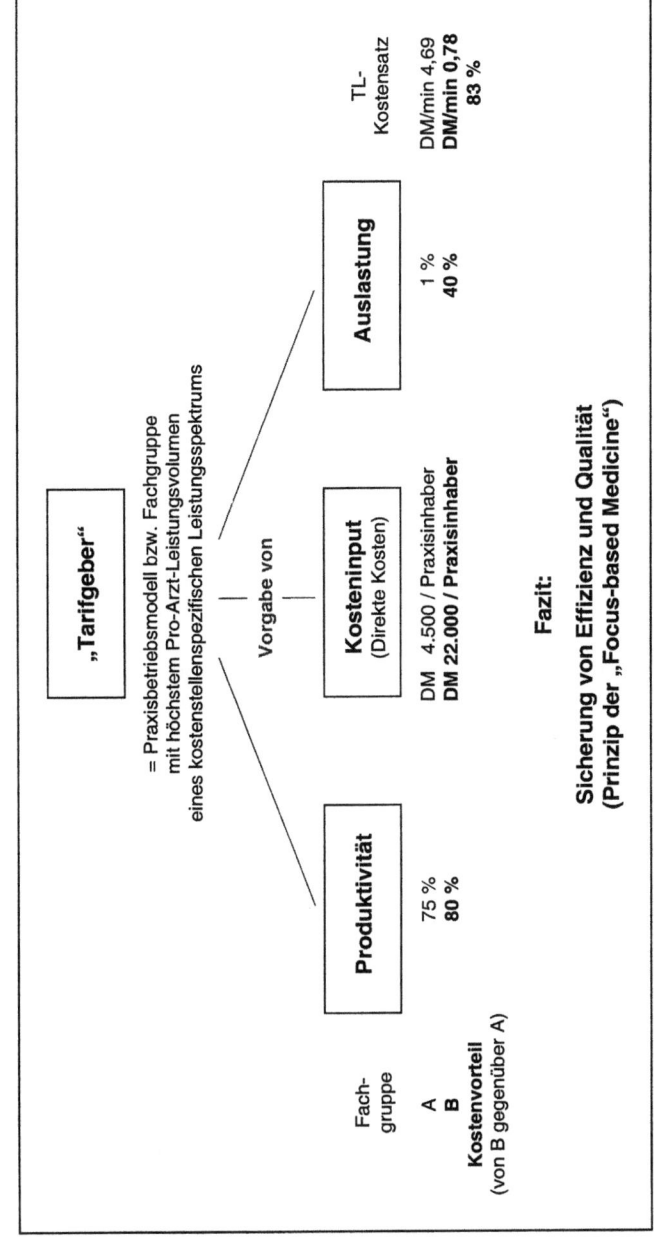

Das Prinzip des Tarifgebers ist bei den arztgruppenübergreifenden Leistungen sowie bei den Schnittstellen arztgruppenspezifischer Leistungsbereiche relevant, d. h. bei von mehreren Arztgruppen betriebenen, identischen Kostenstellen (z. B. das EEG bei den Neurologen sowie bei den neurologisch tätigen Kinderärzten).

In all diesen Fällen treten Arztgruppen untereinander direkt oder indirekt als Konkurrenten auf. Gemäß den Erkenntnissen der „Focus-based Medicine" wird davon ausgegangen, dass Arztgruppen, die bei einem spezifischen Leistungsspektrum (wie z. B. bei sonographischen Leistungen) eine Domäne mit einem vergleichsweise hohen Pro-Arzt-Leistungsvolumen aufweisen, Leistungen dieses Spektrums qualitativ besser und kostengünstiger erbringen können. Sie werden daher zum „Tarifgeber" mit der Konsequenz erklärt, dass ihre Eckwerte zu Produktivität, Auslastung und Praxiskosten (bei der betreffenden Kostenstelle) zur arztgruppenübergreifenden Preisfindung (bei einem korrespondierenden Leistungsspektrum) herangezogen werden. Dies ist schon deshalb erforderlich, da für eine bestimmte Leistung nur ein Preis gelten soll.

Weniger effizient arbeitende Kollegen aus anderen Fachbereichen müssen sich durch Kosteneinsparung, gemeinsamen Gerätebetrieb usw. zu verbessern versuchen, die Kostenstelle auflösen und den Patienten an die tarifgebende Spezialität überweisen oder diesen unwirtschaftlichen Betriebsteil ihrer Praxis als Hobby betrachten und querfinanzieren.

Ein Vergütungsmodell wie der EBM 2000 plus kann den Idealvorstellungen von Qualitäts- und Effizienz- sowie Kooperations- und Wettbewerbsförderung beim besten Willen nicht vollständig entsprechen, da ihm systemtechnische Grenzen bei der Simulation der Wirklichkeit gesetzt sind. Ein derartiges Vergütungsmodell kann jedoch – wie sich eindrucksvoll zeigen lässt – weit mehr als eine simple betriebswirtschaftliche Kostenrechnung und Kalkulation sein.

Fazit und Ausblick

Eine isolierte ambulante gebietsärztliche Vergütung, die – im Sinne einer Insellösung – einem eigenen, isoliert vergütungsstrategischen Anspruch folgt, ist wegen der vielfältigen Überlappungen und Schnittstellen der Versorgung theoretisch zwar vorstellbar, praktisch jedoch weltfremd.

Auffallend ist, dass sich die niedergelassene Facharzteschaft in einer geradezu klassischen Sandwich-Position befindet. Gerade diese Ausgangslage verlangt ein Vergütungssystem, das Wettbewerbsvorteile –

nicht nur der ambulant tätigen Gebiets-, sondern auch der Hausärzte und stationären Leistungsanbieter – zur Geltung bringt.

Es ist daher ein Gesamtkonzept der Vergütung zu fordern, das im Zusammenspiel von Pauschal- und Einzelleistungsvergütung, Diagnose- und Morbiditätsbezug die ambulante und stationäre Versorgung als Ganzes erfasst und die Sektoren der Leistungserbringung verbindet (siehe Abb. 4). Ein Leistungs- und Preiswettbewerb zwischen den Sektoren muss möglich werden, da Lethargie und Bequemlichkeit die grössten Feinde von Fortschritt sind.

Abbildung 4: Ausblick auf eine Gesamtarchitektur der Vergütung sowie Einordnung des gebietsärztlich-ambulanten Versorgungsbereiches

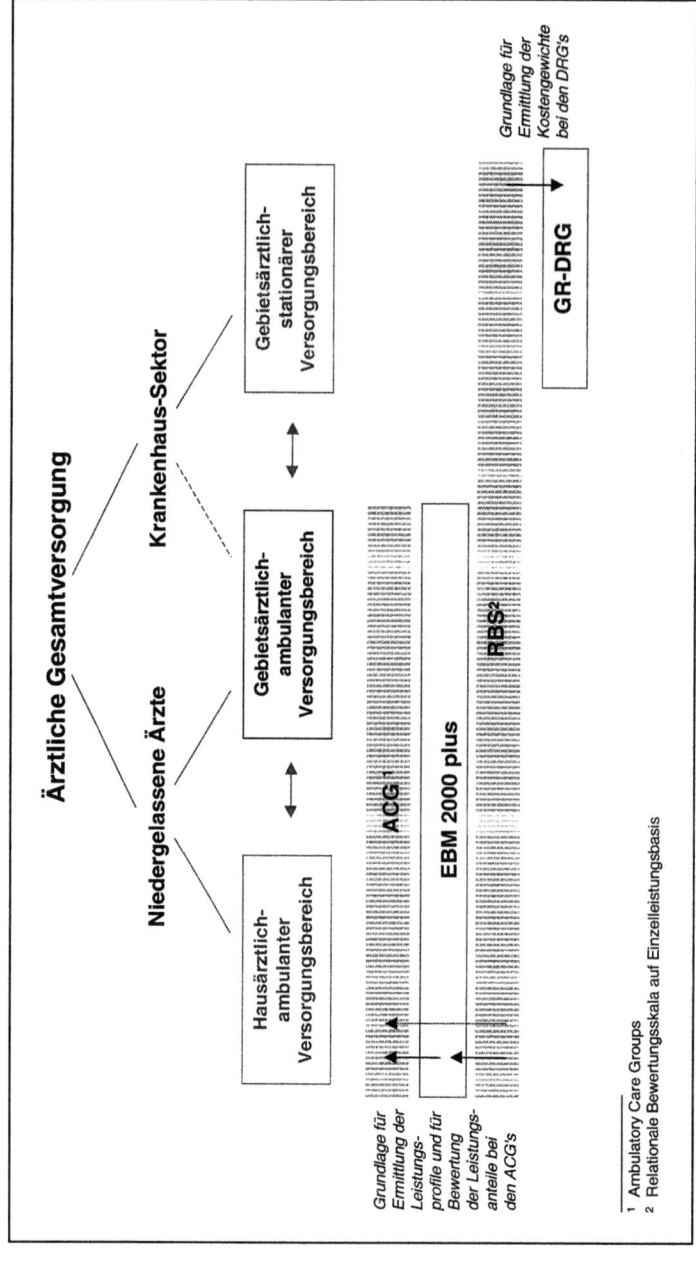

Der EBM 2000 plus und die German Refined DRG's, zwei Vergütungsansätze, die auf eine Preisbildung abzielen, ließen sich einerseits um Ambulatory Care Groups (ACG's), andererseits um eine „Relationale Bewertungsskala" (RBS) auf Einzelleistungsbasis (ohne jegliche Komplexierung) ergänzen. Mit ACG's könnte mittelfristig eine ambulante Vergütung auf Basis von Diagnosepauschalen oder von morbiditätsbezogenen Kopfpauschalen (nach Risikoklassen) erfolgen. Mit der RBS für alle ambulant und/oder stationär zu erbringenden ärztlichen und technischen Leistungen ließen sich die Übergänge zwischen den Sektoren transparent machen und bewertungsmäßig absichern. Alle Leistungen wären unabhängig vom Ort ihrer Erbringung – nach dem Prinzip des „Tarifgebers" – mit ein und demselben Ansatz zu bewerten, was nichts anderes heißt, als dass der ärztlichen Leistungskomponente beim DRG wie beim EBM oder auch bei zukünftigen ACG's die gleichen Bewertungskriterien zu Grunde liegen würden. Eine RBS würde damit zum vergütungstechnischen Bindeglied einerseits zwischen Einzelleistung und hoch aggregiertem Leistungskomplex, andererseits zwischen ambulanter und stationärer Versorgung.

Ein Gesamtkonzept der Vergütung erscheint nur auf Basis eines Grundkonsenses aller Beteiligten sowie unter Berücksichtigung allgemein anerkannter Gesundheitsziele und Versorgungsstrategien erreichbar – eine Aufgabe, an der es sich für die deutsche Ärzteschaft mitzuwirken lohnt und bei der sich die niedergelassenen Gebietsärzte jedenfalls nicht ihrer Mitverantwortung bei der Suche nach tragfähigen Lösungsansätzen entziehen werden.

Die hausärztliche Vergütung – bisherige Erfahrungen und Reformperspektiven

Klaus-Dieter Kossow

Zur Problematik der leistungsbezogenen Vergütung aus der Sicht des Hausarztes

Im 60. Lebensjahr angekommen, habe ich mit der Vergütung der Hausärzte nahezu fünf Jahrzehnte Erfahrung, weil ich bereits von 1948 bis 1952 die Landarztrechnungen meiner Mutter und meines Vaters eintreiben musste, von Hof zu Hof radelnd, Naturalien einsammelnd.

Im Anschluss an diese Phase gab es so etwas wie erste Anzeichen einer geordneten bürokratischen Welt des Kassenarztes. Gelegentlich brachte ich später, ebenfalls mit dem Fahrrad, mehr als 2.000 Krankenscheine pro Quartal zur Kassenärztlichen Vereinigung.

Dort wurde der Stapel Papier gewogen, denn sein Gewicht war dem notierten Abrechnungswert direkt proportional.

Damals gab es keine Fälschungsmöglichkeiten, da eine Pauschalvergütung pro Krankenschein gezahlt wurde, und man zur Sicherheit die Zahl der Scheine stichprobenartig nachzählte.

Im Ergebnis kam ich dann mit einem Scheck nach Hause, der heute für das Studiengeld von drei Arztkindern nicht reichen würde.

Diese Idylle fand ihr Ende durch die üppigen 60er Jahre. Damals wurde die Einzelleistungsvergütung eingeführt. Die für heutige Verhältnisse unvorstellbare Patienten- und Arbeitsmenge unserer Praxis brachte zusammen mit der neuen Vergütungsform einen bis dahin nie gekannten Wohlstand – und dies, obwohl meine Eltern drei Kinder studieren ließen.

Weitere 15 Jahre später – jetzt sind wir bereits ungefähr im Jahr 1990 angekommen – hatte die attraktive Vergütung der Kassenärzte bereits zu einer so großen Zahl von Niederlassungen, insbesondere der Fachärzte, geführt, dass der Gesetzgeber über die seit Ehrenberg etablierte Kostendämpfung hinaus die Budgetierung einführte.

Nach vier dynamischen Wachstumsjahren von 1989 bis 1992 brachte Seehofer die Lahnstein-Koalition zusammen. Der Bundestag kassierte mit dem von ihm eingebrachten GSG den für 1993 bereits abgeschlossenen Niedersachsenvertrag. Er enthielt die erste qualitätsbezogene Vergütung, die es außerhalb des Labors in der Nachkriegszeit in frei ausgehandelten Verträgen gegeben hat.

Was heute Diskussionsgegenstand dieser „Bad Orber Gespräche" ist, war damals bereits eingeführt, und der Bundestag hat es wieder zunichte gemacht. Heute würden sich die Politiker freuen, wenn ihre diesbezüglichen Vorgaben wieder umgesetzt würden. Damals waren solche Regelungen bereits Gegenstand frei ausgehandelter Verträge. Seit diesem massiven Eingriff des Gesetzgebers, der dazu beitrug, eine auf der Grundlage guten Willens funktionierende gemeinsame Selbstverwaltung zu zerstören, haben sich die Vertragsärzte mit ihrer angeschlagenen Identität nie wieder erholt.

Auch die Krankenkassen orientieren sich nicht mehr an den ethischen Vertragszielen wie früher. Sie bemühen sich um eine große Zahl gesunder und möglichst junger Versicherter. Der Vorstand wird zuverlässiger wiedergewählt, wenn man um wachsende Zahlen „guter Risiken" in Wettbewerb tritt, statt dass man sich um die Qualität der ärztlichen Versorgung bemühte.

Dies alles vorweg geschickt, beende ich den historischen Ausflug und bekenne, dass ich diesen Vortrag mit Unlustgefühlen angenommen habe. Ein Grund dafür liegt in den gerade geschilderten Erlebnissen und in der Erfahrung, dass es für ärztliche Leistung keine Vergütung gibt, die von Arzt, Patient und Versichertem gleichermaßen als gerecht angesehen wird.

Der zweite Grund für die Unlust liegt in der Erkenntnis, dass man nicht primär die ärztliche Vergütung im Auge haben darf, wenn man das Honorar der Ärzte regeln will. Primär muss es darum gehen – und der Gesetzgeber erzwingt dies –, ein bedarfsgerechtes, von den Bürgern und den Patienten akzeptiertes Gesundheitswesen zu schaffen mit einer Verteilung des Leistungsangebotes, wie es die Bürger benötigen, und einer Bezahlbarkeit, die der Wohlfahrt der Zeit entspricht.

Dieses sind die primären Beweggründe und Interessen in Bezug auf die ärztliche Vergütung für die Mehrheit der Wahlbürger in unserer Demokratie. Sekundär geht es dann darum, Ärzte so zu bezahlen, dass man von ihnen bekommt, was man haben möchte und benötigt.

Im Übrigen ist es nicht mühsam, zu fallendem Honorar und sinkenden Gehältern Ärzte zu finden, wenn es genug davon gibt.

Wir Ärzte müssen uns fragen, wie wir den Bürgern unsere Leistung so erklären, dass ihre Repräsentanten eine für uns befriedigende Vergütung akzeptieren.

Dies ist keineswegs nur ein Problem der vertragsärztlichen Versorgung, sondern gilt auch für den Privatversicherungsbereich.

Auch in diesem Sektor setzt der Staat vertreten durch das Bundesgesundheitsministerium in der amtlichen Gebührenordnung die Preise für ärztliche Leistungen fest. Grundlage hierfür ist die Bundesärzteordnung, die den Arzt nicht nur dem einzelnen Menschen, sondern der gesamten Gesellschaft verpflichtet.

Mit konsequentem marktwirtschaftlichen Denken ist folglich hierzulande die ärztliche Vergütung nicht in Einklang zu bringen. Vielmehr gibt es auch für den Privatsektor administrierte, von der Verwaltung des Ministeriums und der Bundesländer festgesetzte Preise. Interessenkonflikte mit den Finanzministerien, insbesondere der Länder, liegen auf der Hand, weil diese die Beihilfekosten der Beamten für die Gesundheitssicherung tragen müssen.

Da der ärztliche Beruf nach der bereits zitierten Bundesärzteordnung kein Gewerbe ist, haben Ärzte auch kein Einkommensoptimierungsrecht wie Gewerbetreibende. Ihre Einkommensinteressen finden ihre Grenzen immer mindestens dort, wo die finanzielle Gesundheit der Gesellschaft gefährdet ist. Dies gilt auch bei der Behandlung der Privatpatienten.

Marktmechanismen werden bei dieser Sachlage wohl kaum benutzt werden können, um Leistungsmengen und Qualitäten mit Preisen ins Gleichgewicht zu bringen.

Wenn schon bei der Behandlung der Privatpatienten die Preise für ärztliche Leistungen unter besonderer Berücksichtigung der Sozialpflichtigkeit ärztlichen Handelns gebildet werden, so gilt dies um so mehr für die Vergütung der Ärzte im Sektor der gesetzlichen Krankenversicherung. Was nicht von der Gesellschaft und ihren politischen Repräsentanten akzeptiert wird, das wird letztlich auch nicht bezahlt. Folglich geht es bei der Diskussion um die ärztliche Vergütung zunächst im Wesentlichen um pädagogische Fragen. Diese beruhen darauf, wie wirksam wir Ärzte den Entscheidungsträgern im Volk erklären, dass und warum wir mehr Geld brauchen, um die Bedürfnisse des Volkes in Bezug auf die Sicherung der Gesundheit besser befriedigen zu können.

Dieser Kommunikationsprozess ist sehr schwierig, und daher die zweite Quelle der von mir empfundenen Unlust.

Herr Montgomery hat gestern ein wichtiges Stichwort gegeben: Man kann nicht in die Zukunft sehen, dennoch ist die Diskussion um ärztliche Gebührenordnungen immer mit einem Blick in die Zukunft verbunden. Dies insbesondere deshalb, weil Bevölkerungs- und Wirtschaftsprognose in einem inneren Zusammenhang stehen.

Bisherige Voraussagen der Bevölkerungsentwicklung waren relativ zuverlässig, so dass auch die derzeit diskutierte Bevölkerungshochrechnung Aufmerksamkeit verdient.

Die Lebenserwartung der Frauen beträgt derzeit etwa 80 Jahre, die der Männer 74 Jahre. In den neuen Bundesländern liegen die Werte etwa zwei Jahre niedriger. Auch sechs Jahre nach der Wiedervereinigung (die Zahlen beruhen auf der Basis 1996) bezahlten die Bürgerinnen und Bürger der neuen Bundesländer noch für die geringeren Lebenschancen im Sozialismus.

Die Lebenserwartung steigt zwar langsamer, aber unabhängig von den Ost-West-Unterschieden in Gesamtdeutschland immer noch an. Wir können also feststellen, dass wir in Zukunft mehr Patienten haben werden, die weniger mobil sind als die Bürger heutzutage. Ältere Menschen können wegen der altersbedingten Behinderungen nicht in so großer Zahl mit dem Auto zum Arzt fahren, weil Gebrechlichkeit und beispielsweise Fehlsichtigkeit oder Schwerhörigkeit an Prävalenz mit steigendem Alter zunehmen.

Es ist für die Zukunft ein Arzttyp gefragt, der den Betroffenen nahe ist, der zum Patienten kommt. Aus meiner Sicht ist dies der Hausarzt. Lassen Sie mich das verkürzt vorwegnehmen. Wer das Thema Hausarzt für abgeleiert hält, mag sich einen anderen Begriff suchen und ihn umtaufen, wenn er die Diskussion nicht mehr verträgt, wie Herr Wille dies gestern Abend bekannte. Denn auch für die Hausärzte sollte es nicht um Statusfragen gehen, sondern um funktionale Aspekte einer bedarfsgerechten Versorgung.

Ein Blick auf die vor ca. zehn Jahren publizierte achte Bevölkerungshochrechnung zeigt uns, dass die Prognose von 1990 bis heute eingetroffen ist. Wir haben im Jahr 2000 die vor zehn Jahren vorausgesagte Zahl von Bürgern bekommen (82 Millionen), und auch die Verteilung stimmt ziemlich genau.

Deswegen ist es vernünftig anzunehmen, dass die Entwicklung so weitergeht wie sie angefangen hat. Wir hätten dann im Jahre 2050 ca. 70 Millionen Bürger, von denen ca. 92 % GKV-Versicherte wären.

Der Altenquotient verdoppelt sich nahezu. Er benennt die Zahl der über 60-Jährigen, die von 100 20- bis 60-Jährigen mit Renten und Gesundheitspflegeleistungen versorgt werden müssen.

Mit anderen Worten: Schon in wenigen Jahrzehnten werden wir doppelt so viele Sorgen mit der Finanzierung des Gesundheitssystems haben wie jetzt. Dies gilt für die gesamte Volkswirtschaft, die in einem Umlagesystem die Mittel für die Gesundheitspflege erwirtschaften muss. Ganz unabhängig von der Art der Finanzierung im Detail.

Ob nun die Beitragsgrenze hoch oder niedrig ist, Mehrwert- oder persönliche Steuern zur Finanzierung herangezogen werden, immer ist es erforderlich, die Finanzierung aus dem laufenden Ertrag der Volkswirtschaft sicherzustellen, wenn man nicht zu Lasten der nächsten Generation Schulden machen möchte, um die Menschen mit Leistungen zur Gesundheitspflege zu versorgen.

Der Altenquotient zeigt uns, dass die Finanzierungsbasis bei steigendem Bedarf nach geriatrischen Leistungen geschwächt wird, und dass wir uns sehr anstrengen müssen, um die Mittel für den wachsenden geriatrischen Versorgungsbedarf zu erarbeiten.

Dies ist eine Herausforderung an die Medizin und an die Ökonomie. Das Problem wird noch dadurch verschärft, dass in vielen Leistungsbereichen, so z. B. bei der Arzneimittelversorgung, der Versorgungs- und damit der Finanzbedarf mit steigendem Alter nicht linear, sondern exponentiell zunimmt. Ein 50-Jähriger verbraucht 400 Tagesdosen, ein 90-Jähriger bereits 1.800, also das viereinhalbfache. In einer hausärztlichen Praxis kann man für das gleiche Geld neun 50-Jährige versorgen, mit dem man zwei 90-Jährige behandeln kann.

Die geriatrische Versorgung ist schon heute schwer zu finanzieren, und wird künftig wohl kaum noch finanzierbar sein, wenn weiterhin überflüssiges geschieht.

Insbesondere in der Diagnostik müssen die bisherigen Gepflogenheiten überdacht werden. Beispielsweise nützt es nichts, wenn bei alten Menschen wegen des Verdachtes auf Osteoporose die Zahl der Osteodensitometrien erhöht wird, ohne dass Behandlungsstrategien optimiert werden.

Ich möchte nicht in den Streit pro und contra Osteodensitometrie eingreifen, aber auf Folgendes hinweisen: Ein attraktiver Preis für die Osteodensitometrie in der ärztlichen Gebührenordnung löst nicht das Hauptproblem der Osteodensitometrievergütung. Dies besteht darin, dass die erste Untersuchung und vielleicht die Kontrolluntersuchung nach einem Jahr einen ganz anderen Nutzen für den Patienten haben, als eine dritte, vierte oder fünfte Untersuchung in diesem Zeitraum. Bei der Osteoporose kann man nämlich nicht mehr erreichen, als eine verbesserte Kalziumeinlagerung in den Knochen, beispielsweise durch Gabe von Bisphosphonaten. Hier gibt es ein individuelles Optimum des Therapieerfolges. Wenn dies erreicht ist, dann haben zunehmende Zahlen von Kontrollosteodensitometrien keine auditive Problemlösungskraft mehr für den Osteoporosepatienten.

Wenn aber in einer ärztlichen Gebührenordnung eine Osteodensitometrieziffer als Absolutwert einer Einzelleistung steht, dann liegt es im Belieben eines überweisenden Hausarztes und eines überweisungsempfangenden Orthopäden, wie oft eine Osteoporose mit Osteodensitometrien kontrolliert wird. Wenn der Preis der Leistung ohne Rücksicht auf die Zahl und Bewertung der Indikation der Osteodensitometrien festgesetzt ist, dann resultiert zwangsläufig Geldverschwendung.

Dieses Problem können Sie sinngemäß auf alle Behandlungen, die mit Serien von diagnostischen Prozessen verknüpft sind, übertragen. Die quantitativen Verhältnisse sind jeweils völlig andere, aber im Prinzip handelt es sich beim wirtschaftlichen Einsatz diagnostischer Maßnahmen immer um ein Mengenproblem. Eine Gebührenordnung, die dazu nichts aussagt, wird der Herausforderung der Zukunft mit ihrem wachsenden Bedarf an geriatrischer Diagnostik nicht gerecht.

Diese Probleme werden noch durch die Entwicklung des Krankheitspanoramas verschärft.

Vor 100 Jahren starben die Menschen im Wesentlichen an Infektionskrankheiten. Diese sind gesundheitsökonomisch „gutmütig". Entweder verschwinden sie und hinterlassen bisweilen sogar lebenslange Immunität oder die Patienten sterben an ihnen.

In beiden Fällen kosten die Infektionskrankheiten nichts mehr. Behinderungsfolgen kommen zwar vor, z. B. wenn das zentrale Nervensystem an der Infektionskrankheit beteiligt war, sind aber quantitativ relativ selten.

Anders verhält es sich mit dem Krankheitsszenario, das heute aufgrund der degenerativen und Risikofaktorenerkrankungen vorherrscht.

Die Menschen leben viele Jahrzehnte, bisweilen ein Leben lang, mit Diabetes, Hypertonie, Fettstoffwechselstörungen, Gelenkerkrankungen. Herz-Kreislauferkrankungen und bösartige Tumoren gehören zu den häufigsten Todesursachen.

Die Behandlung dieser Erkrankungen führt nicht zur vollständigen Heilung. Vielmehr werden die Erkrankungen nur soweit beeinflusst, dass eine verbesserte Lebensqualität und eine Verlängerung der Lebenserwartung erreicht werden. Folglich führt die Behandlung dieser Risikofaktorenerkrankungen zu einer Vermehrung der Gesamtmorbidität. Wir sind in der bizarren Situation, dass wir gerade als erfolgreiche Ärzte Krankheitsmenge produzieren und auf diese Weise die Gesellschaft in eine gesundheitsökonomische Zwickmühle hineinführen.

Ein modernes, gut geführtes Gesundheitssystem erkennt man daran, dass es unter anderem auch deswegen kaum noch finanzierbar ist, weil es einen hohen Bevölkerungsanteil mit hochbetagten Bürgern zur Folge hat, Bürger, die gerade wegen ihres hohen Alters eine hohe Zahl von Erkrankungen akkumuliert haben.

Für die Steuerung des Systems der gesundheitlichen Sicherung ergibt sich nun die Frage, welche Leistungsmenge erforderlich ist, um ein Optimum an Lebensqualität zu erreichen. Ferner muss eine Antwort auf die Frage gefunden werden, wer mit welchem Aufwand der medizinisch und ökonomisch optimale Leistungsträger ist.

Bei Risikofaktorenerkrankungen, die eine Präventionsphase von bis zu neun Jahrzehnten aufweisen, ist meistens der betroffene Patient selbst sein bester Arzt.

Diabetes, Hypertonie und Fettstoffwechselstörungen führen nicht oder nur sehr spät zu den gefürchteten Folgeerkrankungen wie Herzinfarkt, Schlaganfall und Nierenversagen, wenn der Patient viele Jahrzehnte lang erfolgreich seinen Lebensstil auf diese Erkrankungen einstellt. Und die Konsequenz, mit der er dies tut, bestimmt weit mehr über das Lebensschicksal des Patienten als Leistungsmengen von Ärzten und selbst die Qualität der hausärztlichen medizinischen Beratung.

Aus diesen Überlegungen ergibt sich ein Grundproblem für die ärztliche Vergütung. Abrechnungsgrundlage ist hier das Quartal, während die

Leistungen aus der Begleitung der Patienten ihren Wert erst nach vielen Jahrzehnten erweisen.

In der hausärztlichen Praxis beträgt die Patientenbindung im Durchschnitt etwa 12 Jahre. In der fachärztlichen Praxis ist diese Zeit sehr viel kürzer, weil in den meisten Fächern Querschnittsdiagnostik und Behandlung im Vordergrund stehen.

Noch kürzer sind die Behandlungszyklen im Krankenhaus, und dies bei weiter rückläufiger Tendenz der Liegezeiten und zunehmender Zahl der Fälle.

Die Zeitbasis der Behandlung ist bei den wesentlichen Erkrankungen folglich stark unterschiedlich, je nachdem, ob man die hausärztliche, die ambulante fachärztliche oder die Krankenhausversorgungsebene betrachtet.

Schon deshalb ist es zunächst einmal ganz grundsätzlich kritisch zu hinterfragen, ob man den selben Algorithmus für die hausärztliche, die fachärztliche und die Krankenhausvergütung wählen sollte. Ich meine, man sollte da vorsichtig sein.

Gestatten Sie, Herr Richter-Reichhelm, dass ich Ihnen gegenüber auch offen bekenne, dass gerade deshalb hier nicht einer der EBM-Experten meines Verbandes referiert, weil es mir nicht auf die Gebührenordnungsdetails, sondern auf die grundsätzlichen Überlegungen ankommt. Meistens werden wir mit diesen missverstanden. Hausärzte haben keine grundsätzliche Abneigung gegen den Vorstand der Kassenärztlichen Bundesvereinigung, sondern sie haben ein Problem damit, dass die Andersartigkeit ihrer Arbeitsweise gegenüber der fachärztlichen Tätigkeit nicht verstanden und anerkannt wird.

Fachärztliche Tätigkeit ist ihrer Natur nach Expertentätigkeit auf der Grundlage physikalischer Querschnittsdiagnostik. Diese lässt sich betriebswirtschaftlich kalkulieren, weil die Arbeitsportionen exakt beschreibbar sind und sich repetitiv monoton weitgehend gleichen.

Demgegenüber ist hausärztliche Tätigkeit ihrer Natur nach auf eine historische, kommunikative Begleitung eines Patienten mit Risikofaktoren aufgebaut. Sie zielt darauf ab, den Patienten so viel wie möglich an Krankheitsbehandlungsleistung selbst erledigen zu lassen.

Im Übrigen variieren die Mengen der Behandlungsereignisse zwischen der hausärztlichen und der fachärztlichen Versorgung dramatisch.

Einer Analyse der Hamburg-Mannheimer-Stiftung aus dem Jahre 1994 entnehmen wir, dass von den 255.000 praktizierenden Ärzten ganze 40.000, also ca. 17 %, Hausärzte sind. Diese relativ kleine Teilmenge der Gesamtärzteschaft versorgt 75 % der Krankheitsereignisse.

Wir befinden uns folglich in einer Situation in der ¾ des Krankheitsgeschehens (ohne Berücksichtigung des Schweregrades) von 17 % der Ärzte abgearbeitet werden. Die übrigen 25 % des Krankheitsgeschehens entfallen auf den Löwenanteil von 83 % der Ärzteschaft.

Diese Zahlenrelationen sind weitgehend unabhängig von der Versorgungsstruktur. In allen europäischen Staaten, ganz gleich, ob man nach Holland, England oder in die Schweiz schaut, findet man diese Verhältnisse. Immer konzentriert sich die große Menge von Patientenanliegen und Behandlungsanlässen auf die Primärversorgungsebene, in der eine relativ kleine Zahl von Ärzten den Löwenanteil der Behandlungsanlässe abarbeitet.

Dies ist der statistische Beweis dafür, dass irgend ein Filter benötigt wird, um die Versorgungsstruktur in den teuren nachfolgenden Fach- und Krankenhausversorgungsebenen ökonomischer zu gestalten.

Es kommt darauf an, insbesondere bei Langzeit- und Risikofaktorenerkrankungen, das Patientenproblem dort zu lösen, wo es am kostengünstigsten lösbar ist.

Seit Professor Herder-Dorneich und seine Doktoranden vor ca. 30 Jahren mit gesundheitsökonomischen Detailstudien begonnen haben, wissen wir, dass ein standardisierter qualitätsgesicherter Problemlösungsweg mit dem geringsten Einsatz an Mitteln auf der Selbstbehandlungs- und Laienebene zustande kommt. Der zweithöchste Aufwand erfolgt auf der hausärztlichen Ebene. Schon deutlich mehr wird in der ambulanten fachärztlichen Versorgung verbraucht, und am meisten Geld kostet die Krankenhausbehandlung.

Diese Erkenntnisse bildeten die Grundlage für das damals geschaffene Prinzip: „So viel ambulant wie möglich!"

Präziser müsste man formulieren: „So viel Patientennähe beim Versorgungsgeschehen wie nur irgend möglich!"

Hierzu ein Beispiel: Epidemiologische Untersuchungen bei Diabetikern vom Typ II legen nahe, dass man zur Vermeidung von befürchteten Folgeerkrankungen den HBA1C Jahr für Jahr unter sieben halten muss.

Dies ist also die Zielgröße für die Behandlung. Wenn man sie die gesamte Lebenszeit des Patienten über erreicht, hat er die geringsten Risiken zu erblinden, an Nierenversagen zu sterben und eine Gefäßveränderung zu erleiden. Medizinisch ist es völlig unerheblich, ob der Patient durch Diät und Selbstmedikation diese Leistung erreicht, oder ob dies eine Folge der Behandlung durch den Hausarzt, den Diabetologen oder das Krankenhaus ist. Gesundheitsökonomisch allerdings ist entscheidend, so viel Versorgungsfälle wie nur irgend möglich auf einer möglichst patientennahen Ebene zu halten.

Analoges gilt für die Behandlung der Hypertonie. Mehr als den Normbereich kontinuierlich einzuhalten (ganz gleich, ob man die Werte bei 140 zu 90, oder 120 zu 80 als normal ansieht) kann man nicht erreichen bei dem Ziel, den Hypertoniker schlaganfallfrei zu halten.

Wenn es der Laie selbst schafft, die gefährlichen Endpunkte der Risikofaktorenerkrankungen zu vermeiden, dann ist jede höhere Versorgungsebene Verschwendung.

Tatsächlich ist in Ländern mit Primärversorgungssystemen, wie England und Holland, bei der Behandlung des Typ-2-Diabetikers eine bessere statistische Erfolgsquote in Bezug auf die St.-Vincent-Kriterien zu beobachten als bei uns. Diese Länder haben dafür andere Probleme, nämlich Warteschlangen vor den Spezialversorgungseinrichtungen, die sehr unmenschliche Konsequenzen haben können.

Dessen ungeachtet kann man sagen, dass die ökonomische Effizienz in diesen Ländern höher ist als bei uns, weil eben die gesamte Bevölkerung mit bestimmten Risikofaktorenproblemen erfasst wird, und auf Grund der Delegation der Verantwortung an den Hausarzt dann auch dafür gesorgt wird, dass diese Probleme möglichst basisnah und kostengünstig versorgt werden. Eine Gebührenordnung wie die, die wir heute durch die Kassenärztliche Bundesvereinigung vorgestellt bekommen haben, löst dieses Kardinalproblem nicht.

Für die Hausärzte ist die ideale Gebührenordnung bisher noch nicht gefunden, gleichwohl wurde eine Reihe von Problemen im Zusammenhang mit der Vergütung der Hausärzte in jüngster Zeit gelöst.

Herr Laschet hat heute morgen in seiner Moderation dazu einige wesentliche Punkte geschildert. Der Gesetzgeber hat mit Wirkung zum 1. Januar 2000 festgelegt, dass innerhalb des Gesamthonorars der Kassenärztlichen Vereinigung ein hausärztlicher Gesamthonoraranteil verbindlich festgelegt wird. Die Kriterien der Anpassung dieses Honoraranteils werden auf Bundesebene durch den Bewertungsausschuss festgelegt. Diesen Vorgaben untergeordnet erfolgt dann die Honorarverteilung durch die Kassenärztlichen Vereinigungen.

Durch diese Regelungen ist ein jahrzehntelanger Prozess der relativen Absenkung des hausärztlichen Honoraranteils gegenüber dem fachärztlichen zunächst einmal beendet, zumindest gedämpft.

Solange nämlich aus einem unstrukturierten Gesamthonorar sowohl die Hausärzte als auch die Fachärzte bezahlt wurden, nahm der hausärztliche Vergütungsanteil schon deshalb ab, weil die Niederlassungsfrequenz und die Leistungsmenge im fachärztlichen Sektor stärker wuchs als bei den Hausärzten. Dies hat die hausärztliche Versorgung mehr geschwächt als alles andere.

Weitere Nachteile erfuhr und erfährt die hausärztliche Versorgung, weil es schwieriger ist, Fachärzte für Allgemeinmedizin weiterzubilden, als Fachärzte in anderen Gebieten. Letzteres war und ist eine wesentliche Ursache der größeren Niederlassungsrate von Fachärzten.

Es ist davon auszugehen, dass bei konsequenter Umsetzung der Vorgaben des Gesetzgebers durch Krankenkassen und Kassenärztliche Vereinigungen die hausärztliche Tätigkeit in Zukunft attraktiver wird.

Damit relativieren sich dann auch Fragen der EBM-Gestaltung für den Hausarzt, weil Honorarverteilungseffekte auf deren Grundlage zunächst einmal nur innerhalb der hausärztlichen Versorgung wirksam werden. Für die Folgejahre wird es allerdings nicht ganz unwichtig sein, wie sich Punktwerte, Punktmengen und die daraus abgebildete statistische Morbidität und die Leistungsmengenentwicklung gestalten. Hausärzte sind in Sorge, dass hier durch willkürliche Gestaltung der Abrechnungsbedingungen im EBM über Punktwert und Punktzahlentwicklungen Argumente erzeugt werden, um fachärztliches Honorar zu Lasten des hausärztlichen Honoraranteils zu steigern.

Dessen ungeachtet, ist erst einmal ein Gleichgewicht zwischen hausärztlichem Honoraranteil auf der Grundlage der für die Hausärzte günstigsten Jahre seit 1996 geschaffen worden. Und was die aktuelle Honorarverteilungsdiskussion betrifft, sollte kein Facharzt weinen. Es gibt zwei Möglichkeiten: Entweder hat es in einer KV seit 1996 keine Honorarverlagerung zu Lasten der Hausärzte gegeben, dann bekommen die Fachärzte heute genauso viel Geld wie früher; oder es hat diese Honorarverlagerung gegeben, dann war sie nicht legitim und wird korrigiert.

Fachärzte sollten doch froh sein, dass sie wenigstens einige Jahre lang zu Lasten der hausärztlichen Vergütung mehr Honorar bekommen haben, obwohl dies nicht gerechtfertigt war. Es ist hier also zunächst von völlig unterschiedlichen Verhältnissen auf der Landesebene auszugehen. Die Landes-KV hat ja das Honorarverteilungsrecht und hat darüber in den einzelnen Regionen höchst unterschiedlich befunden. Künftig ist diese lokale Souveränität zu Gunsten der Hausärzte etwas eingeschränkt. Das ist die Situation.

Ich komme zum Fazit:

Im Wesentlichen geht es darum, dass Kassenärztliche Vereinigungen und Krankenkassen im Rahmen ihrer Möglichkeiten nach den gesetzlichen Vorgaben die Versorgung so gestalten, dass sie optimale Effizienz entfaltet. Dazu gibt es neuerdings eine Reihe von zusätzlichen Vertragsformen.

Es besteht die Möglichkeit, nach § 63 folgende auf acht Jahre mit wissenschaftlicher Begleitung Experimentalverträge zur Verbesserung der Wirtschaftlichkeit und Qualität zu schließen.

Ferner existiert seit 1. Januar 2000 die Möglichkeit, Verträge nach § 140 f. als Integrationsversorgungsverträge abzuschließen, wobei Krankenhäuser, Apotheken und andere Leistungsträger des Sozialrechts beteiligt werden können.

Des weiteren sind Sonderhonorarverteilungszonen auf der Grundlage von Verträgen nach § 73 a vereinbar zwischen Vertragsgemeinschaften von Hausärzten und/oder Hausärzten und Fachärzten.

All dies kann mit der Bestimmung von Gesundheitszielen auf epidemiologischer Grundlage verknüpft werden. Ich sage, es kann verknüpft werden, denn dazu bedarf es der Entwicklung einer Epidemiologie aus der Praxis für die Praxis. Es bedarf dazu der Entwicklung von Morbiditätsindices in der Gesamtbevölkerung und in den Teilkollektiven von Krankenkassenversicherten, die sich an diesen Sonderverträgen beteiligen sollen.

Für den Einstieg in das Thema Morbiditätsindex fehlt mir jetzt die Zeit. Außerdem wäre Herr Professor Lauterbach berufener als ich, dies zu tun, weil er in Amerika schon praktische Erfahrungen mit solchen Indexbildungen hat sammeln können.

Jedenfalls sind Indexbildungen genauso nötig wie die Entwicklung der Epidemiologie, um Effizienzkontrollen aus der Praxis für die Praxis vorzunehmen.

Unser Land tut sich im Gegensatz zu den anderen primärversorgungsgesteuerten Ländern ausgesprochen schwer, epidemiologische Studien durchzuführen, weil bei uns die gesamte Klientel der Sozialversicherung eben nicht bei einem für die Dokumentation verantwortlichen Arzt erfasst ist. Hierzulande erscheint der eine Bürger bei einem Arzt, und der nächste bei vieren pro Jahr. Dies führt zu Mehrfacherfassungen, die einer epidemiologischen Forschung eben solche Schwierigkeiten bereiten wie der Datenschutz.

Die Lösung der Vergütungsprobleme auf rationaler Grundlage und bei der Vorgabe von Gesundheitszieldefinitionen ist ohne die Entwicklung einer Epidemiologie aus der Praxis für die Praxis in Deutschland nicht möglich.

Ich rege an, dass Herr Dr. Albring den Versuch unternimmt, sich bei den nächsten „Bad Orber Gesprächen" – wenn sie denn stattfinden sollen – mit der epidemiologischen Steuerung der Versorgung zu befassen.

Ambulante Vergütung – Erwartungen der GKV

Rolf Hoberg

Ausgangslage: Gesamtvergütung wächst – Vergütung je Arzt stagniert

Wir sehen uns zurzeit konfrontiert mit Protestaktionen der niedergelassenen Ärzte. Diese so genannten Ärztestreiks sind rechtswidrig, weil der den Kassenärztlichen Vereinigungen übertragene Auftrag zur Sicherstellung der Versorgung mit ärztlichen Leistungen verletzt wird. Grundsätzlich kann auch nicht hingenommen werden, dass mit streikähnlichen Aktionen auf Kosten der Versorgung der Patienten versucht wird, die Forderung nach deutlichen Honorarsteigerungen durchzusetzen.

Wir müssen uns andererseits natürlich fragen, ob bzw. inwieweit die Forderungen der protestierenden Ärzte begründet sind. Stehen wir tatsächlich vor der Situation, dass die von den Ärzten erbrachten Leistungen nicht mehr kostendeckend vergütet werden? Sind die aus vertragsärztlicher Tätigkeit erzielten Einkommen inzwischen so niedrig, dass von einer angemessenen Vergütung des Arztes nicht mehr gesprochen werden kann?

Wie sehen die Fakten aus?

Entwicklung der Gesamtvergütung

Betrachten wir zunächst die Entwicklung der von den Krankenkassen gezahlten Gesamtvergütungen für die ärztlichen Leistungen. Wer die Klagen der protestierenden Ärzte hört, könnte zu der Auffassung kommen, dass die Krankenkassen ihre Zahlungen an die Kassenärztlichen Vereinigungen in den letzten Jahren verringert haben.

Das Gegenteil ist der Fall. Die Gesamtvergütungen erhöhen sich von Jahr zu Jahr (Abb. 1). Die Zuwachsrate orientiert sich an der so genannten Grundlohnentwicklung. Die Ärzteschaft nimmt dadurch an der allgemeinen Einkommens- und Wirtschaftsentwicklung teil. Im Ergebnis ist festzustellen, dass sich die Gesamtvergütungen von 14,5 Mrd. DM in 1980 auf inzwischen fast 38 Mrd. DM in 1999 erhöht haben (ohne neue Bundesländer). Die Zuwachsraten haben sich nach deutlichen Steigerungen zu Beginn der 90er Jahre inzwischen etwas abgeschwächt. Doch auch für die letzten Jahre bleibt festzuhalten, dass sich die Gesamtvergütung um durchschnittlich ca. 600 Mio. DM pro Jahr erhöht hat.

Abbildung 1

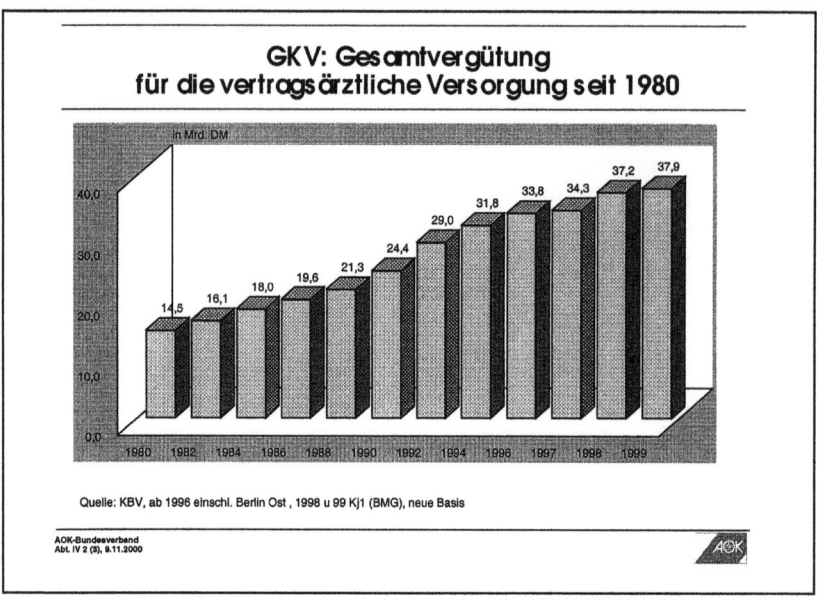

Entwicklung der Vergütung je Arzt

Warum wächst trotz kontinuierlich steigender Ausgaben der Krankenkassen für ärztliche Leistungen die Unzufriedenheit der Ärzte? Kommen die von den Krankenkassen geleisteten Zahlungen beim einzelnen Arzt nicht an?

Betrachten wir zur Beantwortung dieser Frage die Entwicklung der Gesamtvergütung je Arzt seit 1980 (Abb. 2). Hier ist zunächst festzustellen, dass die Vergütung je Arzt deutlich langsamer angestiegen ist als die von den Krankenkassen gezahlte Gesamtvergütung. Die Vergütung je Arzt hat sich von 259.000 DM in 1980 auf 375.000 DM in 1992 erhöht. Sie ist in den Folgejahren leicht zurückgegangen, liegt aber inzwischen mit 400.000 DM/Arzt (im Bundesgebiet West) wieder auf akzeptabler Höhe.

Abbildung 2

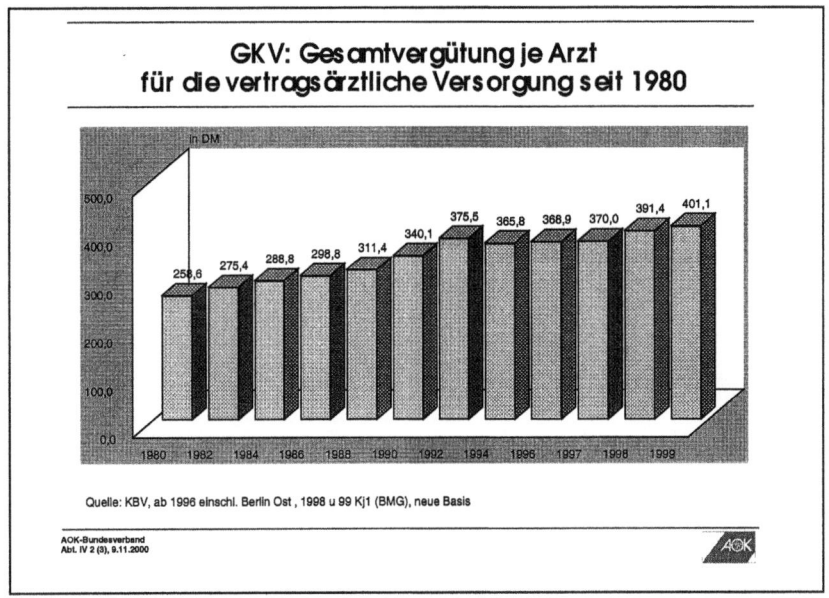

Entwicklung der Zahl der Ärzte seit 1980

Die Erklärung für den im Vergleich zur Gesamtvergütung geringeren Anstieg der Vergütung je Arzt liegt natürlich in der Arztzahlentwicklung: Die Gesamtvergütung muss auf immer mehr Ärzte verteilt werden (Abb. 3). Die Zahl der Vertragsärzte ist von 56.000 in 1980 auf 94.000 in 1999 gestiegen (nur Bundesgebiet West). Dies ist ein Anstieg um fast 68 %. Deutlich erhöht hat sich insbesondere die Zahl der Fachärzte. Sie ist von 31.000 in 1980 auf 59.000 in 1999 gestiegen und hat sich damit fast verdoppelt.

Die Auswirkungen dieser Arztzahlentwicklung auf die Vergütung je Arzt macht ein Rechenexempel deutlich: Müsste die Gesamtvergütung des Jahres 1999 nicht auf 94.000, sondern nur auf 77.000 Ärzte (Stand 1992, d. h. vor der Niederlassungswelle) verteilt werden, stünden je Arzt fast 100.000 DM mehr als Vergütung zur Verfügung.

Abbildung 3

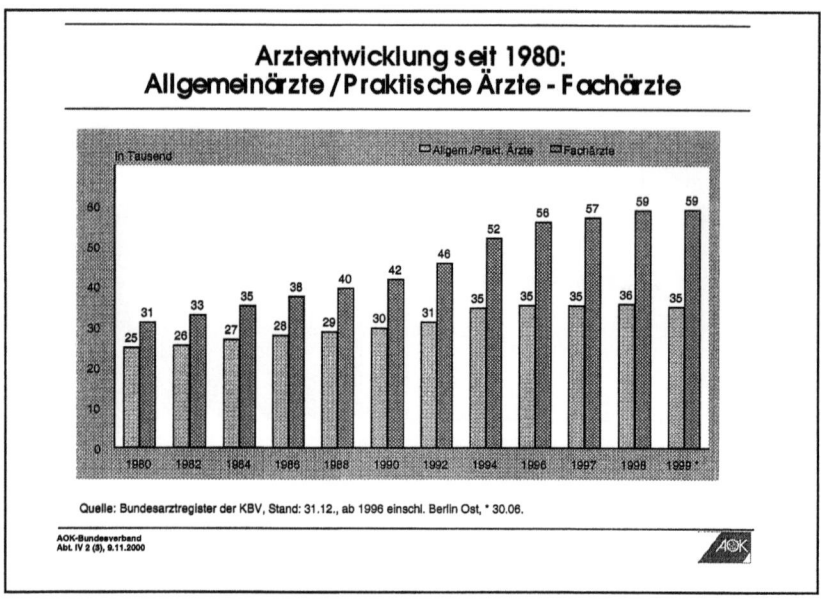

EBM und HVM schaffen keine Verteilungsgerechtigkeit

Die sich trotz der Arztzahlentwicklung ergebende Vergütung je Arzt liegt mit ca. 400.000 DM (1999) in einem Bereich, der eigentlich keinen Anlass zu Klagen geben sollte. Auch unter Berücksichtigung eines durchschnittlichen Kostensatzes von 50 bis 60 % verbleibt ein Überschuss, der durchaus angemessen erscheint. Warum wird dennoch immer öfter über eine völlig unzureichende Vergütung geklagt?

Teilweise erklärt sich die Unzufriedenheit aus den verfügbaren Daten über die beträchtlichen Einkommensunterschiede zwischen den Arztgruppen und vor allem auch innerhalb der Arztgruppen (Abb. 4). Die Bandbreite reicht hier von „nur" 167.000 DM Überschuss je Allgemeinarzt bis zu 237.000 DM bei den Orthopäden. Das ist eine Differenz von 70.000 DM bzw. mehr als 40 %. Zu den Unterschieden zwischen den Fachgruppen kommen die Unterschiede innerhalb einer Fachgruppe. Diese Differenzen sind oft noch ausgeprägter. Es gibt in allen Fachgruppen eine deutlich ungleiche Überschuss- bzw. Einkommensverteilung. Es gibt Großpraxen, die den durchschnittlichen Umsatz ihrer Arztgruppe um ein mehrfaches übertreffen. Daneben finden wir Klein- und Kleinstpraxen, die so geringe Umsätze erzielen, dass man sich in der Tat fragen muss, wie diese Praxen überleben können.

Abbildung 4

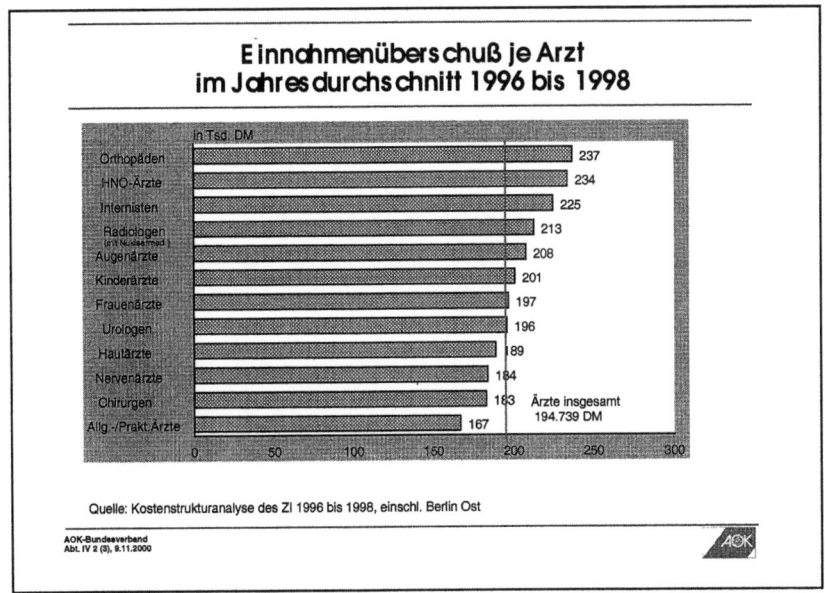

Quelle: Kostenstrukturanalyse des ZI 1996 bis 1998, einschl. Berlin Ost

Es kann nun nicht das Ziel von Vergütungsregelungen sein, allen Ärzten unabhängig von der Zahl der von ihnen versorgten Patienten das gleiche Einkommen zu garantieren. Es ist aber doch zu fragen, ob die festgestellten Unterschiede zwischen den Fachgruppen vertretbar und begründet sind. Ist es gerechtfertigt, dass z. B. Orthopäden und HNO-Ärzte im Durchschnitt deutlich höhere Einkommen erzielen als Allgemeinärzte?

Tatsächlich haben die Unterschiede zwischen den Fachgruppen nichts mit Leistungsunterschieden zu tun. Sie resultieren vielmehr aus Vergütungsregelungen, die bestimmte Arztgruppen begünstigen und andere im Vergleich dazu benachteiligen.

Zu nennen ist hier zum einen der EBM, der die Vergütung der ärztlichen Leistungen im Einzelnen regelt und dabei nach Arztgruppen unterscheidet. Generell ist zu sagen, dass der EBM als Folge der medizinischen Entwicklung deutlich facharztlastig geworden ist. Der EBM bietet den

Fachärzten ein wesentlich breiteres Spektrum an abrechnungsfähigen Leistungen als etwa den Hausärzten.

Jede Reform des EBM war auch ein Versuch, mehr Honorargerechtigkeit zwischen den Fachgruppen zu schaffen. Dass dies meist nur unzureichend gelungen ist, liegt wiederum an den Honorarverteilungsregelungen der Kassenärztlichen Vereinigungen. Die Kassenärztlichen Vereinigungen haben die Verteilung der Gesamtvergütung auf die Arztgruppen durch die Bildung von Honorartöpfen einfach festgeschrieben und damit alle Umverteilungsbestrebungen ins Leere laufen lassen. Es bedurfte des Eingreifens des Gesetzgebers, um zumindest für die Hausärzte eine Korrektur der auf Besitzstandswahrung gerichteten Honorarverteilungsregelungen durchzusetzen.

Falsche Anreize im EBM erzeugen Überversorgung einerseits und Unterversorgung andererseits

Der EBM wirkt sich nicht nur auf die Einkommensverteilung unter den Ärzten aus. Der EBM entscheidet auch über Art und Umfang der Leistungen der einzelnen Arztgruppen, und er entscheidet damit vor allem auch über die Struktur und das Niveau der Versorgung der Versicherten. Für die GKV kommt es insbesondere auf diese Auswirkungen des EBM auf die Versorgungsstruktur an.

Es besteht weitgehendes Einvernehmen, dass wir von einer Überversorgung insbesondere mit fachärztlichen Leistungen ausgehen müssen. Wir haben als Folge entsprechender Anreize im EBM ein Überangebot an diagnostischen Möglichkeiten. In der Bundesrepublik werden sehr viel mehr Röntgenuntersuchungen durchgeführt als in vergleichbaren europäischen Ländern. Auch bei den Laboruntersuchungen nehmen wir eine Spitzenstellung ein.

Das Beispiel der Laboruntersuchungen zeigt besonders deutlich, dass die Menge der Leistungen nicht nur durch den medizinischen Bedarf, sondern auch durch die gegebenen Abrechnungsmöglichkeiten bestimmt wird. Es genügte eine Änderung der Vergütungsbestimmungen für Laborleistungen, um die Zahl der Untersuchungen von heute auf morgen um ca. 40 % sinken zu lassen.

Neben dem Überfluss herrscht aber auch Mangel. Wir müssen feststellen, dass es Tendenzen zur Unterversorgung gibt. Dies betrifft insbesondere die Behandlung und Betreuung von Patienten mit chronischen Erkrankungen. Zu nennen sind z. B. die Diabetiker, für deren Versorgung es inzwischen anerkannte Leitlinien gibt. Die Versorgungsrealität wird diesen Leitlinien häufig nicht gerecht. Die ärztliche Betreuung vieler Diabetiker ist unzureichend.

Der EBM hat die Probleme von Überversorgung einerseits und Unterversorgung andererseits nicht allein verschuldet. Er hat aber durch die von ihm gesetzten Anreize zur Erbringung von Einzelleistungen, insbesondere von diagnostischen Leistungen, dazu beigetragen. Ziel einer Reform des EBM muss es daher aus Sicht der GKV auch sein, diese Fehlsteuerungen zu beseitigen. Die Vergütungsregelungen dürfen sich nicht mehr ausschließlich am Behandlungsaufwand orientieren. Statt dessen muss deutlich stärker auf die Qualität und das Ergebnis ärztlicher Leistungen abgestellt werden.

Ziele einer Reform der ambulanten Vergütung

Die Kassenärztliche Bundesvereinigung und die Spitzenverbände der Krankenkassen beraten seit einiger Zeit über eine erneute Reform des EBM. Die KBV geht davon aus, dass die mit der letzten Reform des EBM zum 01.01.1996 erfolgten Änderungen und auch die Einführung der Praxisbudgets zum 01.07.1997 nicht zu der erhofften Stabilisierung der Vergütungssituation der Vertragsärzte geführt haben. Insbesondere sei das Ziel, den Punktwertverfall zu stoppen, nicht erreicht worden. Die Praxisbudgets reichten als Instrument der Mengensteuerung nicht aus und seien auch rechtlich umstritten. Insoweit und auch wegen des Auftrags des Gesetzgebers zur grundsätzlichen Unterscheidung zwischen hausärztlichen und fachärztlichen Leistungen bestehe Handlungsbedarf.

Auch aus Sicht der Spitzenverbände besteht die Notwendigkeit, den EBM zu reformieren. Im Gegensatz zur KBV sprechen sich die Spitzenverbände allerdings für ein möglichst behutsames Vorgehen aus. Die Versorgung der Versicherten mit ärztlichen Leistungen eignet sich nicht für Experimente mit ungewissem Ausgang. Die Spitzenverbände haben daher gefordert, dass zunächst eine Einigung über die Ziele und die Rahmenbedingungen einer Reform des EBM herbeigeführt wird.

Diese Einigung bzw. eine entsprechende Vereinbarung über die Grundlagen der Reform des EBM liegt inzwischen vor. Die Vereinbarung beschreibt die Ziele der Reform und regelt das Vorgehen bei ihrer Durchführung.

Übergeordnetes Ziel der Reform ist, die im EBM getroffenen Regelungen so zu verändern, dass nicht nur die Wirtschaftlichkeit, sondern auch die Qualität der Versorgung der Versicherten mit ärztlichen Leistungen verbessert wird. Die Regelungen zu den Abrechnungsvoraussetzungen, die

Bewertungen der Leistungen und die Maßnahmen zur Mengensteuerung sind auf diese Zielsetzung auszurichten. Anreize zur Erbringung nicht wirksamer oder nicht wirtschaftlicher Leistungen sollen beseitigt werden.

Im Einzelnen sind folgende Maßnahmen vorgesehen:

- Zusammenfassung von Einzelleistungen zu Komplexen und Pauschalen

  Soweit möglich sollen Einzelleistungen zusammengefasst werden. Damit wird nicht nur der Anreiz zur Leistungsausweitung begrenzt. Es wird vor allem auch ein Handeln des Arztes unterstützt, das sich mehr als bisher am tatsächlichen Behandlungsbedarf und am Behandlungsergebnis orientiert.

- Zuordnung der Leistungen zur hausärztlichen oder fachärztlichen Versorgung

  Die Unterscheidung zwischen hausärztlichen und fachärztlichen Leistungen ist Voraussetzung für eine sinnvolle Arbeitsteilung in der ambulanten Versorgung. Das Nebeneinander und Gegeneinander von Hausärzten und Fachärzten schadet vor allem den Patienten. Hausärzte und Fachärzte sollen nicht miteinander konkurrieren, sondern sich sinnvoll ergänzen. Dies setzt voraus, dass die jeweiligen Zuständigkeiten geklärt sind.

- Kooperation von Hausärzten und Fachärzten

  Mehr Arbeitsteilung erfordert auf der anderen Seite auch mehr Kooperation. Hausärzte müssen bereit sein, den Patienten an den Facharzt abzugeben, wenn dies für die Behandlung erforderlich ist. Fachärzte müssen die Hausärzte über die von ihnen erbrachten Leistungen informieren und den Patienten nach Abschluss der Behandlung zurückgeben. Der EBM kann die Kooperation von Hausärzten und Fachärzten unterstützen, indem er den Informationsaustausch regelt und die Erbringung spezialisierter Leistungen von entsprechenden Überweisungen abhängig macht.

- Beachtung von Leitlinien

  Es gibt inzwischen eine Reihe von Leitlinien für die Versorgung der Patienten. Nicht alle diese Leitlinien eignen sich für die praktische Umsetzung. Allgemein anerkannte Leitlinien, wie es sie z. B. für die Behandlung von Diabetikern gibt, müssen jedoch auch Eingang in die Regelversorgung finden. Es ist für die GKV nicht akzeptabel, dass eine an Leitlinien orientierte, qualitätsgesicherte Behandlung auf Modellvorhaben und Sonderverträge beschränkt bleibt. Soweit möglich und vertretbar muss auch im EBM auf eine qualitäts- und ergebnisorientierte Vergütung abgestellt werden.

- Förderung wirtschaftlicher Praxisstrukturen

  Hier geht es insbesondere darum, auch die wirtschaftliche Kooperation unter den Ärzten zu unterstützen. Die Kooperation von Ärzten bei der Erbringung von Leistungen ist nicht nur aus wirtschaftlichen, sondern auch aus qualitativen Gründen sinnvoll und notwendig. Der EBM kann zur Förderung wirtschaftlicher Praxisstrukturen beitragen, indem er die Bewertung der Leistungen nicht ausschließlich oder vorrangig an der Einzelpraxis orientiert. Insbesondere bei kostenintensiven Leistungen muss die Bewertung von einer Mindestauslastung ausgehen, die ohne Kooperation in Form von Praxisgemeinschaften oder Gemeinschaftspraxen nicht zu erreichen ist.

Grundlagen und Rahmenbedingungen einer Reform des EBM

Während hinsichtlich der Ziele einer Reform des EBM kein grundsätzlicher Dissens zwischen KBV und Spitzenverbänden der Krankenkassen bestand, gestalteten sich die Verhandlungen über die Grundlagen der Reform bzw. die Regelungen für die Durchführung sehr viel schwieriger. Dies hängt damit zusammen, dass die KBV die Reform des EBM nutzen wollte und auch weiter nutzen will, um über den EBM hinaus bzw. mit seiner Hilfe die Honorierung der Ärzte auf eine neue Grundlage zu stellen. Im Kern geht es der KBV darum, die geltenden Honorarbudgets aufzubrechen. Die budgetierte Gesamtvergütung soll abgelöst werden von einer Vergütungsordnung, die die Mittelzuweisung an die Ärzte vom so genannten Versorgungsbedarf abhängig macht. Nicht mehr die Einnahmenentwicklung der Krankenkassen soll Maßstab sein für die Vergütungsentwicklung, sondern der sich aus der Leistungsentwicklung ergebende Finanzbedarf.

Die Spitzenverbände der Krankenkassen haben dieser Instrumentalisierung der Reform des EBM zur Durchsetzung honorarpolitischer Ziele nicht zugestimmt. Sie haben deutlich gemacht, dass die zurzeit gezahlten Gesamtvergütungen für die Finanzierung der medizinisch notwendigen Leistungen ausreichen. Es kann daher nicht Ziel oder Ergebnis der Reform des EBM sein, einen zusätzlichen Finanzbedarf in nicht vorhersehbarer Höhe auszulösen. Genauso wenig darf die EBM-Reform dazu missbraucht werden, die Versorgung der Versicherten mit ärztlichen

Leistungen massiv zu reduzieren, um auf diese Weise der Forderung nach zusätzlichem Geld mehr Nachdruck zu verleihen.

Die Spitzenverbände haben daher gefordert, die Reform des EBM nicht nur kostenneutral, sondern auch grundsätzlich leistungsneutral durchzuführen. Leistungsneutral bedeutet dabei nicht, dass bestehende Überversorgungen nicht abgebaut werden können. Es muss aber weiterhin gewährleistet sein, dass die Versicherten alle notwendigen Leistungen erhalten können. Der Auftrag zur Sicherstellung der vertragsärztlichen Versorgung muss uneingeschränkt bestehen bleiben.

Problematisch war und ist auch die Forderung der KBV nach betriebswirtschaftlicher Kalkulation der Leistungsbewertungen. Angesichts der außerordentlich unterschiedlichen Leistungs- und Kostenstrukturen in den einzelnen Arztpraxen wirft ein derartiges Vorhaben kaum lösbare methodische Probleme auf. Um überhaupt zu Ergebnissen zu kommen, muss vieles normativ entschieden werden. Die auf diese Weise ermittelten Kosten bzw. Bewertungen sind daher nicht empirisch abgeleitet, sondern Ergebnis eines Kalkulationsmodells und einer Reihe von nicht überprüfbaren Annahmen oder normativen Vorgaben.

Die Spitzenverbände der Krankenkassen lehnen Kalkulationen als Grundlage der Bewertungsfindung keineswegs ab. Das Problem besteht darin, dass die KBV die Kalkulationen für bare Münze nehmen bzw. bare Münze dafür einfordern will.

Aus Sicht der Spitzenverbände liegt hier ein grundsätzliches Missverständnis vor. Kalkulationen sind eine notwendige Grundlage für die Festlegung der relativen Bewertungen der Leistungen im EBM. Aus den Kalkulationen lassen sich aber keine Preise ableiten. Der Preis für die ärztlichen Leistungen muss auch weiterhin Gegenstand der Verhandlungen zwischen Krankenkassen und Kassenärztlichen Vereinigungen sein. Nur in solchen Verhandlungen kann den regionalen Unterschieden in den Kosten (z. B. im Verhältnis Ost/West) und in den Versorgungsstrukturen ausreichend Rechnung getragen werden.

Die unterschiedlichen Positionen von Ärzten und Krankenkassen konnten in den Verhandlungen über eine Vereinbarung zur Reform des EBM nicht völlig ausgeräumt werden. Es ist aber gelungen, eine Verfahrensweise abzustimmen, die sicherstellt, dass die Reform des EBM nicht zu einem Experiment mit offenem Ausgang wird. Erstmals wird ein neuer EBM vor seiner bundesweiten Einführung in ausgewählten Regionen erprobt. In einer Testphase von mindestens zwei Quartalen wird festgestellt, wie sich der neue EBM in der Praxis bewährt und wie er sich auf das Leistungsgeschehen und auf die Honorarforderungen der Ärzte und Arztgruppen auswirkt. Die bundesweite Einführung des neuen EBM wird erst erfolgen, wenn sichergestellt ist, dass die vereinbarten Ziele erreicht werden.

Themenkreis 3

Vergütungssysteme im stationären Bereich – Einführung

Gerhard Schulte

Sehr geehrte Damen und Herren, wir können die sehr interessante Diskussion zielgerichtet weiterführen, da sich ein Teil der Diskussionsbeiträge schon mit dem stationären Bereich beschäftigt hat. Es ist sicher sinnvoll, nicht aus dem Auge zu verlieren, dass das Thema unserer Tagung „Qualitätsorientierte Vergütungssysteme" lautet. Ich würde es deshalb begrüßen, wenn wir den Qualitätsaspekt auch entsprechend bei unserer Diskussion berücksichtigten.

Vor wenigen Tagen hat anlässlich der Vertragsunterzeichnung über den Einstieg in das DRG-System der Staatssekretär im Bundesministerium für Gesundheit festgestellt, dass das neue pauschalierende Vergütungssystem zu mehr Transparenz, Wirtschaftlichkeit und Leistungsorientierung führen wird. Einmal abgesehen davon, dass dies bei jeder Reform des Krankenhaus-Finanzierungsgesetzes gesagt worden ist, stellt sich doch die Frage, ob der Staatssekretär mit Leistungsorientierung eine qualitätsorientierte Leistung gemeint haben könnte, oder vielleicht sogar noch etwas weitergehend, eine ergebnisorientierte Qualität.

Erlauben Sie mir zur Einleitung einige, politisch vielleicht nicht ganz korrekte Fragen und Anmerkungen zum Thema. Der Weg vom tagesgleichen Pflegesatz zum DRG-System in der Krankenhausvergütung ist lang und beschwerlich. Es ging vorwärts und zurück. Fristen bei der Umsetzung von Fallpauschalen und Sonderentgelten wurden verlängert und aufgehoben. Die Selbstverwaltung hat den Stab nicht übernommen, den ihr die Gesundheitspolitik gereicht hat. Wird bei der Umsetzung des DRG-Systems jetzt alles anders und besser?

Manch einer mag sich fragen, ob der alte tagesgleiche Pflegesatz vor der ersten Einschränkung des Jahres 1988 nicht vielleicht das beste System gewesen ist, um Qualität zu produzieren, weil es faktisch keine Ausgabengrenzen gab. Die Krankenhäuser waren in der glücklichen Situation, nur am Ende eines Jahres die Zahl der Tage mit der Zahl der Betten und den Ausgaben in ein bestimmtes Verhältnis zu bringen und dann für das nächste Jahr einige Prozentpunkte oben heraufzusetzen; und schon war der Pflegesatz des folgenden Jahres unter Dach und Fach. Dies sind möglicherweise Jahre gewesen, in denen die Krankenhäuser Gelegenheit gehabt hatten darzulegen, dass sie qualitätsorientiert arbeiten und dies den Patienten und den Beteiligten im Gesundheitswesen in überzeugenderer Form klarzumachen, als es tatsächlich gelungen ist.

Meine zweite Anmerkung: Die Investitionsfinanzierung muss unstreitig Teil einer qualitätsorientierten Vergütung sein. Die Frage stellt sich aber, ob wir nicht gerade im Krankenhaus Gefahr laufen, Qualitätsverluste hinnehmen zu müssen. Ich darf nur daran erinnern, dass 1998 in Nordrhein-Westfalen 7.311 DM pro Planbett zur Verfügung gestellt wurden, in Bayern 16.768 DM und in Mecklenburg-Vorpommern 28.178 DM. Da liegen Welten dazwischen, und das hat mit Sicherheit in absehbarer Zeit Bedeutung für die Qualität der Krankenhausversorgung in Nordrhein-Westfalen und in einigen anderen Ländern. Es stellt sich natürlich die Frage, ob nicht spätestens im Jahre 2003 auch die bisher immer gescheiterte Reform der Investitionsfinanzierung zu einem befriedigenden Abschluss gebracht werden muss. Wenn man allerdings an einer Investitionsfinanzierung durch annähernd zahlungsunfähige Länder festhält und dies auch noch von Seiten der Krankenhausgesellschaften für eine politisch kluge Idee hält, müsste man nicht wenigstens die Investitionsförderung auf Fälle und Fallgruppen beziehen und nicht auf die Versorgungsstufe?

Wie sieht es weiterhin aus mit der Einbindung der neuen Entgeltsysteme in den Grundsatz der Beitragssatzstabilität? Ich habe bisher nicht gehört, auch wenn das am ersten Abend dieser Gesprächsrunde schon gefordert worden ist, dass sich die Politik der Forderung einer Abschaffung des Grundsatzes der Beitragssatzstabilität genähert hätte. Wir müssen wohl eher davon ausgehen, zum Zeitpunkt der Einführung des neuen Entgeltsystems den Grundsatz der Beitragssatzstabilität in der heutigen Form noch im SGB V vorzufinden. Wie sieht es aus mit den Modalitäten zur prospektiven Vereinbarung des Leistungsspektrums in der klassischen Form? Auf welchen Grundlagen werden in Zukunft die Budgetverhandlungen geführt? Gibt es möglicherweise mit der Einführung der DRG-Vergütungen eine Globalbudgetierung des Sektors Krankenhaus auf Landesebene? Und welche Rolle spielt bei all dem die Qualitätsorientierung?

Schließlich gestatte ich mir die Frage zu einem wenig diskutierten Thema: Welchen Einfluss hat die Privatliquidation der Chefärzte auf die Qualitätsorientierung der ärztlichen Leistungen in deutschen Krankenhäusern? Die Privatliquidation wird von Krankenhausträgern häufig als Rettungsanker in einem schwierigen Finanzierungssystem verstanden. Ihr Zugriff auf die Privatliquidation hat eine gesetzliche Grundlage ebenso wie die Beteiligung der Mitarbeiter hieran. Welche Folge allerdings die

Tatsache hat, dass leitende Ärzte im Durchschnitt ca. 2/3 ihres Einkommens außerhalb des vertraglichen Vergütungssystems erzielen, ist gerade für die gesetzliche Krankenversicherung und ihre Mitglieder eine immer wichtigere Frage. Ansätze zur Zwei-Klassen-Medizin in Deutschland haben hier eine mitentscheidende Ursache. Auch ist mir bisher verschlossen geblieben, zumal ich 15 Jahre darunter zu leiden hatte, dass der BAT, der für Krankenhausmitarbeiter weitgehend Anwendung findet, eine leistungsorientierte Vergütung ist. Der Zusammenhang zwischen qualitätsorientiertem Handeln und leistungsgerechter Vergütung scheint den Tarifparteien im öffentlichen Dienst nicht ausreichend vermittelbar zu sein. Es wundert deshalb wenig, wenn der Anteil der privaten Krankenhausträger ständig steigt. Dass freigemeinnützige Träger ohne Not am BAT festhalten, wird auch sie in Bedrängnis führen. Bei wachsendem Wettbewerb zwischen stationären und ambulanten Diensten wird diese unterschiedliche Ausgangssituation an Bedeutung gewinnen.

Die Angleichung der Vergütungssysteme im stationären und ambulanten Bereich ist heute schon diskutiert worden. Die Frage ist nicht, ob eine zu weit gehende Angleichung der Vergütungssysteme qualitätshemmend ist, vielmehr werden wettbewerbliche Strukturen beider Bereiche durchaus qualitätsfördernd sein.

Herr Lohmann wird ausschließlich über das Krankenhaus als Gesundheitszentrum referieren. Mir stellt sich in diesem Kontext die Frage, ob sich die Krankenhäuser damit abfinden können, dass von niedergelassenen Ärzten geleitete Praxiskliniken ebenfalls als Gesundheitszentren in den Markt eintreten, und zwar außerhalb der Landeskrankenhausplanung. Ein solcher überfälliger Schritt wird Qualität und Wirtschaftlichkeit fördern, die Wahlfreiheit der Patienten erweitern und auch die beruflichen Perspektiven qualifizierter Ärzte verbessern, die heute teilweise im Krankenhaus gefangen sind.

Schließlich, gestatten Sie mir noch eine Frage: Muss Qualität in der Medizin eigentlich zusätzlich bezahlt werden? Das ist jedenfalls eine verbreitete Forderung. Ich rufe in Erinnerung, dass der Einstieg qualitätssichernder Maßnahmen im Krankenhaus nicht dazu geführt hat, Qualitätssicherung als selbstverständlichen Teil des Preises zu verstehen, sondern sie musste zusätzlich bezahlt werden. Diejenigen, die vor Ort, in welchem Bereich auch immer, verhandeln, sind sehr häufig mit Forderungen konfrontiert, qualitätsorientierte Entwicklungen, die geeignet sind, die Versorgung der Versicherten zu verbessern, auf den Preis aufzuschlagen. Der Eindruck ist berechtigt, dass gesetzliche Krankenversicherungen offensichtlich mit dem normalen Preis für eine Leistung die Qualität nicht mit einkaufen, sondern gesicherte Qualität, orientiert an Leitlinien, zusätzlich bezahlen müssen.

Das alles sind meines Erachtens interessante Fragen für den zweiten Teil unseres heutigen Themas, und ich darf als ersten Herrn Heinz Lohmann begrüßen, der, wie schon angekündigt, zum Krankenhaus als wettbewerbsfähigem Gesundheitszentrum referieren wird.

Das Krankenhaus als wettbewerbsfähiges Gesundheitszentrum

Heinz Lohmann

Am Beginn des 21. Jahrhunderts sind wir in einer Situation, die sich von derjenigen unterscheidet, in der sich ansonsten im gesellschaftlichen Prozess Manager, Funktionäre, Politiker und andere Menschen, die etwas bewegen, befinden. Sicher bin ich mir, dass die Informationstechnologie einen Umbruch mit sich bringt; die Biotechnologie noch viel mehr, gerade was das Thema Medizin angeht. Die jetzige Umbruchsituation, davon bin ich überzeugt, ist durchaus vergleichbar mit der Industrialisierung zu Beginn des 19. Jahrhunderts. An bestimmten Eckpunkten kann man dies, wie Sie meinen folgenden Ausführungen entnehmen werden, auch festmachen.

Zunächst möchte ich Ihnen jedoch den Hintergrund erläutern, vor dem ich meine Ausführungen mache:

Die LBK Hamburg Gruppe ist das zweitgrößte Krankenhausunternehmen Deutschlands und eines der größten Europas. Zur Unternehmensgruppe gehören heute sieben Krankenhäuser, vor acht Jahren waren es noch zehn. Ein Krankenhaus wurde geschlossen, zwei Krankenhäuser wurden unternehmensintern und ein weiteres Haus mit einem Mitbewerber fusioniert. Vor acht Jahren gehörten drei Servicebetriebe zum Unternehmen, heute sind es über 20 solcher Betriebe, Tochtergesellschaften und Beteiligungen.

Mit 13.000 Mitarbeiterinnen und Mitarbeitern ist der LBK Hamburg der beschäftigungsstärkste Betrieb in Hamburg und damit ein nicht unbedeutender Wirtschaftsfaktor der Stadt. Allerdings haben wir heute aber auch fast 3.000 Beschäftigte weniger als Mitte der 90er Jahre.

Wenn man heutzutage die Diskussionen um die Veränderungen auf dem Gesundheitssektor verfolgt, liegt die Vermutung nahe, diese Prozesse seien politikgetrieben. Nicht ganz ohne das Zutun der Politiker übrigens, denn diese tragen dazu bei, in dem sie mindestens in Drei-Jahres-Schritten gesetzliche Änderungen herbeiführen, die mit dem Stichwort „Jahrhundertgesetz" belegt werden. Tatsächlich betreibt jedoch nicht vornehmlich die Politik die Veränderungsprozesse im Gesundheitswesen, diese sind vielmehr im Wesentlichen ökonomie-, ja technikgetrieben.

In unserem Unternehmen haben wir uns Mitte der 90er-Jahre daher mit der Frage beschäftigt, wie – und vor welchem Hintergrund – grundlegende strategische Entscheidungen zu fällen sind, um als Betrieb Wettbewerbsfähigkeit zu erreichen. Wir haben uns zwei Dinge angeschaut: Die Kundenseite und die Mitbewerbersituation. Beides sind für wirtschaftlich handelnde Betriebe wichtige Parameter. Bei den Kunden besahen wir uns die Ausschnitte „Patient" und „Finanzier". Ganz wichtig sind als Kunden natürlich auch die niedergelassenen Ärzte als Einweiser ins Krankenhaus, aber ich konzentriere mich hier auf die Patienten und auf die Finanziers.

Die Patientenzahlen im LBK Hamburg steigen in den letzten Jahren stetig an. Zum einen werden die Menschen rein populationstechnisch gesehen immer älter; zum anderen gibt es immer mehr Möglichkeiten der Medizin, die in Anspruch genommen werden. Das ist eine allgemeine Entwicklung im Krankenhaussektor.

Wir haben aber auch die Situation – und das ist der fundamentale Punkt – dass sich der Finanzier, die Krankenversicherung, in einer ganz neuen Situation befindet. Im Nachkriegsdeutschland konnte mit einem gewissen „timelag" davon ausgegangen werden, dass die Beschäftigung mit der Konjunkturentwicklung anzieht und damit auch die Finanzierung der sozialen Krankenversicherung gesichert war. Mit der Konjunkturentwicklung zu Beginn der 90er-Jahre war gerade dies nicht mehr der Fall. Trotz anziehender Konjunktur sank erstmals die Zahl der abhängig Beschäftigten. Gründe hierfür sind die veränderte Situation auf dem Arbeitsmarkt, aber auch die beginnende Entwicklung in der Informationstechnologie. Dies ist eine fundamentale Veränderung, die auch zu ganz neuen Unternehmenskonzepten im Krankenhausbereich und auf dem Gesundheitssektor insgesamt führen muss.

Wenn das Potential an Arbeitskräften abnimmt, dann muss auch klar sein, dass es sich dabei nicht um eine vorübergehende Situation handelt. Für die Krankenhäuser bedeutet das – und in Metropolregionen wie Hamburg lässt sich dies auch eindeutig belegen – einen immer stärker werdenden Wettbewerb; nicht nur über Leistung und Qualität wie in der Vergangenheit, sondern auch über den Preis.

Heute haben wir eine Verweildauer von zehn Tagen; diese jedoch wird in den kommenden Jahren sinken. Ich rechne damit, dass die Verweildauer mit den veränderten Finanzierungssystemen Mitte dieses Jahrzehnts bei sechs bis sieben Tagen liegen wird. Das heißt, 30 bis 40 % der Kapazitäten, die heute noch im Krankenhausbereich vorhanden sind, werden dann am Markt nicht mehr nötig sein. Vor diesem Hintergrund wird sich der Wettbewerbsprozess in der nächsten Zeit deutlich verschärfen.

Meine Damen und Herren, Sie erinnern sich: Mitte der 90er-Jahre galt vor dem Hintergrund einer scharfen Kostendiskussion im Gesundheitswesen die Parole „Die Krankenhäuser in Hamburg sind die Kostentreiber der Nation". Grund genug für uns, sich die Frage zu stellen, wo wir denn eigentlich tatsächlich mit unseren Preisen stehen. Dass wir erhebliche Kostenprobleme hatten, war klar. Aber wir haben uns immer damit getröstet, dass wir auch ein ganz außergewöhnliches Leistungsgeschehen in unseren Krankenhäusern haben. Klar war uns aber auch, dass eine Hochpreispolitik auf Dauer nicht haltbar sein würde. Damals beschlossen wir die Einführung der DRGs und nutzen diese seit 1996. Drei Gründe gab es, die uns veranlassten auf DRGs zurückzugreifen: Erstens für die Budgetverteilung. Seit 1996 erhalten die Krankenhäuser des LBK Hamburg intern ihr Budget nicht mehr vor dem Hintergrund des Finanzierungssystems in Deutschland, sondern vor dem ihres Leistungsgeschehens – und zwar vollständig DRG-bezogen. Wir haben DRGs zweitens als internes Managementsystem eingesetzt, um über Zielvereinbarungen mit den einzelnen Krankenhausleitungen Kostenziele festzulegen und zu erreichen. Drittens haben wir DRGs zur Analyse der Wettbewerbsfähigkeit der einzelnen Krankenhäuser eingesetzt – aber auch unseres Krankenhausunternehmens insgesamt.

Innerhalb von drei Monaten wurden die DRGs „quick and dirty" eingeführt. Insofern unterscheiden wir uns auch von der langwierigen Diskussion, die jetzt bundesweit um die Einführung eines leistungsbezogenen Entgeltsystems und dessen Ausgestaltung geführt wird. Die Ergebnisse unserer Aktivitäten kann ich Ihnen präsentieren. Ich tue dies auch sehr gern, um zu verdeutlichen, dass der LBK Hamburg mit seinen Krankenhäusern heute ein Preis-Leistungsniveau erreicht hat, das im Bundesdurchschnitt liegt. Eine Diskussion um die angeblich immer noch zu hohen Krankenhauskosten in Hamburg entbehrt daher jeder Grundlage.

Seit Einführung der DRGs haben wir die Preise im LBK Hamburg um rund 25 % reduzieren können. Kommend von einer „baserate" in Höhe von durchschnittlich 5.100 DM, liegt diese nunmehr im Unternehmen im Jahr 2000 bei rund 4.100 DM und damit im Bundesdurchschnitt. Auf diese Höhe der bundesdurchschnittlichen „baserate" habe ich bereits auf mehreren Veranstaltungen hingewiesen, und man hat mir bisher nie widersprochen. Für alle Beteiligten, Krankenhäuser und Krankenkassen, ist die Frage der Höhe der „baserate" ein wichtiger und zentraler Punkt, um darauf ihre interne Steuerung und ihr Management abstellen zu können. Denn eins ist klar: Im Jahr 2003/2004 kommt die Stunde der Wahrheit für beide Seiten. Dann wird auch auf Seiten der Krankenversicherer deutlich werden, dass die Aussage, die eigenen Probleme kämen von den Kosten der anderen, nicht immer tragfähig ist.

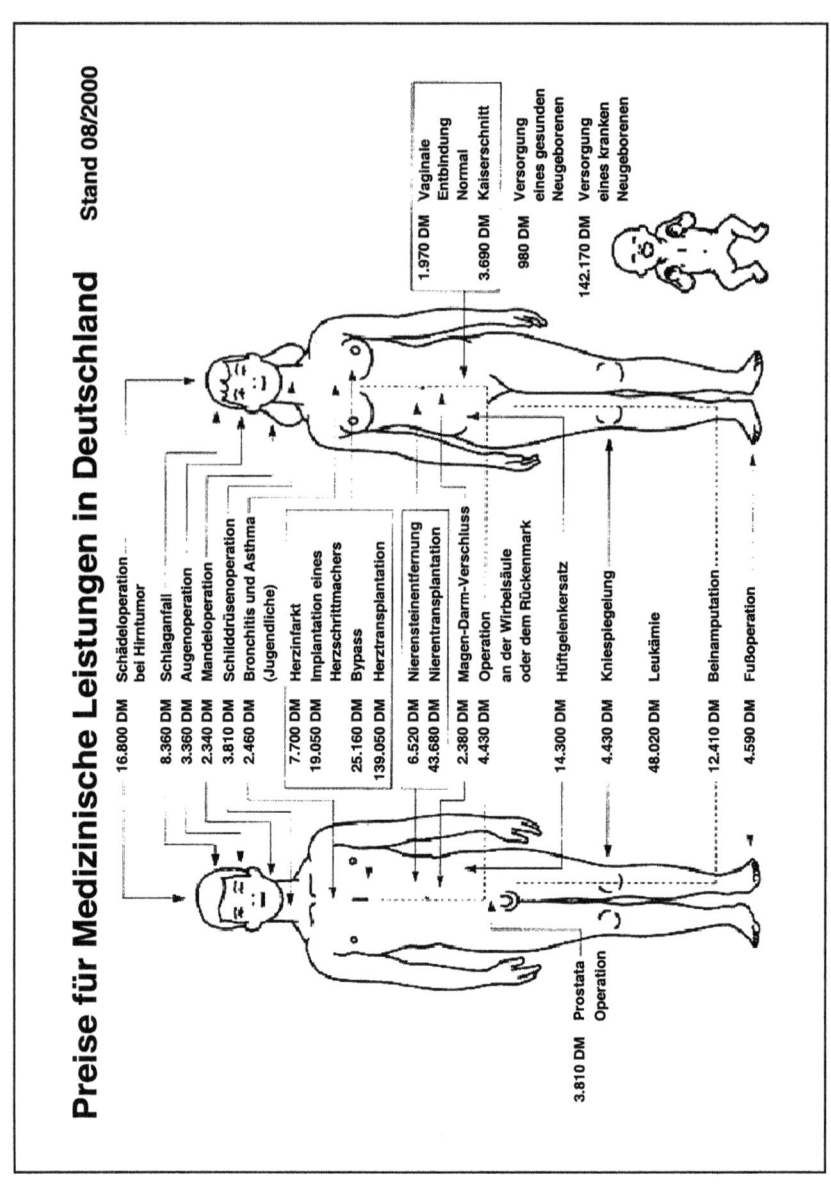

Unterstellt man eine „baserate" von 4.100 DM, so lassen sich Preise für einzelne Krankenhausleistungen unter Verwendung der DRG-Gewichtungen berechnen (Abbildung 1). Der Preis für die Versorgung eines gesunden Neugeborenen läge bei rund 1.000 DM; der für die Versorgung eines kranken Neugeborenen, mit der umfassendsten und längsten neonatologischen Versorgung, bei mehr als 140.000 DM. Es müssten also 140 gesunde Neugeborene behandelt werden, um den gleichen Preis zu erzielen, wie bei einem schwerkranken Neugeborenen.

Abbildung 1

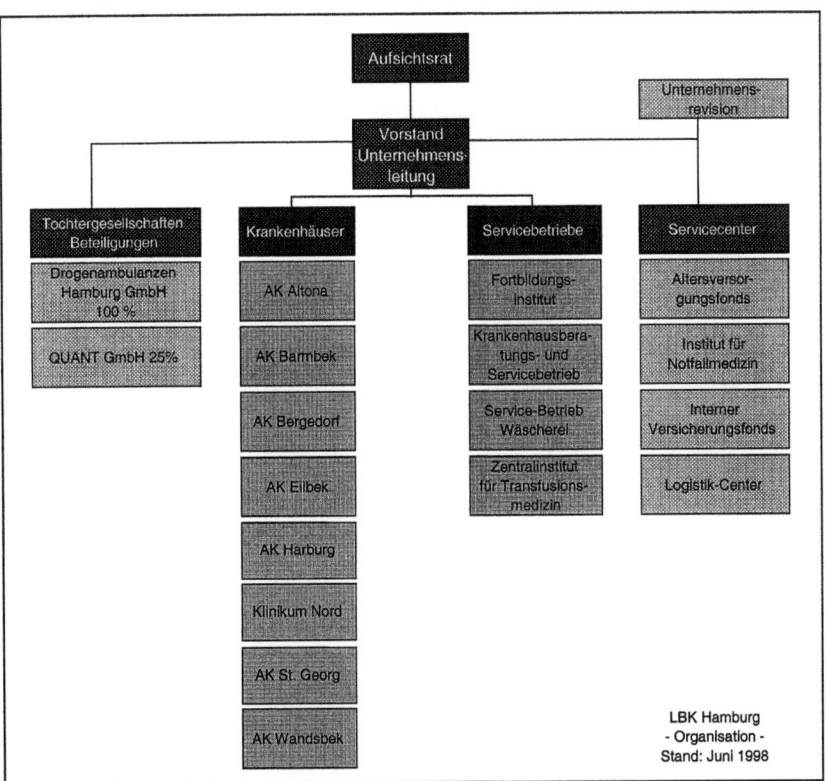

Im LBK Hamburg haben wir die Absenkung unserer Preise um 25 % geschafft, indem wir ein intensives Modernisierungs- und Rationalisierungsprogramm gefahren haben, das sich im Wesentlichen nicht von ähnlichen Programmen in anderen Branchen unterschieden hat. Denn im Gesundheitswesen funktioniert vieles genauso, wie es anderswo funktioniert.

Insgesamt haben wir uns stark in Richtung Unternehmensbildung hin entwickelt. Ich bin davon überzeugt, dass Einzelkrankenhäuser klassischen Typs in den kommenden Jahren mehr und mehr in den Hintergrund gedrängt werden. Wenn man sich die Entwicklung im privaten Krankenhausmarkt ansieht, findet man dies bestätigt, denn dort ist eine starke Unternehmensbildung im Gange. Konzentrationsprozesse und Allianzentwicklungen werden daher den Krankenhausmarkt der Zukunft prägen. Im LBK Hamburg sind diese Prozesse und Entwicklungen in vollem Gange. Die Servicebereiche wurden aus den Krankenhäusern herausgenommen und in Servicecenter, -betriebe und Tochterunternehmen überführt. Damit hat sich die Unternehmensstruktur (Abbildung 2) grundlegend geändert. Parallele Entwicklungen derartiger Unternehmensstrukturen, mit neu gebildeten Kerngeschäften, findet man derzeit nicht nur in anderen großen Unternehmen des Krankenhausmarktes, sondern sie haben in vielen anderen Branchen schon längst stattgefunden. Im LBK Hamburg modernisieren wir also die eher patientenfernen Bereiche unserer Krankenhäuser, indem wir sie mit einem professionellen Management ausstatten und in neue Strukturen im Unternehmen überführen.

Abbildung 2

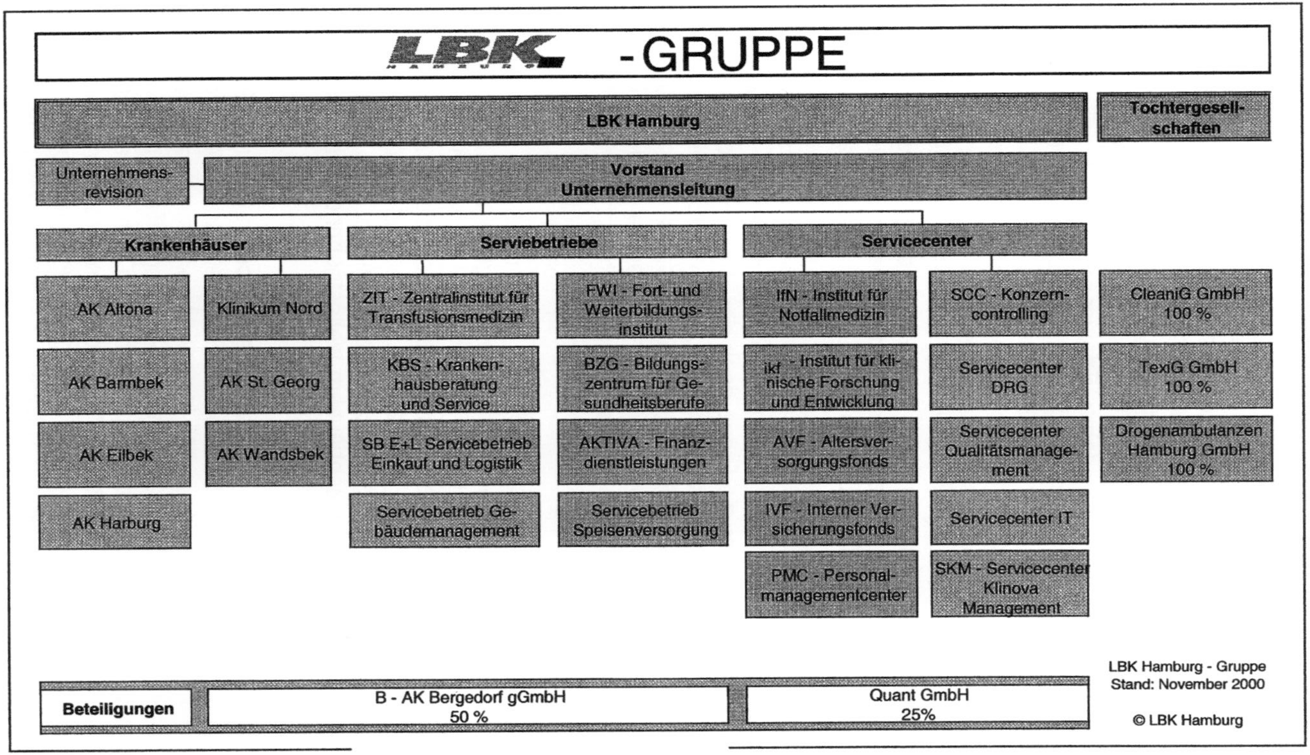

LBK -GRUPPE

LBK Hamburg

Vorstand Unternehmensleitung

Unternehmensrevision

Krankenhäuser
- AK Altona
- Klinikum Nord
- AK Barmbek
- AK St. Georg
- AK Eilbek
- AK Wandsbek
- AK Harburg

Servicebetriebe
- ZIT - Zentralinstitut für Transfusionsmedizin
- KBS - Krankenhausberatung und Service
- SB E+L Servicebetrieb Einkauf und Logistik
- Servicebetrieb Gebäudemanagement
- FWI - Fort- und Weiterbildungsinstitut
- BZG - Bildungszentrum für Gesundheitsberufe
- AKTIVA - Finanzdienstleistungen
- Servicebetrieb Speisenversorgung

Servicecenter
- IfN - Institut für Notfallmedizin
- ikf - Institut für klinische Forschung und Entwicklung
- AVF - Altersversorgungsfonds
- IVF - Interner Versicherungsfonds
- PMC - Personalmanagementcenter
- SCC - Konzerncontrolling
- Servicecenter DRG
- Servicecenter Qualitätsmanagement
- Servicecenter IT
- SKM - Servicecenter Klinowa Management

Tochtergesellschaften
- CleaniG GmbH 100 %
- TextiG GmbH 100 %
- Drogenambulanzen Hamburg GmbH 100 %

Beteiligungen
- B - AK Bergedorf gGmbH 50 %
- Quant GmbH 25%

LBK Hamburg - Gruppe
Stand: November 2000
© LBK Hamburg

Die Phase der Neustrukturierung der Servicebereiche im LBK Hamburg ist zwischenzeitlich weitestgehend abgeschlossen. Daher beschäftigen wir uns jetzt mit dem Medizinbetrieb an sich. Zum einen, indem wir auch hier in einen Konzentrationsprozess eingetreten sind, und zum anderen, indem wir zusätzliche Geschäftsfelder erschließen. Im Zentrum unserer Anstrengungen steht vorrangig die Frage, wie man die Prozesse im Medizinbetrieb umgestalten kann. Dies ist eine große Herausforderung, denn hier wirkt die „100 Jahre Erfolgsgeschichte Krankenhaus" am stärksten nach. Wir stellen uns jedoch dieser Herausforderung und bearbeiten das Thema unter dem Programm KLINOVA. KLINOVA befasst sich mit der Entwicklung geplanter Behandlungsabläufe, der Reorganisation der OP-Bereiche und der Zentralen Notaufnahme, der Entwicklung eines Behandlungsstufenkonzeptes, bestehend aus Intensiv-, Intermediate-Care, Stationär I und Stationär II sowie der Abkehr von Fachabteilungen hin zu Zentren. Gerade das Thema „Zentrumsbildung" ist natürlich geeignet, die Wogen auch innerhalb des Unternehmens hoch schlagen zu lassen.

Abschließend möchte ich noch drei Erfolgsfaktoren für die Zukunft ansprechen: Der eine ist die Frage nach der Bandbreite der Betriebsziele für moderne Gesundheitsunternehmen, der Allianzfähigkeit und letztlich auch der Kapitalbasis. Gerade die Kapitalbasis stellt heute für viele Krankenhäuser ein Problem dar, weil ihr in der Vergangenheit keine Beachtung geschenkt wurde; weder bei den kirchlichen noch bei den öffentlichen Häusern.

Neben den klassischen Aufgaben, die im Krankenhaus erledigt werden, wird es immer wichtiger werden, Verknüpfungen herzustellen, insbesondere zum Bereich Rehabilitation. Wellness ist da schon ein schwierigeres Thema. Aber es ist auch ein spannendes, denn ältere Menschen sind heute Willens und in der Lage, in den nächsten zehn bis fünfzehn Jahren viele Gesundheitsangebote selbst zu finanzieren. Das ist ein Bereich, der bisher an Krankenhäusern weitestgehend vorbeigegangen ist, den es jedoch zu erschließen gilt.

Wichtiges zweites Thema ist der Bereich Forschung und Entwicklung, der in der Vergangenheit oft eher mit Skepsis betrachtet wurde. Wir haben vor zweieinhalb Jahren ein kleines Unternehmen eröffnet, das „Institut für klinische Forschung und Entwicklung". Es war zunächst dazu gedacht, klinische Forschung zu erleichtern. Doch es hat sich innerhalb kürzester Zeit zu einem „Renner" entwickelt und eine Umsatzentwicklung gemacht, die zwar – gemessen am Gesamtunternehmen – immer noch klein ist, aber eine unheimliche Dynamik entfacht. Darin stecken sicherlich noch erhebliche Chancen.

Der dritte Punkt ist die Allianzfähigkeit: Immer wieder gab es die Hoffnung oder den Wunsch an den Gesetzgeber, er möge endlich Rahmenbedingungen schaffen, die Entwicklungen auf diesem Feld zulassen. Ich habe da keine großen Hoffnungen mehr. Aber ich sehe durchaus Möglichkeiten, unternehmerisch mit dem Thema umzugehen: Indem Plattformen geschaffen werden, auf denen sich sowohl Krankenhäuser als auch Anbieter aus ambulanten oder Rehabereichen zusammen tun, um sich in Richtung Gesundheitsunternehmen zu entwickeln.

Wir haben für alle diese Felder Interessenten. Ich erlebe das besonders im ambulanten Bereich in den vergangenen Monaten immer stärker. Aus diesem Sektor treten unternehmerisch tätige Ärzte an uns heran und wollen mit uns kooperieren. Ich sehe hier durchaus eine Chance, stärker zusammen zu wirken: Also nicht „Company" zu sein, sondern „Campus" zu werden, auf dem unterschiedliche Unternehmen in unterschiedlichen Rechtsformen kooperieren. Krankenhäuser können dabei eine aktive Rolle spielen. Sie sollten Plattform sein und Management anbieten.

Mit Interesse verfolgen wir die Entwicklungen auf dem Gesundheitsmarkt in Deutschland und in Europa. Krankenhäuser, die es nicht verstehen, sich aktiv am Veränderungsprozess zu beteiligen, werden es zukünftig schwer haben, am Markt zu bestehen. Der LBK Hamburg agiert aktiv, und hat sich, da bin ich sicher, eine gute Ausgangsposition geschaffen.

Zur Eignung und Übertragung amerikanischer Modelle auf deutsche Verhältnisse

Karl W. Lauterbach/Markus Lüngen

Einleitung

Eine große Gefahr bei einer so radikalen Veränderung, wie sie im deutschen Krankenhaussektor bald stattfinden wird, ist die ausschließliche Konzentrierung auf technische Details der Einführung. Darüber kann die notwendige Qualitätsdiskussion in den Hintergrund geraten. Diese Erfahrung wird auch in anderen Ländern gemacht, wo die anstehenden Probleme bei der Einführung neuer Vergütungsformen die Diskussion um die Versorgungsqualität vollständig überlagert hat.

Die Klärung technischer Details ist natürlich auch wichtig. Insbesondere sollte auf die Erfahrungen in anderen Ländern zurückgegriffen werden. Wie Abbildung 1 zeigt, sind in fast allen Industriestaaten bereits Erfahrungen mit DRG-Systemen gesammelt worden.

Abbildung 1: Überblick über Einsatzzweck und Verbreitung von DRG-Systemen in verschiedenen Ländern

Land	Einführungsjahr	Eingesetztes System	Einsatzzweck der DRGs	Verbreitungsgrad im Land	Verbreitungsgrad im Krankenhaus
Australien	1986 / 1993	AN-DRGs, AR-DRGs	Vergütung, Budgetierung, Qualitätssicherung, Krankenhausplanung	Regionen	
Belgien	1990	AP-DRGs / APR-DRGs	Vergütung, Budgetierung, Qualitätssicherung, internes Management	100 % Akutkrankenhäuser	
Dänemark	2000	North-DRGs	Abgleich der Vergütung zwischen Regionen	regional	10 %
Finnland	1987	Fin-DRGs, North-DRGs	Abrechung, externes Benchmarking, interne Budgetierung	50 %	regional
Frankreich	1996	GHM	Budgetierung, internes Management	100 % geplant	100 % (ohne Langzeitaufenthalte)
Großbritannien	1991 / 1992	HRG / HBG	Budgetermittlung, Betriebsvergleiche	100 %	100 %

Land	Einführungsjahr	Eingesetztes System	Einsatzzweck der DRGs	Verbreitungsgrad im Land	Verbreitungsgrad im Krankenhaus
Irland	1990	HCFA-DRGs	Budgetierung	50 % (100 % geplant)	100 %
Italien	1995	HCFA-DRGs	Budgetierung	über 75 %	über 75 %
Kanada	1989	CMG, APR-DRGs	Budgetierung, Abrechnung, interne Kostenkontrolle	Regionen	
Neuseeland	1998	AN-DRGs	Budgetierung	Regionen	
Niederlande	2003	DBC	Budgetierung, Preisverhandlungen	100 % angestrebt	75 %
Norwegen	1997	Norsk-DRGs (North-DRGs)	Budgetierung, Abrechnung geplant		50 % (100 % geplant)
Österreich	1995	LKF	Abrechnung	100 %	100 %
Portugal	1991	HCFA-DRGs	Budgetierung	95 %	50 %
Schweden	1992	North-DRGs, HCFA-DRGs, AP-DRGs	Budgetierung, Vergütung	50 %	
Schweiz	1998	AP-DRGs Schweiz	Kapazitätsplanung	Projekte	
Spanien		HCFA-DRGs	Budgetplanung	Projekte	
USA	1983	HCFA-DRGs, AP-DRGs, APR-DRGs	Abrechnung, Qualitätssicherung	100 %	40 – 90 %

Quelle: Lüngen M, Lauterbach K. Nutzung von Diagnosis-Related Groups (DRG) im internationalen Vergleich. Der Chirurg 2000;71:1288-1295

Das Besondere der Einführung in Deutschland ist, dass die Umsetzung für alle Krankenhäuser und für alle zu kodierenden Fälle gilt. Es gibt kein Land, wo dies jemals umgesetzt worden wäre.

Auch das australische AR-DRG-System, welches die Grundlage für das in Deutschland zu entwickelnde System darstellt, wird nicht flächendeckend in seinem Heimatland eingesetzt. Vielmehr beschränkt sich der Einsatz auf Regionen und dort auf wenige Krankenhäuser. Daher ist auch die Datenbasis für die Entwicklung des Systems in Australien nicht sehr breit gewesen.

Der Zeitplan der Einführung der DRGs in Deutschland

Für Deutschland bedeutet dies, dass eventuell umfangreiche Anpassungen zu tätigen sind. Der Gesetzgeber hat hierfür einen engen Zeitplan aufgestellt. Bereits bis Ende des Jahres 2002 müssen alle Anpassungen abgeschlossen sein, damit zu Beginn des Jahres 2003 die DRG-basierte Vergütung in Deutschland starten kann.

Im Wesentlichen müssen 3 Hürden bewältigt werden:

a) Der deutsche Codierschlüssel für Diagnosen ICD-10 muss im Hinblick auf Kompatibilität mit dem australischen Schlüssel geprüft und angepasst werden. Ebenso ist der deutsche Codierschlüssel für Operationen und Prozeduren (OPS-301) zu erweitern.

b) Die australischen AR-DRGs müssen im Hinblick auf ihre Zuschneidung überprüft werden. Eventuell sind in Deutschland abweichende Behandlungsmethoden vorherrschend, die eine Zusammenlegung oder Teilung von australischen DRGs ratsam erscheinen lassen.

c) Die Relativgewichte als Ausdruck der Unterschiede in den Behandlungskosten zwischen den DRGs müssen neu kalkuliert werden. Es ist sehr wahrscheinlich, dass in Australien aufgrund abweichender Personalkosten etc. die Übernahme der dortigen Relativgewichte nicht ratsam erscheint.

Die Punkte b) und c) sind nur mithilfe der deutschen Kalkulationsdaten zu prüfen. Dazu muss ein Kalkulationshandbuch erstellt werden, welches den Krankenhäusern vorgibt, wie fallbezogen Kostendaten zu ermitteln sind. Der Zeitplan sieht vor, dass die Daten des gesamten Jahres 2001 erhoben werden und im Jahr 2002 analysiert werden.

Der Aufbau der australischen AR-DRGs als Vorgabe für Deutschland

Wie alle DRG-Systeme stammen auch die australischen DRGs von den amerikanischen Systemen ab. So wird auch bei den australischen AR-DRGs auf der Grundlage der Diagnose und den erbrachten Prozeduren vergütet. Einzelleistungsvergütungen oder Tagespauschalen entfallen vollständig.

Die australischen AR-DRGs stellen ein DRG-System der vierten Generation dar. Die ersten Generationen der DRG-Systeme aus den 70er-Jahren hatten kaum eine Messung der Fallschwere vorgenommen. Es konnte lediglich die Entscheidung „mit Komorbidität/Komplikation" oder „ohne Komorbidität/Komplikation" getroffen werden. Die Systeme der dritten Generation begannen mit einer hierarchischen Gliederung der Fallschweren, indem nicht nur eine Ja/Nein-Entscheidung getroffen wurde, sondern für jede Diagnose mehrere Stufen der Fallschwere abgebildet wurden. Zudem konnte der Einfluss jeder Nebendiagnose je nach Hauptdiagnose unterschiedlich hoch ausfallen. Auch die aus den australischen AR-DRGs abgeleiteten deutschen G-DRGs werden dieser vierten Generation angehören.

Allerdings können weder die australischen noch die deutschen DRGs die Morbidität eines Patientenfalles abbilden. Der ermittelte Schweregrad bezieht sich immer auf die Kosten der Behandlung, nicht auf die Schwere der Erkrankung. Zwar besteht häufig ein Zusammenhang zwischen Fallkosten und Morbidität, jedoch ist dies nicht zwangsläufig so. Es ist denkbar, dass eine DRG mit geringen Durchschnittskosten der Behandlung multimorbide Patientenfälle umfasst. Da diese eine hohe Mortalität aufweisen, liegen die Fallkosten eventuell nur im unteren Bereich. Das einzige DRG-System zur Messung der Mortalität sind die APR-DRGs, welche zudem noch stärker untergliedert sind als die australischen AR-DRGs.

Die Zuweisung einer DRG erfolgt bei den AR-DRGs im ersten Schritt über die Ermittlung einer Hauptdiagnosegruppe (Major Diagnostic Categorie, MDC) anhand der Hauptdiagnose. Die Gliederung der Hauptdiagnosegruppen orientiert sich in etwa an den Fachgruppen im Krankenhaus. Innerhalb der Hauptgruppe erfolgt eine Verzweigung in die DRGs, welche die Erbringung einer Prozedur in einem Operationssaal voraussetzen, sowie in jene, die keinerlei Prozedur aufweisen. Als Besonderheit weisen die australischen DRGs eine dritte Gruppe von DRGs auf, die zwar eine Prozedurerbringung voraussetzen, diese Prozedur jedoch nicht in einem Operationssaal erbracht wird. Wiederum innerhalb dieser Gliederung werden typische Behandlungen als Basis-DRGs nach medizinischen Kriterien eingeteilt. Insgesamt gibt es rund 402 dieser Basis-DRG in Australien. Ein Beispiel wäre die Schlaganfallbehandlung als Basis-DRG innerhalb der Hauptgruppe der Erkrankungen des Nervensystems und der nicht-invasiven Eingriffe ohne Erbringung einer Prozedur.

Unterhalb dieser Basis-DRG werden verschiedene Fallschweren eingerichtet, wenn sich Fallkosten innerhalb der Basis-DRG zu inhomogen verteilen. Maximal sind vier Fallschweren innerhalb einer Basis-DRG möglich. Die Unterscheidung erfolgt durch Buchstaben von A bis D, wobei A die schwerste und D die leichteste Fallschwere ist. Falls eine Basis-DRG überhaupt keine Untergliederung benötigt, wird ein Z zugeordnet. Durch die Fallschweregliederung wachsen die 402 Basis-DRGs auf 661 AR-DRGs an. Daraus wird deutlich, dass die weitaus meisten Basis-DRGs überhaupt keine weitere Untergliederung aufweisen.

Welche der Schweregrade (falls vorhanden) zum Zuge kommt, bestimmt sich nach komplexen Algorithmen. Dazu werden sämtlichen Nebendiagnosen aus umfangreichen statistisch ermittelten Tabellen Werte auf einer fünfstufigen Skala zugeordnet. Diese Werte über alle Nebendiagnosen werden gewichtet und gemäß einer mathematischen Formel zu einem Wert kondensiert. In Verbindung mit Alter, Geschlecht und Geburtsgewicht (in der Neonatologie) des Patienten wird die endgültige Fallschwere, also A bis D, der DRG ermittelt. Es kann jedoch auch sein, dass die gesamte Berechnung überflüssig ist, falls die Basis-DRG nur eine einzige Fallschwere („Z") zugeordnet hat.

Der Vorteil des Systems liegt in einer gewissen Stabilität gegenüber Fehlcodierungen der Nebendiagnosen. Abbildung 2 zeigt, dass nicht jede zusätzliche Nebendiagnose automatisch eine höhere Fallvergütung bedeutet. In der ersten Spalte ist der Gesamtschweregrad aus allen Nebendiagnosen aufgelistet. Er kann ebenfalls die Werte auf einer fünfstufigen Skala umfassen. In den Spalten dahinter ist angegeben, welche Fallschweren die Nebendiagnosen aufweisen müssen, um eine bestimmte Gesamtfallschwere zu erreichen.

Abbildung 2: Zusammenführung der Schweregrade aller Nebendiagnosen zu einem Gesamtschweregrad des Falles

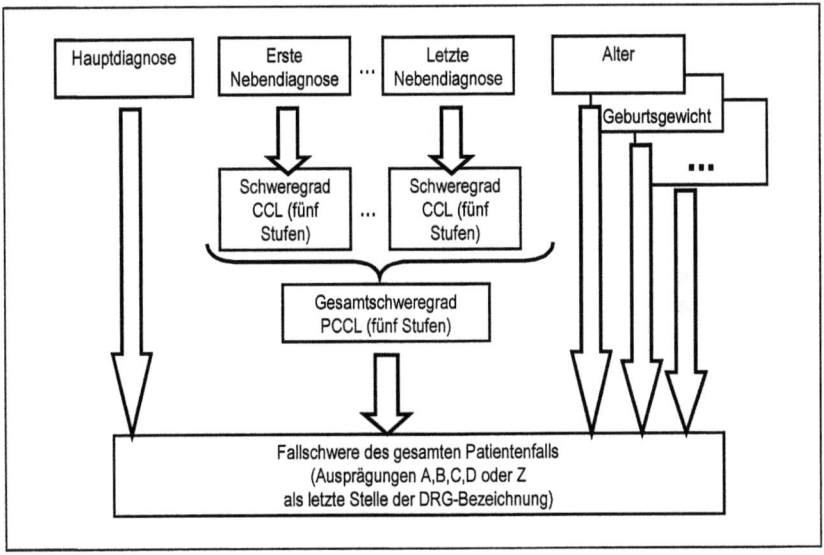

Diese abgestufte Findung der Gesamtfallschwere mindert zunächst den Anreiz zu Manipulationen. Allerdings werden sich in der Praxis schnell EDV-Programme etablieren, die entsprechende Optimierungen der Codierung anbieten.

Der Vergleich mit den amerikanischen AP-DRGs macht ebenfalls deutlich, dass bei den australischen AR-DRGs ein relativ komplexes Verfahren aufgebaut wird, welches letztendlich nur grobe Einteilungen hervorbringt. Die AP-DRGs als DRG-System der 2. Generation verfügen über 641 DRGs. Zudem konnte das System bereits in vielen Studien beweisen, dass es eine stabile Abbildung der Fallkosten zulässt. Dies steht bei den AR-DRG noch aus. Da jedoch in Deutschland bereits vielfältige Erfahrungen mit AP-DRGs bestehen, kann eine vergleichende Analyse durchgeführt werden. Falls diese Analyse zuungunsten der AR-DRGs ausgeht, ist es für eine Revidierung des Entschlusses zur Nutzung der australischen DRGs allerdings zu spät. Der enge Zeitplan und der Verlauf der Verhandlungen zwischen Deutscher Krankenhausgesellschaft und den Spitzenverbänden der Krankenkassen fordern hier eventuell ihren Tribut.

Dies wird sich insbesondere zeigen, wenn die Verteilung der Fallkosten für verschiedene Fälle innerhalb einer DRG untersucht wird. Das Verfahren der Kalkulation in Deutschland sieht vor, dass zunächst in Deutschland tatsächlich erbrachte Fälle in das australische System codiert werden. Danach wird anhand der in Deutschland kalkulierten Fallkosten ermittelt, ob eine akzeptable Zuschneidung der DRGs vorliegt. Wird dies bejaht, kann die australische Systematik übernommen werden. Wird dies verneint, muss die DRG geteilt werden oder mit einer anderen DRG zusammengelegt werden.

Die Gefahr bei dieser Vorgehensweise liegt darin, dass über den Durchschnitt aller Fälle ein dem australischen System ähnliches Muster der Fallkosten innerhalb einer DRG vorliegen kann. Bei Betrachtung der Einzelfälle zeigen sich jedoch erhebliche Abweichungen (Abbildung 3).

Abbildung 3: Beispielhafte Gegenüberstellung von Fallkosten australischer und deutscher Fallkosten innerhalb einer DRG

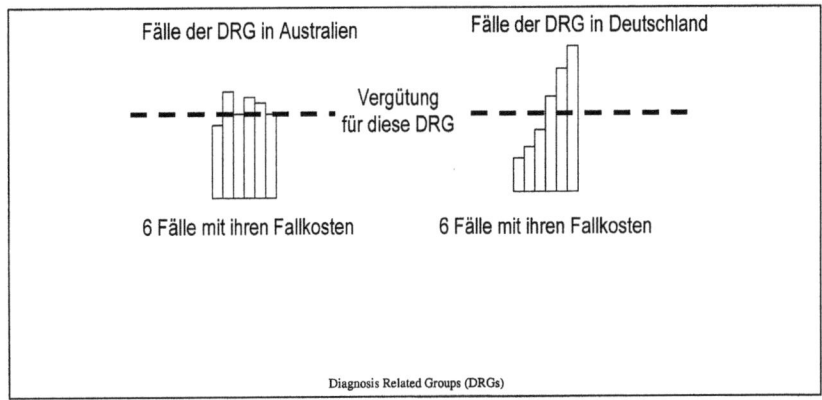

Daher ist nicht nur die Betrachtung der Durchschnittswerte, sondern ebenso die Betrachtung der Varianz über die Fälle innerhalb einer DRG von hoher Wichtigkeit. Ansonsten kann es passieren, dass ein Krankenhaus innerhalb einer DRG systematisch nur teure oder nur preiswerte Fälle behandelt und somit ohne Effizienzvorteile Gewinne oder Verluste produziert. Der Grundgedanke der leistungsorientierten Vergütung wäre damit außer Kraft gesetzt.

Wann eine DRG geteilt wird oder wann es sinnvoll ist, zwei DRGs zusammenzulegen, steht noch nicht fest. Da es jedoch unwahrscheinlich ist, dass deutsche Behandlungsstandards denen in Australien mit seiner gänzlich anderen Versorgungsstruktur ähneln, werden mit Sicherheit die deutschen G-DRGs von den australischen AR-DRGs nicht nur in den Relativgewichten, sondern auch im Zuschnitt abweichen.

Kalkulation der Relativgewichte

Die Kalkulation der Relativgewichte kann unterschiedlichen Ansätzen folgen. Zum einen kann eine enge Orientierung am australischen System stattfinden, indem die dort zugelassenen Hauptdiagnosen innerhalb einer DRG als Grundlage für eine Fallzahlabschätzung herangezogen werden. Beispielsweise umfasst die australische DRG C-08-Z („Major Lens Procedures") lediglich 4 Hauptdiagnosen. Wird geschätzt, dass für jede dieser 4 Hauptdiagnosen 10 Fälle zur Kostenkalkulation ausreichen, so beträgt die Gesamtzahl der erforderlichen Fälle zur Kalkulation des Relativgewichts für diese DRG 40 Fälle.

Diese einfache Methode auf andere DRGs angewandt bringt erheblich andere Fallzahlen. Die australische DRG „infektiöse und entzündliche Gelenk- und Knochenerkrankungen" umfasst 1.700 zulässige Hauptprozeduren und –diagnosen. Hinzu kommt eine Unterteilung in 3 Fallschweren A bis C. Werden auch hier 10 Fälle pro Prozedur/Diagnose und Fallschwere angesetzt, ergeben sich bereits rund 51.000 Fälle.

Dies übersteigt jede Kapazität zur Kalkulation der Relativgewichte. Hinzu kommt, dass die Grenze von 10 Fällen pro Diagnose willkürlich gewählt ist. Ein Fall innerhalb einer Universitätsklinik kann sich genauso von anderen Krankenhäusern abheben, wie ein Wiederholungseingriff von einer Erstbehandlung oder die gleiche Operation bei einem 40-Jährigen statt eines 80-Jährigen. Genau genommen müssten diese Unterschiede zusätzlich Berücksichtigung finden.

Um die Problematik zu umgehen, kann der entgegengesetzte Weg eingeschlagen werden, indem die Gesamtmenge der Basis-DRGs herangezogen wird, und diese mit den 250 wichtigsten Nebendiagnosen kombiniert werden. Hinzu kommt die Überprüfung des Alters als Kostenfaktor (beispielsweise „< 70 Jahre" gegen „>70 Jahre") und die Überprüfung des Entlassungsstatus („lebend" gegen „verstorben"). Aus dieser Kombination ergeben sich rund 4 Millionen Kombinationen. Im Prinzip würde damit die Systematik der Erstellung eines DRG-Systems im Kleinen wiederholt.

Zusammenfassend kann keine der Möglichkeiten als bester Weg empfohlen werden. Vielmehr ist bereits jetzt deutlich, dass die Kalkulation der deutschen Relativgewichte und die Zuschneidung der deutschen G-DRGs entweder stark auf australische Vorgaben vertrauen muss, oder aber viel Zeit und Geld zu investieren sein wird. Wahrscheinlich ist eine Einigung auf einen Mittelweg, bei dem höhere Varianzen innerhalb der DRGs zunächst hingenommen werden.

Die Kalkulation der Strukturzuschläge

Strukturzuschläge dienen dazu, Unterschiede zwischen Krankenhausgruppen auszugleichen, die nicht auf Effizienzunterschieden beruhen. Dieser Ausgleich über Strukturzuschläge ist sinnvoll, um im öffentlichen Interesse liegende Strukturen der Krankenhäuser zu fördern.

Als Beispiele hat der Gesetzgeber im Krankenhausgesetz Ausbildungsstätten und Ausbildungsvergütungen sowie die Teilnahme an der Notfallversorgung vorgesehen. Hinzu kommt die Sicherstellung der Versorgung der Bevölkerung.

Entscheidend bei den Strukturzuschlägen wird – ähnlich wie bei den Relativgewichten – die Art der Kalkulation sein. Denn es ist unmittelbar einsichtig, dass Zuschläge für eine Krankenhausgruppe unmittelbar Abschläge für die restlichen Krankenhäuser bedeuten. Weder eine Ausweitung der Strukturzuschläge in ihrer Art noch in der Höhe führen daher unbedingt zu einer besseren Situation für die Krankenhäuser insgesamt.

Das InEK (Institut für das Entgelt-System im Krankenhaus) hat im Rahmen eines Krankenhausvergleichs die durchschnittlichen Fallkosten über 73 Lehrkrankenhäuser und 3 Universitätskliniken denen von 160 Nicht-Lehrkrankenhäusern gegenübergestellt. Im Ergebnis hatten die Lehrkrankenhäuser 25 % höhere Fallkosten bei Betrachtung des arithmetischen Mittels, jedoch nur 16 % höhere Fallkosten bei Betrachtung des Medians. Wird statt der Fallkosten die Verweildauer als Ausdruck der entstandenen Kosten betrachtet, so ist das Verhältnis gerade umgekehrt. Das arithmetische Mittel liegt um 7 % höher bei Lehrkrankenhäusern, der Median hingegen um 14 %. Aus wissenschaftlicher Sicht ist keines der statistischen Maße eindeutig vorzuziehen. Es ist daher auch hier bereits erkennbar, dass die Diskussion auf Verbands- und politischer Ebene entscheidend für die endgültige Verfahrensweise sein wird.

Eine ähnliche Diskussion ergibt sich in Bezug auf den Strukturzuschlag „Teilnahme an der Notfallversorgung". Das Argument lautet, dass die Krankenhäuser mit den derzeitigen Budgets in der Lage waren, ihre Aufgaben in der Notfallversorgung wahrzunehmen. Ein Zuschlag würde in Zukunft daher ein nicht leistungsgerechtes Entgelt darstellen. Entsprechend wurde bereits auf Bundesebene vereinbart, dass die Notfallversorgung über einen Abschlag für die Nicht-Teilnahme geregelt werden soll.

DRGs und Wettbewerb zwischen Krankenhäusern

Ein Ziel bei der Entscheidung für ein pauschalierendes Entgeltsystem über DRGs war, dass der Wettbewerb zwischen Krankenhäusern verstärkt werden soll, um so zusätzliche Effizienzreserven mobilisieren zu können.

Aus Sicht des einzelnen Krankenhauses bieten sich zwei Alternativen: die Positionierung im Markt durch gute Qualität oder die Ausweitung des eigenen Marktanteils durch eine expansive Mengenpolitik. Die Alternative der Preispolitik besteht hingegen im reinen DRG-System nicht, da die Preise krankenhausübergreifend festgeschrieben sind.

Welche der beiden Alternativen sollte ein Krankenhaus wählen? Die Qualitätsstrategie erfordert eine Möglichkeit der Darstellung der eigenen Qualitätsvorteile. Bedauerlicherweise bieten die australischen DRGs hierfür keinen unmittelbaren Ansatzpunkt. Ihre hohe Differenzierung bezieht sich nur auf Fallkosten, nicht jedoch auf erbrachte Behandlungsqualität. Demnach kann ein Krankenhaus DRGs mit hohen Fallkosten abrechnen, gleichzeitig jedoch vorwiegend Fälle mit geringer Morbidität und geringem Mortalitätsrisiko behandeln.

Um die eigene Morbidität und darauf aufbauend die Behandlungsqualität abzubilden, wären die amerikanischen APR-DRGs eine sinnvolle Alternative gewesen. Diese bilden sowohl die Fallkosten, als auch Morbidität und Mortalität ab. Damit wäre es beispielsweise möglich gewesen, die Unterschiede in der Versorgung von Infarktpatienten zwischen Lehrkrankenhäusern und Nicht-Lehrkrankenhäusern valide in Bezug auf Qualitätsindikatoren zu messen.

Ebenso wäre es dem einzelnen Krankenhaus möglich gewesen, in Vereinbarungen mit den Krankenkassen ein höheres Entgelt zu fordern, da die Qualität überdurchschnittlich gut ist. Statt eines Effizienzwettbewerbs wäre ein Qualitätswettbewerb möglich gewesen. Unter den australischen DRGs müssen im Prinzip parallel zum Vergütungssystem Insellösungen implementiert werden, indem Qualität beispielsweise über Lockerungsraten bei Kniegelenksendoprothesen, Infektionsraten oder die Haltbarkeit dieser Prothesen gemessen wird. Die Auswertung der Evidenz über gute Studien ist unumgänglich.

Die zweite Alternative des Wettbewerbs bestand für das Krankenhaus in der Ausweitung der Menge. Eine autonome Mengenpolitik ist nicht möglich, da die Krankenkassen der Mengenfestlegung zustimmen müssen. Ansonsten drohen empfindliche Preisabschläge bei Überschreitungen. Das Krankenhaus muss daher einen Mengentausch zwischen Fachabteilungen vornehmen, indem als gewinnträchtig erkannte DRGs vermehrt erbracht und andere DRGs in ihrer Menge entsprechend reduziert werden. Als nächste Stufe wäre der Mengentausch zwischen Krankenhäusern eines Verbundes, beispielsweise des gleichen Trägers, möglich. Schließlich ist die überregionale Akquirierung von (elektiv behandelbaren) Fällen denkbar. Die Schwierigkeit der Hinzunahme von Fällen steigt mit der Zunahme der Einbindung anderer Leistungserbringer. Zusätzlich werden andere Krankenhäuser die gleichen DRGs als gewinnträchtig erkannt haben. Eine starke Mengenausweitung, die zu tatsächlichen Effizienzsteigerungen führt, ist daher nur eingeschränkt möglich.

Zusammenfassend sind damit beide Wettbewerbsstrategien, Qualitätswettbewerb und Mengenwettbewerb, aus Sicht des Krankenhauses mit Hindernissen verbunden. Während ersteres von den australischen DRGs nicht genügend gefördert wird, jedoch vom Gesetzgeber begrüßt würde, ist letzteres durch die gute Kalkulationsgrundlage der australischen DRGs zwar gefördert, jedoch vom Gesetzgeber nicht gewollt.

Mengensteuerung unter DRGs

Die Verfahren der Mengensteuerung werden auch unter DRGs nicht fortfallen. Generell sind auch hier zwei Alternativen möglich. Dies ist zum einen die strikte Begrenzung der Gesamterlöse mit einem fixen Sektoralbudget und einem sich daraus zwangsläufig ergebenden Verfall der Preise pro Fall bei Mengenüberschreitungen. Das System ist aus dem Niedergelassenenbereich bekannt.

Das zweite System sieht Abschläge ab einer bestimmten Budgetobergrenze des Krankenhauses vor. Ein Sektoralbudget über alle Krankenhäuser ist damit nicht strikt einhaltbar, da ein Krankenhaus trotz Abschlägen Mehrmengen erbringen kann.

Die Kombination beider Alternativen würde vorsehen, dass das Krankenhaus zunächst mit einem am Jahresanfang vereinbarten Budget wirtschaften kann und erst bei Mehrmengen der Preisverfall greift. Dieser Preisverfall richtet sich nach den Mehrmengen aller Krankenhäuser, für welche ein am Jahresanfang zurückgestellter Betrag ausgeschüttet wird (Abbildung 4).

Abbildung 4: Mengenbegrenzung über Preisgarantie und Preisverfall für Mehrmengen innerhalb eines Sektoralbudgets

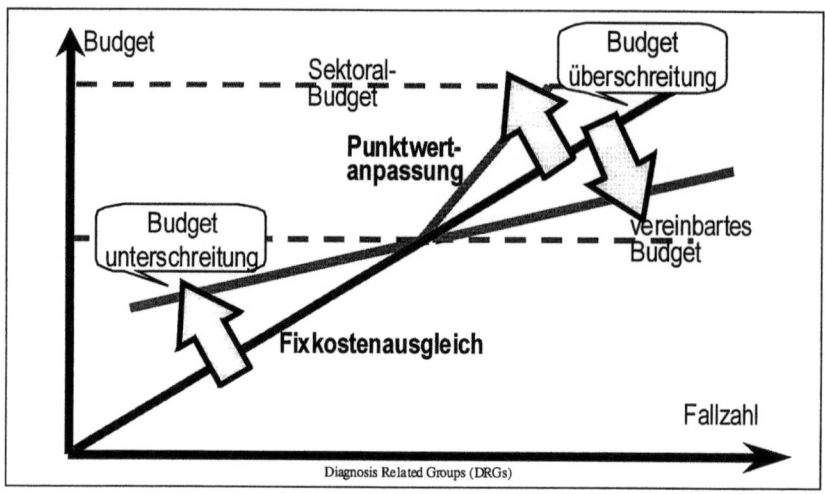

Der Vorteil dieser Alternative liegt in der Kombination der Preisgarantie im zum Jahresbeginn verhandelten Mengengerüst und gleichzeitig der Einhaltung eines Sektoralbudgets für alle Krankenhäuser.

Die Auswirkungen auf die Versorgungsqualität sind jedoch bei allen Vorgehensweisen zur Mengenbegrenzung nicht erforscht. Ein Abfall der Qualität bei abnehmenden Preisen ist ebenso denkbar wie eine Verweigerung der Behandlung bei Überschreitung der Mengenvereinbarungen. Dies gegeneinander abzuwägen, ist im Rahmen einer Evidenz-basierten Health-Policy-Beratung nicht möglich. Das Ausweichen auf strategische Entscheidungen ist daher auch im Bereich der Mengensteuerung wahrscheinlich.

Fazit

Die Einführung der DRGs in Deutschland ist von einem engen Zeitplan vorgegeben. Erschwerend hinzu kommt die in fast allen Bereichen fehlende wissenschaftliche Evidenz für eine beste Vorgehensweise. So basiert die Auswahl des DRG-Systems weniger auf den Studien zu bestehenden Systemen, sondern resultiert aus strategischen Entscheidungen der Verhandlungspartner. Bei der Kalkulation der Relativgewichte ist die Studienlage noch dünner. Sie reicht gerade zur Festlegung eines Minimalstandards der Fallkostenberechnung, der zumindest von einer Mindestmenge an Krankenhäusern umgesetzt werden kann. Repräsentative

Auswahl und anschließende Überleitung der australischen DRGs in ein deutsches System sind den Interessen der Beteiligten unterworfen.

Gleiches gilt für die Mengensteuerung oder die Entfachung eines Wettbewerbs. Alle Anstrengungen zielen in Richtung einer Steigerung der Effizienz der Leistungserbringung. Die Verbesserung der Versorgungsqualität wird dabei aus den Augen verloren. Es ist sogar wahrscheinlich, dass nach der DRG-Einführung nicht geprüft werden kann, ob sich Auswirkungen auf die Versorgungsqualität ergeben haben.

Die Positionen der DKG zur Einführung eines pauschalierenden Vergütungssystems nach § 17 b KHG

Jörg Robbers

Grundanforderungen an ein System der Fallgruppierung

Die Selbstverwaltungspartner hatten sich auf ein Kriterienschema zur Auswahl des Patientenklassifikationssystems geeinigt. Danach waren folgende Grundanforderungen zu erfüllen:

1. Die Fallgruppierung muss prozeduren- und diagnosebezogen erfolgen. Eine Fallgruppierung sollte möglichst über Routinedaten erfolgen können, wie sie nach § 310 SGB V zur Verfügung gestellt werden müssen. Zudem muss die Fallgruppierung streng algorithmisch und vollautomatisch erfolgen können.

2. Das System muss das Kriterium der Vollständigkeit erfüllen. Das beinhaltet die Erfassung aller Altersstufen, aller akutstationären Fälle (außer Psychiatrie, Frührehabilitation und ambulante Leistungen), der teilstationären Fälle und der belegärztlichen Leistungen. Sachgerechte Regelungen für die Restgruppen müssen möglich sein.

3. Multimorbidität und Komplikationen müssen adäquat berücksichtigt werden. Die Fallgruppierung hat also angemessen differenziert auszufallen. Ein zu geringer Differenzierungsgrad würde beim Einsatz im Rahmen eines Vergütungssystems letztlich zu einer Verlagerung des Morbiditätsrisikos auf die Leistungserbringer führen. Damit würden falsche Anreize gesetzt, die z. B. dazu führen könnten, dass es im Extremfall zu einer Abweisung von schwerkranken Patienten kommt.

4. Das Fallgruppierungssystem muss anpassungsfähig sein. Schließlich kann zum Zeitpunkt der Erstellung immer nur der aktuelle medizinische Standard abgebildet werden. Das System muss Gewähr dafür bieten, dass medizinische Innovationen integriert werden können. Zudem muss das System ausbaufähig sein, so dass neue Fallgruppen integrierbar sind.

5. Es müssen sachgerechte Regelungen für Ausreißer, Extremfälle und Restgruppen gefunden werden. Dies ist vor allem ein Anliegen der Krankenhäuser mit höheren Versorgungsstufen, bei denen bei-

spielsweise der Anteil multimorbider Langlieger überdurchschnittlich hoch ist.

6. Das System muss auf den administrativen Behandlungsfall in Deutschland übertragbar sein und in die Fallabwicklung (Aufnahme, Verlegung, Entlassung) passen.

7. Schließlich ist die Übereinstimmung mit den gesetzlichen Rahmenvorgaben zu fordern (§ 17 b KHG): durchgängig, leistungsorientiert und pauschalierend, Komplexitäten und Komorbiditäten abbildend, praktikabler Differenzierungsgrad, für voll- und teilstationäre Fälle geltend, international bereits eingesetzt, auf der Grundlage von DRGs.

Neben diesen Grundanforderungen wurden weitere Bewertungskriterien konsentiert. Eines der wichtigsten ist die gemeinfreie und kostenlose Verfügbarkeit des deutschen Fallgruppierungssystems. Eine Abhängigkeit der Anpassung in Deutschland von lizenzrechtlichen Verpflichtungen darf nicht entstehen.

Nach Anwendung des Kriterienschemas konzentrierte sich die Bewertung auf AP-DRGs, GHM und Australian Refined. Die AOK tendierte zum AP-DRG-System, das aufgrund einer gröberen Fallgruppierung eine Mischkalkulation erlauben würde, wovon sich die AOK aufgrund ihrer Mitgliederstruktur einen Vorteil versprach. Die anderen Kassenverbände neigten eher einem Refined-System zu mit einer differenzierteren Darstellung der Schweregrade. Bei der DKG zeichnete sich eher eine Präferenz für GHM und Australien ab.

Mit der Unterzeichnung des DRG-Vertrags vom 27.6.2000 fiel die Entscheidung für die AR-DRGs, Version 4.1.

AR-DRGs als Ausgangspunkt für die deutsche Entwicklung

- Es handelt sich um ein DRG-System der 4. Generation.

- Als solches können die DRGs komplexe Fälle grundsätzlich differenzierter darstellen als die DRG-Systeme der ersten und zweiten Generation. Andererseits resultiert eine überschaubare Anzahl an effektiven Fallgruppen, die zur Abrechnung gelangen. Das Konzept der kumulierten fallbezogenen Schweregraddifferenzierung stellt den modernsten Ansatz in der DRG-Entwicklung dar.

- Bei 661 Fallgruppen handelt es sich um ein mittelgradig differenzierendes System auf einer hochgradig differenzierten Grundlage mit 2.017 Schweregradgruppen.

- Laut dem Kurzgutachten „DRGs und verwandte Patientenklassifikationssysteme" des Herrn Fischer vom April 2000 wurden AR-DRGs als Grundlage für die Ableitung deutscher Fallgruppen empfohlen.

- Laut dem Zwischenbericht zum Projekt „Empirischer Vergleich von Patientenklassifikationssystemen auf der Grundlage von DRGs" vom Mai 2000, angefertigt von der Universität Münster in Zusammenarbeit mit der Deutschen Gesellschaft für Thorax-, Herz- und Gefäßchirurgie und der DKG, handelt es sich um das DRG-System mit der zutreffendsten medizinischen Differenzierung und der größten medizinischen Aktualität.

- Das Klassifikationssystem ist gemeinfrei und unterhalb des nach europäischem Vergaberecht gültigen Schwellenwertes verfügbar.

AR-DRG – Gruppierungsschema

Es erfolgt eine Eingruppierung in 6 Stufen:

1. Zuerst werden die Fälle darauf geprüft, ob Fehlcodierungen oder unplausible Angaben vorliegen. Auf der gleichen Stufe der Gruppierung wird geprüft, ob besonders (kostenaufwändige) Leistungen, wie z. B. eine Organtransplantation, erbracht wurden. Das gleiche gilt für Sondertatbestände wie eine Langzeitbeatmung. Werden entsprechende Tatbestände festgestellt, erfolgt die Zuordnung in eine von acht Pre-Hauptgruppen, von denen aus eine direkte Zuordnung in spezielle DRG-Fallgruppen vorgenommen wird.

2. Bei den meisten Fällen erfolgt im nächsten Schritt eine Zuordnung in eine von 23 Hauptgruppen, die mehrheitlich organsystembezogen sind.

3. Im nächsten Schritt erfolgt eine Differenzierung nach der chirurgischen, medizinischen und sonstigen Partition. In die chirurgische Partition kommen operative Fälle (Nutzung eines Operationssaales), in die medizinische Partition konservativ behandelte Fälle und in die sonstige Partition in der Regel Fälle mit durchgeführter Diagnostik ohne einen chirurgischen Eingriff (nicht an die Nutzung eines Operationssaales gebunden).

4. Ausgehend von der Partition werden die Fälle anhand ihrer Hauptdiagnosen und/oder Eingriffe bzw. sonstiger Kriterien einer der 409 Basis-Fallgruppen zugeordnet (189 chirurgische, 194 medizinische und 26 sonstige).

5. Jede Basisfallgruppe wird nach einer feststehenden Systematik in 5 Schweregradstufen unterteilt (PCCL – Patient Clinical Complexity Level; Skala von 0 [keine erschwerende Nebendiagnose] bis 4 [katastrophaler Schweregrad]). Die Einstufung der Nebendiagnosen ist nicht starr, sondern variiert abhängig von der eigentlichen Grunderkrankung. Das bedeutet, dass identische Nebendiagnosen unter Berücksichtigung verschiedener Hauptdiagnosen durchaus in unterschiedliche Schweregradstufen eingeteilt werden können. Anders als bei den meisten anderen DRG-Systemen nutzt das AR-DRG-System nicht nur die schwerwiegendste Nebendiagnose, sondern alle dokumentierten Diagnosen des jeweiligen Patienten. Dabei werden nicht einfach alle Schweregrade aller Nebendiagnosen addiert, sondern rechnerisch anhand einer Formel zu einem Gesamtwert zusammengeführt. Es gibt insgesamt 2.017 Schweregradgruppen.

6. Kostenähnliche benachbarte Schweregradgruppen werden häufig wieder zu einer gemeinsam abrechenbaren DRG zusammengefasst. Nicht selten werden auch alle 5 PCCL-Stufen zu einer gemeinsamen DRG zusammengefasst, was bedeutet, dass die Basis-DRG mit der abrechenbaren DRG identisch ist.

Aufbau einer DRG-Nummer: 1. Stelle: Buchstabe, der die Hauptgruppe bestimmt; 2. und 3. Stelle: chirurgische, medizinische oder sonstige Basisfallgruppe, 4. Stelle: Schweregrad

Weitere Vereinbarungen zum Klassifikationssystem

Die Basisadaptation des AR-DRG-Klassifikationssystems erfolgt bis zum 30.11.2000 durch die Selbstverwaltungsparteien.

Bis zum 30.11.2000 sind einheitliche Kodierregeln für die Erhebung der Kalkulationsdaten und die spätere Anwendung des Systems von den Selbstverwaltungsparteien zu vereinbaren. Das australische AR-System arbeitet mit ausgereiften Kodierregeln, die in Form eines Handbuches vorliegen und nur noch in die deutsche Sprache übersetzt werden müssen.

Im Einzelnen sind folgende Arbeiten zu erledigen:

- Übersetzung der Handbücher;

- Überleitung der deutschen ICD-10-SGB V und des OPS-301 auf die Codes des australischen ICD-10-AM (Mapping);

- hinsichtlich der notwendigen Änderungen und Erweiterungen der deutschen Schlüssel hat das DIMDI im Auftrag des BMG einen Gutachtenauftrag vergeben (Prof. Giere/ Frau Kolodzik);

- Erstellung von Kodier- und Dokumentationsregeln, deren Einhaltung bereits bei der Falldokumentation unerlässlich ist.

Weiterhin wurde vereinbart: Abgrenzung auf maximal 800 voll- und teilstationär abrechenbare Fallgruppen mit maximal 3 effektiv abrechenbaren Fallgruppen je Basis-DRG bis 31.12.2005; Überschreitungen sind nur einvernehmlich möglich.

Die Vertragspartner haben eine jährliche Anpassung der Klassifikation jeweils bis zum 30.09. des laufenden Jahres für das folgende Jahr vereinbart. Diese Anpassung erfolgt auf der Basis empirischer Daten. Hierzu wird ein regelgebundenes Vorgehen vereinbart.

Relativgewichte

Die Selbstverwaltungspartner haben vereinbart, dass zur Ermittlung der Relativgewichte ein Ist-Kostenansatz gewählt wird. Dieser berücksichtigt die in den Krankenhäusern anfallenden Kosten und schreibt nicht mehr nur die Erlösbudgets fort.

Es sollen bundesdeutsche Daten erhoben werden im Rahmen einer repräsentativen Stichprobe.

Die prospektive Initialerhebung erfolgt mit Daten aus 2001.

Es erfolgt eine Überprüfung der im Jahr 2003 gültigen Relativgewichte mit Daten des gesamten Kalenderjahres 2001.

Künftig sollen die Relativgewichte jährlich überprüft und ggf. neu vereinbart werden.

Das Kalkulationsschema wird von einer externen Institution als Auftragsleistung erstellt.

Das Kalkulationsschema hat die DRG-Kosten abzugrenzen von sonstigen Kosten, Kosten der komplementären Vergütungsbereiche sowie Zu- und Abschlägen.

Der Basisfallwert (ggf. regional differenziert) wird bis zum 30.09. des laufenden Jahres für das Folgejahr vereinbart.

Zu- und Abschläge

1. Für in § 17 b KHG genannte Tatbestände vereinbaren die Selbstverwaltungspartner Zuschläge. Deren Bewertung erfolgt bis 31.12.2001.

    Weitere Tatbestände hätten bis 30.09. vereinbart werden sollen. Gegenwärtig laufen Nachverhandlungen, die bis 30.11. ein Ergebnis zeitigen sollen.

    Konsensfähig sind folgende Tatbestände:

    Notfallversorgung: Krankenhäuser, die nicht an der Notfallversorgung teilnehmen, erhalten einen Vergütungsabschlag auf DRGs.

    Selten genutzte Einrichtungen (z. B. Schwerbrandverletzte, Isolierstation): Zuschlag in Höhe der Kosten für die vorgehaltene Einheit.

    Ausbildung: Zuschlag je belegtem Ausbildungsplatz, Fondslösung

    Aufnahme von Begleitpersonen: tagesbezogener Zuschlag

2. Noch zu klären:

    - Es muss sichergestellt werden, dass eine angemessene Abbildung aller Krankenhausleistungen möglich ist.

    - Innovation: Übereinstimmung herrscht bereits darüber, dass Innovationen, insbesondere neue diagnostische und therapeutische Verfahren, bei der Entwicklung und Pflege des neuen Vergütungssystems zu berücksichtigen sind. Daher wird eine jährliche Anpassung der Klassifikation und eine jährliche Überprüfung der Relativgewichte vorgenommen.

        Die DKG fordert jedoch ergänzende Regelungen, falls sich Innovationen durch die Systempflege nicht ausreichend abbilden lassen.

- Es müssen angemessene Regelungen gefunden werden, die bei Anwendung der DRGs zu keiner Gefährdung des Sicherstellungsauftrages führen und die Aufrechterhaltung des Versorgungsauftrages gewährleisten.

Budgetneutrale Einführung

Die einzelnen Krankenhäuser vereinbaren ausgehend vom Budget 2002 das Budget für 2003 nach den bis dahin gültigen Regelungen als Vergleichsbudget. Dieses setzt sich zusammen aus dem Budget 2002, zuzüglich der Ausgleiche und der Berichtigungen für die Vorjahre, zuzüglich der Beträge für Ausnahmetatbestände und zuzüglich der Veränderungsrate.

Für die Zeit ab 01.01.2004 bis 31.12.2006 haben sich die Vertragspartner in der Vereinbarung vom 27.06.2000 für eine Konvergenzphase ausgesprochen, die einer gesetzlichen Regelung bedarf. Wie diese im Einzelnen aussieht, ist noch festzulegen.

Systemzuschlag

Die Vereinbarungspartner haben einen Zuschlag mit der Bezeichnung „Systemzuschlag" vereinbart. Dieser dient der Finanzierung der Kosten für die Implementierung, Adaptation und Pflege des Klassifikationssystems sowie der Ermittlung der Relativgewichte. Dieser Zuschlag wird fallbezogen über die Krankenhäuser erhoben.

Der Zuschlag soll bundesweit ab 2001 erhoben werden.

Die DKG fordert, dass dieser Zuschlag außerhalb der Beitragssatzstabilität gezahlt wird.

Für den Systemzuschlag bedarf es einer gesetzlichen Regelung, die im Jahr 2001 zu erwarten ist.

Infrastruktur

Im Vertrag vom 27.06.2000 ist die Gründung eines gemeinsamen Instituts der Selbstverwaltung für die Anpassung, Pflege und Weiterentwicklung des Vergütungssystems vorgesehen.

Schlussbemerkung

§ 17 b KHG ist mit Wirkung ab 01.01.2000 zustimmungsfrei in Kraft getreten.

Wie zukünftig das pauschalierende Entgeltsystem eingesetzt werden soll, ist noch offen und hängt von den noch zu verabschiedenden Rahmenbedingungen ab, die zustimmungspflichtig sind.

Eine Grundsatzdiskussion wird vor dem Hintergrund der in 2001 angestrebten Entgeltverordnung stattfinden, die die Bundespflegesatzverordnung ersetzen wird.

Dabei wird es u. a. um folgende Fragen gehen:

- Wird das zukünftige System als Preissystem eingesetzt?
- Wie wird mit der Mengenproblematik umgegangen?
- Welche Stringenz hat die Beitragssatzstabilität?

Was die Vorstellungen der DKG anbelangt, wird auf die vom Vorstand verabschiedeten Positionen zur Weiterentwicklung des Gesundheitswesens vom 21.09.2000 verwiesen.

Reformbedarf aus der Sicht der GKV

Herbert Rebscher

Rahmenbedingungen abstecken

Die Reformüberlegungen zur Neugestaltung des Krankenhausfinanzierungsrechtes haben sich zunächst auf die Vorgabe der Einführung eines pauschalierenden Entgeltsystems beschränkt. Dabei sind die DRGs selbst nur ein Meilenstein auf dem Weg zu einer Entwicklung des Krankenhaussektors insgesamt hin zu mehr Qualität und Wirtschaftlichkeit. Heute ist die Frage zu stellen, welche Rahmenbedingungen noch geschaffen werden müssen, um den neuen Ansätzen zum Erfolg zu verhelfen. Denn z. B. Fragen zur zukünftigen Budgetierung, Monistik oder Planung blieben bislang von der Politik im Ergebnis unangetastet. Die Veränderungen, die die Einführung eines DRG-basierten Entgeltsystems mit sich bringen wird, verlangen aber nach einem harmonisierten Finanzierungssystem, das alle Bereiche einbezieht.

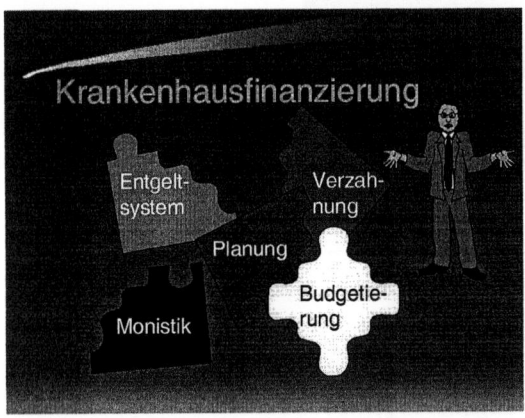

Die Schaffung von mehr Finanzierungsgerechtigkeit ist unter DRG-Bedingungen von besonderer Bedeutung, damit Krankenhäuser für die gleiche Behandlungsleistung auch die gleiche Vergütung erhalten und sich diese nicht an der Kostenstruktur eines Hauses orientiert. Dabei sollte sie sich für die Leistungsvergütung an einem durchschnittlich wirtschaftenden Krankenhaus orientieren. Ferner soll die Leistungstransparenz erhöht werden. Leistungsvergleiche sollen bei der Standort- und Leistungsplanung Berücksichtigung finden, und das Erkennen von Fehlbelegung soll verbessert werden. Mit der erhöhten Transparenz sollen

Informationsflüsse über Behandlungsmöglichkeiten und -schwerpunkte gegenüber Patienten und einweisenden Ärzten optimiert werden.

Krankenhäuser und Krankenkassen sollen mit dem neuen Entgeltsystem mehr Planungs- und Abrechnungssicherheit bekommen. Dies soll durch prospektiv kalkulierte Vergütungen mit Anpassungsmechanismen in Folgeperioden erreicht werden. Retrospektive Ausgleichsverfahren scheiden daher aus.

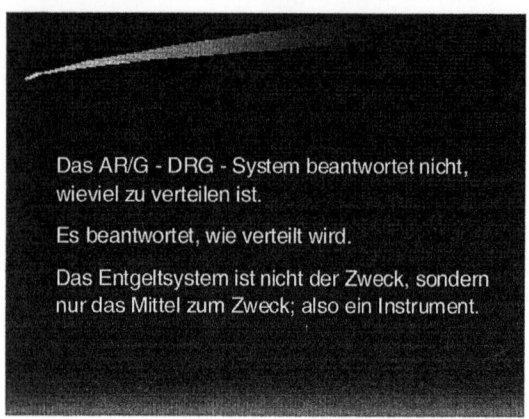

Das AR/G - DRG - System beantwortet nicht, wieviel zu verteilen ist.

Es beantwortet, wie verteilt wird.

Das Entgeltsystem ist nicht der Zweck, sondern nur das Mittel zum Zweck; also ein Instrument.

Mit der bereits angekündigten Krankenhaus-Entgeltverordnung müssen die Fragen zum „Entgeltsystem" geklärt werden, bei denen die rechtliche Kompetenz der Selbstverwaltungspartner nicht ausreicht. Deshalb wird die Gesetzgebung weiterhin gefordert sein, SGB V und KHG so weiterzuentwickeln, dass das neue Entgeltsystem auch dauerhaft überlebensfähig bleibt.

Die Politik sollte hier Rahmenbedingungen festlegen, die es ermöglichen, das Entgeltsystem erfolgreich umzusetzen. Besondere Bedeutung kommt einem geeigneten Budgetierungsmodell zu.

Bestehende Fehlanreize beseitigen

Die bisherigen Budgetierungsmodelle im Krankenhausbereich konnten eine Ausgabenexplosion nicht verhindern. Die unterschiedlichen Steigerungsraten der verhandelten Budgets und tatsächlichen Ausgaben gehen auf eine Mengenausweitung stationärer Leistungen zurück, die nur bedingt medizinisch induziert ist. An dieser Mengenausweitung sind die einzelnen Krankenhäuser unterschiedlich beteiligt. Daher scheidet eine ausschließliche landesweite Budgetierung als Steuerungsansatz aus.

Vielmehr muss die krankenhausbezogene Budgetierung der Ausgaben in eine übergeordnete Leistungsstruktursteuerung überführt werden, um unwirtschaftliche Versorgungsstrukturen abzuwehren und eine Umstrukturierung zu Gunsten leistungsfähiger Krankenhäuser zu ermöglichen.

Krankenhäuser erhalten heute nicht nur ihre Leistungen „unangemessen" vergütet: gleichzeitig unangemessen hoch und unangemessen niedrig!

Die vorgehaltenen Strukturen und erbrachten Leistungen sind nicht immer medizinisch begründbar, die Art der Behandlung entspricht nicht immer den medizinischen Anforderungen und sie findet nicht immer am richtigen Ort statt.

Es reicht also nicht aus, nur die Mittel unter den Krankenhäusern neu zu verteilen. Vielmehr müssen Art, Umfang und Allokation der heute stattfindenden Leistungserbringung hinterfragt werden.

Ziel:

Leistungsverlagerungen

- zwischen Krankenhäusern (Konzentration)
- in den Krankenhäusern (Entlastung des vollstationären Bereichs zugunsten des vor-, nach- und teilstationären Sektors, ambul. Operieren etc.)
- zwischen den Leistungsbereichen (stationär, ambulant, Rehabilitation, Pflege)

Bisher führten falsche Anreize zu einer medizinisch nicht indizierten Mengenausweitung, die in Zukunft verhindert werden muss. Die Leistungserbringer fordern, die neuen Entgelte als Festpreise auf der Grundlage einer betriebswirtschaftlichen Kalkulation zu bemessen und gleichzeitig die Budgetierung der Krankenhausausgaben abzuschaffen. Sachgerechter ist eine leistungsbezogene Budgetorientierung, wie sie die Kassen seit jeher fordern. Künftig sollten die Krankenhausträger und die Krankenkassen vor Ort die Leistungsstruktur und -menge auf der Basis der bundesdeutschen Fallgruppensystematik festlegen. Das zu vereinbarende Erlösbudget eines Krankenhauses ergibt sich auf dieser Grundlage aus der Bewertung mit den bundesweit bzw. regional differenzierten Entgelten. Bundesweit sollten prospektive Ausgleichsregelungen vorgesehen werden. Diese sollten greifen, wenn Abweichungen zum vereinbarten Erlösbudget auf Grund abweichender Fallzahlen oder einer geänderten Leistungsstruktur eingetreten sind.

Einzelvereinbarungen auf der örtlichen Ebene über Preisabschläge, Belegungsgarantien und Leistungsmengen müssen möglich werden. Gezielte Leistungsverhandlungen und Budgetumverteilungen unter Beachtung der Besonderheiten der Versorgungsregion müssen zur Regel werden. Eine gezielte Patientensteuerung unter Einsatz der Preisvergleichsliste und unter Beachtung des sektorübergreifenden Behandlungsangebotes sowie von Qualitätsgesichtspunkten muss die Planungsaktivitäten flankierend unterstützen.

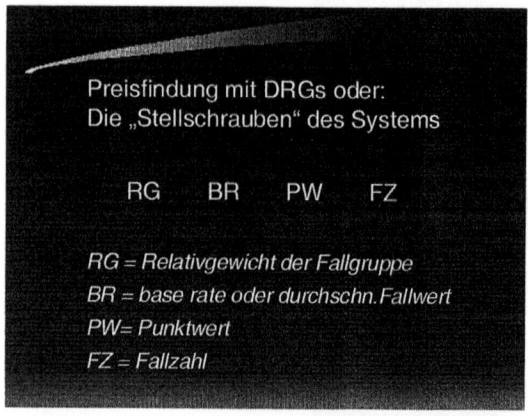

Preisfindung mit DRGs oder:
Die „Stellschrauben" des Systems

RG   BR   PW   FZ

RG = Relativgewicht der Fallgruppe
BR = base rate oder durchschn. Fallwert
PW = Punktwert
FZ = Fallzahl

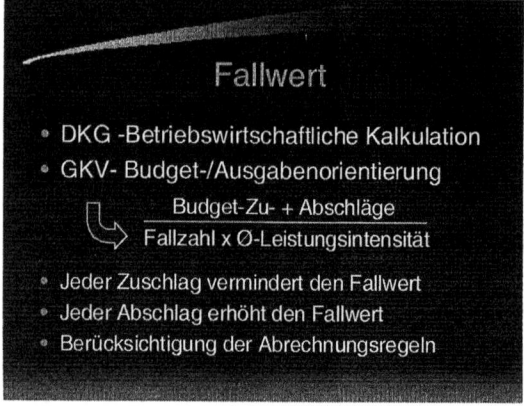

Fallwert

- DKG -Betriebswirtschaftliche Kalkulation
- GKV- Budget-/Ausgabenorientierung

$$\frac{\text{Budget-Zu- + Abschläge}}{\text{Fallzahl} \times \varnothing\text{-Leistungsintensität}}$$

- Jeder Zuschlag vermindert den Fallwert
- Jeder Abschlag erhöht den Fallwert
- Berücksichtigung der Abrechnungsregeln

Die verschiedenen Faktoren der Multiplikation zur Findung des Entgelts lassen ein gezieltes Reagieren und damit Steuern zu.

Das Relativgewicht (RG) sagt aus, in welchem Verhältnis eine Leistung zum BR (Durchschnittsfall) steht. Die BR beträgt bundesweit etwa 6000 (90 Mrd. DM Krankenhausausgaben dividiert durch 15 Mio. Fälle). Eine Operation, die 12 TDM kostet, hat also das Relativgewicht „2". Durch die Veränderung des RG kann also eine Leistung „attraktiv" oder „unattraktiver" gemacht werden. Die Steuerung setzt also bei der einzelnen Leistung an.

Eine „Globalwirkung" wird erzielt, wenn die BR oder die FZ verändert wird. Durch ein Absenken der BR wird das Preisniveau bei sonst gleichbleibenden Ausgangswerten abgesenkt. Dieser Effekt würde eintreten, wenn bei gleichbleibendem Ausgabevolumen (90 Mrd.) die Fallzahl erhöht würde. Dies wäre das niveauärmste Mittel und käme dem Punktwertverfall im ambulanten Bereich gleich. Dieses Mittel sollte nur als Drohpotential genutzt werden, falls auf dem Verhandlungswege intelligente Steuerungseingriffe nicht durchsetzbar sind.

Über den Punktwert (der von Bundesebene regional festzusetzen ist) kann gezielt auf Entwicklungen in Regionen (Ländern) eingegangen werden.

Ebenso ist noch zur BR zu sagen, daß diese nicht nur auf Bundesebene, sondern landes-, regional-, sogar auf das einzelne Haus bezogen ermittelt werden kann und damit individuelle Steuerungseffekte zuläßt.

Letztendlich können über Zu- und Abschläge individuelle Sachverhalte berücksichtigt werden.

Ordnungspolitische Konsequenzen aus dem DRG-Konzept

Die Einführung der DRGs ist ein erster Schritt eines leistungsbezogenen und wettbewerblichen Preisbildungskonzeptes im stationären Sektor. Dazu müssen im nächsten Schritt die Voraussetzungen in den Bereichen Finanzierung (Monistik) und Planung geschaffen werden.

DRG-Leistungsplanung

- Voraussetzungen
  - Transparenz mittels historischer und aktueller §-301-Daten (ICD/OPS-301-Qualität?)
  - Kenntnisse über Morbiditätsstruktur und Demographie (up-grading?)
- Vorgaben
  - Mindestmengen (?)
  - geographische Verteilung
  - Trägervielfalt

DRG-Leistungsplanung

- Krankenkassen
  - Inhaltliche Verantwortung für den Rahmen des Leistungsgeschehens und dessen aktive Steuerung
  - Keine passive Mittelverwaltung und -verteilung
- Krankenhäuser
  - Benchmarking (Orientierung am Besten)
  - Informationen über Kostenstrukturen werden notwendig

DRG-Leistungsplanung

- Anforderungen
  - Bedarfsgerechtigkeit
    - Bedarf wird durch Einweisungsverhalten der niedergelassenen Ärzte, Aufnahmeuntersuchung und Leistungsbewilligung der Krankenkassen bestimmt
  - Wirtschaftlichkeit
    - Wettbewerb über Höchstpreise
  - Qualität/Leistungsfähigkeit
    - Spezialisierung/Mengenausweitung
    - Sicherung der Struktur- und Ergebnisqualität

Die originäre Forderung der Ersatzkassen ist die Einführung eines reinen Preissystems mit der Implementierung wettbewerbsorientierter Anreize ohne Kontrahierungszwang. Dies bedingt ein monistisches Finanzierungssystem und erfordert den Verzicht der Länder auf die bisherige Planungshoheit/-vorgaben. Das Finanzierungssystem für die Krankenhäuser muss „aus einem Guss" sein und in einer Hand liegen. Investitionsentscheidungen haben die Folgekosten positiv zu beeinflussen. Sie müssen im Kontext zu einer strategisch ausgerichteten Vorhalte- und Kapazitätspolitik stehen. Die Finanzierung der Investitionskosten ist in die Benutzerkostenfinanzierung einzubinden.

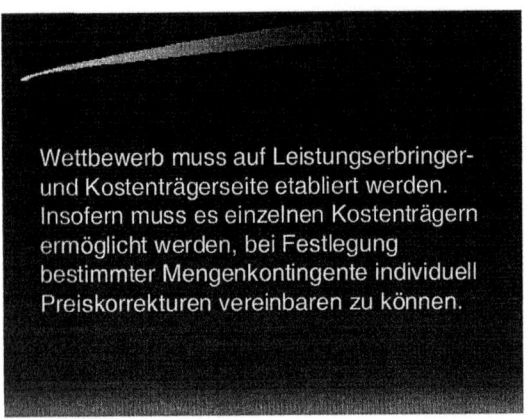

Wettbewerb muss auf Leistungserbringer- und Kostenträgerseite etabliert werden. Insofern muss es einzelnen Kostenträgern ermöglicht werden, bei Festlegung bestimmter Mengenkontingente individuell Preiskorrekturen vereinbaren zu können.

Die Investitionsfinanzierung der Krankenhäuser muss entpolitisiert werden. Die Investitionsentscheidungen müssen ausschließlich sach- und bedarfsorientiert stattfinden. Sie dürfen nicht von der Finanzlage der Länderhaushalte abhängen.

Gefordert wird ein monistisches System, bei dem die Zuständigkeit auch für die Investitionskosten bei den Kostenträgern liegt. Zur Kompensation sind die Krankenkassen von versicherungsfremden Leistungen zu entbinden, wie z. B. dem theoretischen Teil der Ausbildung in den Krankenhäusern. Durch Wegfall der staatlichen Kapazitätsplanung und des Kontrahierungszwangs sind die Krankenkassen frei in ihren Entscheidungen bei der Vergabe der Mittel. Die Letztzuständigkeit für die Sicherstellung der Krankenhausversorgung bleibt bei den Ländern, die Realisierung erfolgt über eine Krankenhaus-Rahmenplanung.

Die Finanzierung der Erstinvestitionen und größerer Instandhaltungsmaßnahmen sollte über einen Fond erfolgen, der von den Krankenkassen errichtet wird. In diesen Fond zahlen übergangsweise die Länder und die Krankenkassen über eine gleichmäßige Verteilung aller Krankenhausentgelte die Mittel ein. Über die in der Hand der Kostenträger liegende Mittelverteilung erfolgt die Einflussnahme auf die Vorhaltung. Kleinere Instandhaltungsaufwendungen sowie die mittel- und kurzfristigen Anlagegüter werden pauschal über die laufenden Krankenhausentgelte des einzelnen Krankenhauses finanziert.

Eine administrativ vorgegebene Kapazitätsplanung darf nicht zu unwirtschaftlichen Strukturen führen, die über die Betriebskosten von den Kostenträgern zu finanzieren sind, Überkapazitäten müssen unter Marktbedingungen zu Preissenkungen führen. Die derzeitige Planungshoheit der Länder hat zu drastischen Überkapazitäten im Krankenhausbereich geführt, deren Vorhaltekosten bislang die Krankenkassen über die Budgets finanzieren mussten. Nach wie vor orientieren sich die Planungsüberlegungen der Länder am „Bett". Eine Kapazitätsplanung muss sich künftig aus einer Leistungsplanung ergeben.

Leistungsmenge und -struktur müssen auf der Basis des neuen Fallgruppensystems geplant werden. Dies setzt ein Zusammenspiel aller Beteiligten auf der Orts- und Landesebene voraus.

Wettbewerbliche Strukturen fördern

Wettbewerb darf sich nicht nur auf die einzelnen Leistungsanbieter beschränken. Vielmehr müssen wettbewerbliche Elemente in allen Bereichen des Gesundheitswesens etabliert werden. Dies betrifft auch oder insbesondere die Organisationsformen der Leistungsanbieter und Kostenträger. Auf Grund gesetzlicher Vorgaben werden eine Reihe von leistungsrelevanten Tatbeständen nicht zwischen Kostenträgern und dem einzelnen Krankenhaus vereinbart, sondern durch Verträge zwischen den Dachverbänden. Im Krankenhausbereich schreibt der Gesetzgeber regelmäßig gemeinsames Handeln vor.

Auf der Krankenhausseite haben sich hierdurch monopolistische Strukturen gebildet, deren Handlungsfähigkeit eingeengt ist. Durch Auflösung des Alleinvertretungsrechts der Krankenhausgesellschaften ist auch in diesem Bereich Wettbewerb auszulösen. Den Kostenträgern muss die Möglichkeit eröffnet werden, innovative Anbieter bevorzugt in Anspruch nehmen zu können und damit entsprechend der Leitlinie „Geld folgt der Leistung" Ressourcen umverteilen zu können. Aber auch auf der Kostenträgerseite müssen die Zwänge zu gemeinsamem Handeln entfallen. Es muss jeder Kassenart gestattet sein, eine auf das eigene Profil zugeschnittene Leistungsstruktur unter Vertrag nehmen zu können. Auf der Grundlage des GKV-Leistungskataloges und der Beibehaltung der Maxime einer gleichen Medizinversorgung der Bevölkerung müssen die einzelnen Kassenarten selbst prüfen und feststellen können, welcher Leistungsanbieter das günstigere „Preis-/Leistungsverhältnis" hat. Dies führt nicht nur zu einem Qualitäts- und Preiswettbewerb auf der Anbieterseite, sondern auch zu einem Wettstreit auf der Kostenträgerseite.

Nicht nur der günstigste Beitragssatz, sondern auch die Versorgungsstruktur im Falle der Leistungsinanspruchnahme soll den Versicherten bei der Wahl der Kasse beeinflussen.

Ein Wettbewerb auch auf der Kostenträgerseite bedingt letztlich die Möglichkeit des Aushandelns eigener Preise bzw. von Preisabweichungen für jede Kassenart.

Zusammenfassend ist zu konstatieren, dass an den Rahmenbedingungen zur DRG-Einführung noch viel zu tun ist. Nicht Fragen nach Macht und Ohnmacht stehen jetzt im Vordergrund, sondern der gemeinsame Auftrag zur strukturellen Weiterentwicklung. Die Frage der Lösung des Problems einer medizinisch nicht indizierten Mengenausweitung ist von besonderem Interesse.

Die in Frage kommenden Instrumente zur Begrenzung einer Mengenausweitung mögen einzelwirtschaftlich aus Sicht des Krankenhauses gesehen ein Übel sein, gesamtwirtschaftlich gesehen muss die Forderung nach solchen Instrumenten nicht allein von den Kostenträgern, sondern auch von den Leistungserbringern erhoben werden. Die Entwicklung im Niedergelassenenbereich unterstützt diese These eindrucksvoll. Daher werden geeignete Budget- oder degressive Preismodelle genauso zu diskutieren sein, wie die Vorsehung geeigneter Prüfinstanzen, so genannter peer review-Organisationen.

Einführungsschritte

- Anpassung / Erweiterung ICD-10 + OPS-301
- Vorgabe von verbindlichen Codierregeln
- Anpassung der Datenstrukturen § 301 SGB V
- Gruppierungssoftware mit Überleitungstabellen
- Beginn des Kalkulationsverfahrens
- Regelhafte Adaption der Relativgewichte und der Fallgruppen mit nativer Gruppierungssoftware

Probleme bei der Einführung der G-DRGs

- Fehlende valide bundesdeutsche Datengrundlage bis zum Einführungsjahr 2003 (Codierqualität und Kostenträgerrechnung)
- Ordnungspolitischer Rahmen steht nicht fest
- Enger Zeitrahmen
- Fehlende Infrastruktur

Darüber hinaus wird die Implementierung qualitätssichernder Maßnahmen von Bedeutung sein, um mögliche systemimmanente Fehlentwicklungen eines Fallpauschalensystems zu verhindern.

Zum Management einer qualitätsorientierten Vergütung im Krankenhaus

Hans-Dieter Koring

Veränderung des Umfeldes

Mit den gesetzlichen Entscheidungen zur Gesundheitsreform 2000 wird das Vergütungssystem für die deutschen Krankenhäuser einer gründlichen Revision unterzogen. Unabhängig von den derzeit im Streit der Vertragspartner auf Bundesebene befindlichen Fragen der operativen Umsetzung des Wechsels zur Bewertung und Vergütung von Leistungskomplexen werden Wirkungen bezüglich betriebswirtschaftlicher und qualitativer Effizienz und Effektivität angestoßen, die meines Erachtens unumkehrbar sein werden. Alle Versuche, eine Rückentwicklung auf den Status quo zu erreichen, werden zum Scheitern verurteilt sein.

Gleich wie, d. h. mit welchen Verfahren, in welcher Abfolge oder in welcher Auswahl von Referenz-Häusern die Bewertungsrelationen gefunden werden; gleich, wie die Punktwertdiskussion in der körperschaftlichen Selbstverwaltung letztlich ausgeht; gleich, wie und in welcher Form Zu- und Abschlagsregelungen vereinbart werden: Das Leistungsspektrum und der Umfang der Leistungen der deutschen Krankenhäuser werden erstmalig nach Inhalten offen und transparent. Statistiken über die Zahl „erbrachter" Pflegetage und abgerechneter Berechnungstage, Sonderentgelte, Fallpauschalen usw. werden keinen Bezugspunkt in der Zukunft finden. Sie gehören der Vergangenheit an. Hoffentlich auch endlich das dahinter stehende Selbstkostendeckungsprinzip!

Macht also eine ‚einfache' Gesetzesänderung alles neu?

Im Prinzip ja, denn auch für Gesetze heißt Zukunft gestalten, Ziele zu setzen im Rahmen einer visionären Vorstellung von der Welt von Morgen.

In unserem Kontext: Die bisherigen gesetzlichen Vergütungsvorschriften folgten der Vorstellung (Vision) von der Vorhaltung genügender Betten zur Versorgung der Bevölkerung mit stationären Leistungen (staatliche Daseins- und Bedarfsvorsorge). Mit der Einführung einer Vergütung nach diagnoseorientierten Leistungskomplexen ist implizit (gewollt oder ungewollt, jedenfalls faktisch) ordnungspolitisch eine wettbewerbliche Orientierung (Vision) verbunden. Daran ändert auch nichts die Beibehaltung der Krankenhausplanung der Länder als Instrument der staatlichen Bedarfsplanung als Ausfluss der beibehaltenen dualen Finanzierung. Die Krankenhauspläne der Zukunft werden ausschließlich die Funktion einer Anspruchsvoraussetzung für staatliche Investitionsförderungen zu erfüllen haben.

Die Erfordernisse an Leistungskomplexe in quantitativer und qualitativer Hinsicht und in den zeitlichen, regionalen und sektoralen Bedingungen werden sich im Wettbewerb um Qualität und Preis der Leistung als Determinanten der Präferenzen im Markt ergeben. In diesen Grundsätzen unterscheidet sich der „Markt der stationären Gesundheitsdienstleistungen" auch nicht vom übrigen marktwirtschaftlichen Geschehen. Die wettbewerbliche Ausrichtung als Zielerreichungsmittel hat keinen Bezug und steht auch nicht im Widerspruch zur Sozialgebundenheit des Gutes Gesundheit. Die sozial- und ordnungspolitischen Regulierungsnotwendigkeiten liegen eher beispielsweise in den Fragen des Marktzugangs, der Beurteilung der Preisangemessenheit, genereller Leistungszulassungen, der gesellschaftlichen Gesundheits- und Versorgungsziele etc.

Herausforderungen

Mit der Hinwendung zum Wettbewerb ist bereits der immense Managementbedarf für die Krankenhäuser skizziert.

Auf der strategischen Seite und nach außen zum Markt liegt die einzelwirtschaftliche Aufgabe darin, auf der Grundlage eines transparenten Ist-Zustandes in Abstimmung mit den Krankenkassen und der körperschaftlichen Selbstverwaltung sowie dem Staat (Gesundheits- und Versorgungsziele) Leistungen zu generieren und zu formatieren, die qualitativ, zeitlich und regional den Bedürfnissen der Kunden entsprechen und ein genügendes Potential versprechen.

Prioritär ist eine konsequente Qualitätssicherung bei Beachtung des Wirtschaftlichkeitsgebotes. Sofern nicht in neuen Segmenten Alleinstellungspositionen („unique sellingpositions") etabliert und gefestigt werden können, ist gerade bei einem Festpreis-System, wie wir es einführen werden, eine dauerhaft erfolgreiche Marktposition nur zu erreichen bei Lieferung bester Qualität – im Benchmark! – und in wirtschaftlicher Produktion zur Ergebnissicherung. Damit sind die Weichen für das Management nach innen gestellt:

1. konsequente Qualitätsorientierung
2. Verfolgung der Wirtschaftlichkeit des Leistungsentwicklungsprozesses.

Folgt man Donabedien zur Qualitätsorientierung in den Strukturen, den Prozessen und am Ergebnis, kann man konstatieren, dass die Qualität jedes einzelnen Prozessschrittes, wenn denn das Design des Gesamtprozesses evidenzbasiert qualitätsgesichert ist, das Ergebnis überwiegend beeinflussen wird. Hinzu tritt für das Unternehmen Krankenhaus, dass derart qualitätsgesicherte Prozesse die Wahrscheinlichkeit für sich haben, die geringeren Kosten zu verursachen (Motto: Mach es gleich richtig).

Sicherung und Weiterentwicklung der Qualität der Behandlungsprozesse genießen mithin oberste Priorität – doch welche Ansätze bieten sich?

Beispielsweise dem Ansatz von Bernhard Badura zu einer umfassenden Qualitätsstrategie folgend hieße das, eine Synthese einzugehen, aus dem berufsgruppenbezogenen Ansatz – Qualifikation und Erfahrung der Behandler, Orientierung der Behandlung an Richtlinien, Leitlinien und Empfehlungen – und dem organisationsbezogenem Ansatz – statistische Qualitätskontrolle des Zielerreichungsgrades, Einbindung der Kunden bei Generierung von Leistungen und Prozessen (Beachtung der Kundenanforderungen, quality function deployment), Beurteilung der Ergebnisqualität –.

Die epidemiologische Betrachtungsweise zur Evaluation medizinischer Dienstleistungen, also die konsequente Orientierung am gestifteten Nutzen, nachgewiesen durch externe systematische Wirksamkeitsprüfung therapeutischer, diagnostischer und präventivmedizinischer Leistungen, ist natürlich unverzichtbarer Bestandteil einer umfassenden Qualitätsstrategie. Sie kann jedoch, als wissenschaftlicher Ansatz auf „Systemebene", bei der Diskussion eines qualitätsorientierten Managements im Krankenhaus ausgeblendet werden.

Im Wesentlichen sind also intern sowohl die Strukturelemente (Mitarbeiter, Sachen, Management) als auch die Organisation der Arbeit – strukturen- und prozessorientiert – zu beachten und einem Qualitätsmonitoring zu unterwerfen. Mit anderen Worten: Der dispositive Faktor, das Management, Führung und Organisation sind gefordert in der Kette:

- Anamnese (Feststellung der Fakten über Kennzahlen)
- Diagnose (Analyse der Strukturen und Prozesse) und
- Therapie (Disposition der Verbesserungen).

In den Krankenhäusern ist also eine aus berufsgruppen- und organisationsbezogenem Ansatz bestehende Qualitätsstrategie angezeigt. Diese ist ausgerichtet auf Strukturen und Prozesse, wobei den Anforderungen der Kunden, geprägt nicht nur durch die Wünsche, sondern generiert aus der Coproduzentenschaft der therapeutischen Gemeinschaft mit dem Arzt des Vertrauens und in Übereinstimmung mit den Gesundheits- und Versorgungszielen der Gemeinschaft, eine besondere Bedeutung zukommt.

Eine solche berufsgruppen- und organisationsbezogene Qualitätsstrategie bedarf einer umfassenden internen Transparenz.

Aus der zweiten Herausforderung des Wettbewerbs, der Wirtschaftlichkeit der Leistungserbringung, folgt ein gleiches Erfordernis zur internen Transparenz. Über Benchmarks können zwar im Verhältnis nach außen generelle Aussagen zum Stand der Wirtschaftlichkeit des Unternehmens getroffen werden. Aufschlüsse über die Wirtschaftlichkeit des Prozessdesigns, des function deployments und in den einzelnen Prozessschritten sind jedoch nur über eine Beurteilung und Nachkalkulation auf der Basis einer Kostenträgerrechnung zu erreichen.

Zustand

Derzeit konzentriert sich das Krankenhausmanagement auf die Vorbereitung der Leistungserfassung, Leistungskodierung nach klinischen Maßstäben und damit auf die Sicherstellung der Leistungsabrechnung.

Unsere Untersuchungen zum Stand der Transparenz, der Fertigkeiten und des Wissens zur Leistungsdokumentation und –kodierung zusammen mit einer anderen Ersatzkasse und vier Krankenhäusern waren im ersten Anlauf für alle Beteiligten relativ ernüchternd. Kritisch ist vor allem anzumerken, dass Ärzte im Krankenhaus immer noch die Grundlagen der ärztlichen Kunst, nämlich nach einer fach- und sachgerechten Aufnahme eines objektiven und subjektiven Sachverhaltes (Anamnese) eine Befunddokumentation als Basis der therapeutischen Gemeinschaft von Arzt und Patient, nichtärztlichen Therapeuten und Pflegekräften anzulegen und zu führen, als lästige „Verwaltungsarbeit" ansehen.

Vorwärtsstrategie

Nur aus zuverlässigen Dokumentationen aber kann eine Kodierung im Hinblick auf ein System von klinischen Komplexen im Kontext von Diagnosis Related Groups (DRGs) rechtfertigend erfolgen, ebenso wie in den zuvor beschriebenen Aufgaben der internen Qualitätssicherung. Aus betriebswirtschaftlicher Sicht heißt das zusätzlich: Endlich ist auch im Krankenhaus eine Kostenträgerrechnung einzuführen, um die Einzelkosten der betrieblichen Leistung zu erfassen und analysieren zu können.

Mit der Umstellung auf ein DRG-System ist auch der Nutzen verbunden, effizientere Qualitätssicherungsprogramme einzuführen: Durch Prozessqualitäts- und Outcome-Messungen, auch gezielt auf Patientenklassen zugeschnitten, kann die Vergleichbarkeit der Leistungserbringung drastisch erhöht werden. Über Benchmarks in den fallbezogenen Prozessen und Kosten sind Vergleiche durchzuführen und aus den Ergebnissen die entsprechenden Sollvorgaben zu entwickeln.

In diesem Zusammenhang sollte meines Erachtens auch die Integration von ‚Qualitätsmarkern' in eine Kostenträgerrechnung diskutiert werden. Kernthese ist, dass Qualitätsmarker im Rahmen der Kostenträgerrechnung einen ersten und nur sehr geringen Aufwand verursachenden Ansatz für das Unternehmen Krankenhaus bieten, Qualitätsmängel oder Unwirtschaftlichkeiten aufzuzeigen bzw. Hinweise darauf zu geben. So könnte z. B. durch die Definition einer Kostengrenze eine entsprechende Hinweisfunktion verbunden werden, ebenso bei Über- bzw. Unterschreitung eines definierten Grenzwertes der Vollkostenrelationen. Qualitätsmarker in der Kostenträgerrechnung könnten unmittelbar Probleme in einzelnen Behandlungsprozessen aufzeigen und eine übergreifende Auswertung gesetzter Qualitätsmarker, im Sinne eines internen Qualitätsberichtes über notwendige Änderungen im Design von Behandlungsprozessen erste konkrete Ansatzpunkte bieten.

Mit den mit einem DRG-System gegebenen Anreizen zur Eigensteuerung der Leistungserbringung und den Möglichkeiten, respektive Notwendigkeiten, Risikoselektion zu betreiben oder Versorgung zu minimieren, um Kosten-Nutzen-Relationen aus betriebswirtschaftlicher Sicht zu optimieren, ist zugleich unverzichtbar ein hohes Maß an externer Qualitätssicherung verbunden (vgl. Lauterbach/Lüngen, DRG-Fallpauschalen: Eine Einführung). Eine Begründung hierfür ist auch darin zu sehen, dass selbst mit einer noch so hoch entwickelten epidemiologischen Qualitätssicherung Probleme und Fehlentwicklungen in den Behandlungsprozessen auf der Systemebene erst – wenn überhaupt – grob zeitlich verzögert („Time-lag") wahrnehmbar werden können. Lauterbach/Lüngen kommen bei ihrer Betrachtung zu dem Ergebnis, eine externe Sicherung der Qualität eher durch stichprobenartige Qualitätskontrollen abzudecken, als denn einer dem US-System der Peer Review Organizations vergleichbaren Einrichtung aufzuerlegen.

Die Frage einer zweckmäßigen Lösung für deutsche Verhältnisse sollte zwar an anderer Stelle diskutiert werden, dieser Aspekt ist im Zusammenhang mit der Diskussion einer notwendigen umfassenden internen Qualitätsstrategie jedoch zu betrachten: Das Management eines Krankenhauses wird externe Qualitätssicherung unterstützen müssen (Datenlieferungen etc.).

Die im Zusammenhang mit der externen Qualitätssicherung gewonnenen Daten sind aber auch für die interne Qualitätssicherung von großer Bedeutung (Benchmarks) und sollten, selbstverständlich ohne den direkten Zugriff auf Daten anderer Krankenhäuser, nutzbar gemacht werden.

In der zusammenfassenden Betrachtung stellen sich folgende wesentliche Handlungsfelder für das Management der Krankenhäuser in Zukunft heraus, welche nicht als einmalige Aufgabe zu verstehen sind, sondern im Sinne eines stetigen, sich selbst ergänzenden und vorantreibenden Prozesses angelegt sein werden:

- Implementierung einer durchgängigen Dokumentation
- Generierung der Managementfähigkeit des ärztlichen und nichtärztlichen Personals
- stetige Überprüfung der medizinischen Codierung
- Kostenträgerrechnung (mit Qualitätsmarkern)
- Einbindung der Patientenanforderungen bei Generierung und Gestaltung von Behandlungsprozessen
- Unterstützung der externen Qualitätssicherung (Datenlieferungen)
- Auswertung und Übertragung der Ergebnisse der externen Qualitätssicherung

Abschließend bleibt anzumerken, dass dieser Handlungsbedarf nicht erst mit der Einführung eines pauschalierenden Entgeltsystems für den stationären Bereich in Deutschland entstanden ist.

Bis zum heutigen Zeitpunkt war es jedoch für das Fortbestehen eines Hauses weitestgehend irrelevant, ob vorgehaltene Kapazitäten Auslastung erfuhren oder einfach ‚leer standen'. Die Frage des Fortbestehens eines Krankenhauses war damit nicht verbunden – die staatliche Daseinsvorsorge (Planung) besorgte dies. Allenfalls konnte ein gutes Management zu überplanmäßigen Einnahmen führen; bedingt durch das (noch) geltende Vergütungssystem werden derartige Mehreinnahmen im Rahmen der Erlösausgleiche aber auch überwiegend wieder abgeschöpft, so dass eine Motivation zu entsprechenden Maßnahmen nicht entstehen konnte, zudem deren Kosten im Rahmen der heute noch aktuellen Budgetverhandlungen kaum geltend zu machen wären.

Die Chancen der Krankenhäuser, durch gute Qualität Beschäftigung und wirtschaftliches Ergebnis zu sichern und auszubauen, werden durch die wettbewerbliche Ausrichtung, die zwangsläufig aus dem neuen Vergütungssystem folgt, nun tatkräftig befördert.

Themenkreis 4

Integrierte Versorgung – Einführung

Alexander P. F. Ehlers

Integrierte Versorgung ist zu einem der wichtigsten Themen geworden. Man erhofft sich von der integrierten Versorgung Qualitätsverbesserung, Effizienzsteigerung und Kostensenkung. Kaum ein Seminar oder Symposion, kein Printmedium – unabhängig davon, ob Publikums- oder Fachpresse – kommt ohne diese Thematik aus. Die FAZ vom 18. November 2000 hat in der Medica-Beilage diese Thematik mehrfach aufgegriffen.

Von der integrierten Versorgung verspricht man sich die Lösung von mehr als einem Problem im Bereich der gesetzlichen Krankenversicherung. Bei den Experten der „Bad Orber Gespräche" wäre es, als ob man Eulen nach Athen trägt, wenn man nochmals feststellen würde, dass trotz aller Reformbemühungen seit Ehrenberg das deutsche Gesundheitssystem nicht wirklich und längerfristig reformiert werden konnte. Alle Reformen waren allenfalls kurzfristig erfolgreich. Langfristig wurde nichts anderes erreicht als Kostendämpfung.

Genauso wenig müssen wir darauf eingehen, dass es nicht nur in unserem Gesundheitssystem zu kontinuierlichen Kostensteigerungen einerseits und andererseits zu Finanzproblemen bei den Kostenträgern kommt. Mit dem 2. GKV-Neuordnungsgesetz von 1997 versuchte der Gesetzgeber, mit Modellvorhaben und Strukturverträgen eine gewisse Flexibilität, eine Liberalisierung in das System hineinzubringen. Themen wie Managed Care beeinflussten die bundesdeutsche Gesundheitssystemdiskussion immer intensiver. Ursächlich war hierfür sicherlich der Expertenaustausch Deutschland/USA im Zeichen der so genannten – und zu guter Letzt gescheiterten – Clinton-Reform. Dabei soll dem amerikanischen System, das es an sich nicht gibt, oder amerikanischen Modellen nicht der Vorzug gegenüber europäischen Gesundheitssystemen gegeben werden. Wir kennen alle die gravierenden Schwachstellen. Ich glaube, wir müssen in Deutschland einen neuen Weg finden.

Im Rahmen des 4. Themenkreises „Integrierte Versorgung" wird es um diesen neuen Weg gehen. Das eine oder andere Referat wird Belege dafür liefern, dass Modellvorhaben und Strukturverträge noch nicht der Weisheit letzter Schluss sind. Diese Modelle haben nicht wirklich das gebracht, was man sich von ihnen versprochen hatte. Ursachen hierfür gibt es viele. Eine Ursache war sicherlich auch die Tatsache, dass mit diesen Modellvorhaben und Strukturverträgen nicht wirkliche Wettbewerbsstrukturen geschaffen werden konnten. Und außerdem: Immer dort, wo Modelle hätten erfolgreich initiiert werden können, haben Teilnehmer des Systems (beispielsweise Kassenärztliche Vereinigungen) derartige Initiativen zu verhindern gewusst.

Dies ist der Hintergrund der Rot-Grünen-Koalitionsentscheidung – aufgrund von intensiver Expertenberatung –, mit der Integrationsversorgung gemäß der §§ 140 a ff. SGB V neue Wege zu gehen. Man will mit Direktverträgen zwischen Kostenträgern einerseits und Leistungserbringern und Gruppen von Leistungserbringern andererseits – ohne Beteiligung der Kassenärztlichen Vereinigungen und ohne Eintrittsrechte der Krankenkassen – Wettbewerbsstrukturen schaffen.

Die Körperschaften des öffentlichen Rechts haben das – je nach Positionierung – nicht nur positiv aufgenommen. Die Kassenärztliche Bundesvereinigung versucht, im Rahmen der Bundesrahmenempfehlung den Einfluss der KVen zu sichern. Dies gilt in gleicher Weise auch für die Eintrittsrechte von Krankenkassen. Ich gehe davon aus, dass diese beiden Regelungen letztlich vom Schiedsamt geregelt werden. Möglicherweise wird jedoch auch das Bundesgesundheitsministerium im Rahmen seiner Aufsicht tätig werden, oder behinderte Integrationsversorgungsanbieter klagen.

Es gibt viele offene Fragen im Rahmen der Integrationsversorgung. Diese werden uns noch lange beschäftigen. Grundsätzlich soll die Integrationsversorgung dazu dienen, die Qualität zu verbessern, die Effizienz zu steigern und die Kosten zu senken. Damit diese Chancen wirklich ausgeschöpft werden können, bedarf es Direktverträge ohne Monopolstrukturen, wie sie beispielsweise von Herrn Dr. Baumgärtner in seiner Funktion als Vorsitzender des Vorstandes einer Kassenärztlichen Vereinigung gefordert werden. Ich glaube nicht, dass man Wettbewerb initiieren kann, wenn die Leistungserbringer, z. B. Vertragsärzte, rechtlich gebunden und ohne Verhandlungsmacht nicht direkt mit den Kostenträgern Verträge schließen dürfen. Solche Voraussetzungen sind nicht wettbewerbsfördernd. Sie werden sich letztendlich als das erweisen, als was sie wohl auch geplant waren, nämlich als Verhinderungssysteme von erfolgreichen Verträgen zwischen Kostenträgern und Leistungserbringern.

Wir werden es riskieren müssen, einen Wettbewerb zu initiieren, der auch das Risiko in sich birgt, dass der eine oder andere Leistungserbringer im Wettbewerb nicht bestehen kann.

Der Berliner Zille hat einmal formuliert: „Mutter, wir sind einfach zu viele, die Butterstulle reicht nicht aus." Und genau das ist das Problem. Wenn es noch Rationalisierungspotentiale im System gibt, dann bedeutet das auch, dass es eine Garantie für einmal zugelassene Leistungserbringer durch die gesetzliche Krankenversicherung nicht geben kann. Und Integrationsversorgungssysteme dienen genau diesem Ziel. Es geht darum festzustellen, wo es Versorgungsdefizite gibt. Man muss eine Schwachstellenanalyse erheben. Das Versorgungsprodukt muss definiert werden. Wer produziert das Produkt und wie wird es verkauft? Dies ist letztendlich nichts anderes als das „1 x 1" der Ökonomie.

Der Themenkreis 4 soll uns diesem Ziel etwas näher bringen.

Bisherige Erfahrungen mit integrierten Versorgungsmodellen im Bereich der AOK

Wolfgang Gerresheim

Der „Spiegel" befragte vergangenen Monat Gesundheitsministerin Fischer in einem Interview unter anderem: „Wenn Sie jetzt ausscheiden würden und es käme Ihr Nachfolger, gäbe es Punkte, an denen er nicht vorbeikommt, die Sie festgeklopft haben?"

Fischer: „... Schon heute kann ich sagen, dass die integrierte Versorgung dazugehört, die den Wettbewerb um eine optimale Betreuung der Patienten erst ermöglicht. Das wird auch über Jahre wirken und nicht mehr rückgängig gemacht, weil jeder weiß, dass es vernünftig ist."

Als erster Referent des Abschlusstages dieses Symposiums fällt mir die schwierige Aufgabe zu, heute morgen einen Einstieg in das Thema „Integrative Versorgung" und einen ersten Erfahrungsbericht hierzu zu liefern.

Ich möchte Ihnen zunächst kurz den rechtlichen Rahmen skizzieren, in dem sich vielerlei Maßnahmen, die allgemein mit integrativer Versorgung beschrieben werden, bewegen oder bewegen können.

Im Anschluss werde ich Ihnen erste konkrete Erfahrungen und Ergebnisse aus einzelnen Projekten der AOK-Gemeinschaft skizzieren, um daraus Erkenntnisse und Notwendigkeiten für die Weiterentwicklung integrativer Versorgungsansätze zu beschreiben.

Lassen Sie mich zunächst den rechtlichen Rahmen abstecken, in dem wir uns mit dem Thema des heutigen Tages bewegen:

Durch die Gesundheitsstrukturreform 2000 haben die gesetzlichen Krankenkassen mit den Vorschriften des § 140 a - h SGB V unter dem Titel „Integrierte Versorgung" ein neues Instrument zur Ausgestaltung der medizinischen Versorgung ihrer Versicherten erhalten. Für Gesundheitsministerin Fischer war diese neue Vertragsform ein Kernstück der Strukturreform, und auch aus Sicht der AOK-Gemeinschaft hat sich hiermit die bereits lange erhobene Forderung nach einem weiteren und insbesondere individuellen vertraglichen Gestaltungsspielraum der einzelnen Krankenkassen erfüllt.

Mit dem Vertragsinstrument „Integrierte Versorgung" haben wir neben den beiden klassischen Rechtsinstituten „Modellvorhaben" und „Strukturvertrag" nun einen dritten Ansatz zur Realisierung innovativer Versorgungsformen.

Was ist nun das Besondere an den neuen Rahmenbedingungen?

Die markanteste Änderung ist sicher die Konstellation der Vertragspartner. Während sich bisher die Kassenärztliche Vereinigung und die Landesverbände der Krankenkassen als Monopolisten in Sachen Verträge gegenüberstanden, können nun einzelne Kassen mit Gruppen von Vertragsärzten (umgangssprachlich meist „Netz" genannt) Verträge zur Versorgung der Versicherten abschließen. Daneben können Krankenhäuser, Vorsorge- und Rehabilitationseinrichtungen sowie weitere Leistungserbringer als Vertragspartner einzelner Krankenkassen auftreten.

Die Spitzenverbände haben auf Bundesebene eine Rahmenvereinbarung zur Gestaltung der Detailregelungen zum § 140 a - h SGB V vereinbart, die allerdings noch in einem Punkt, der Frage des Beitrittsrechts der KVen, strittig ist und zu dem das Bundesschiedsamt angerufen werden soll.

Auch wenn das Vertragsmonopol gelockert wurde, so ist doch der Sicherstellungsauftrag nach wie vor den KVen vorbehalten. Und auch zum klassischen Vertragsnetz zwischen KV und Kassenverbänden gibt es Interdependenzen: Sowohl Honorarbudgets als auch Arznei- und Heilmittelbudgets sind entsprechend zu bereinigen. Hiermit soll sichergestellt werden, dass Maßnahmen der integrativen Versorgung nicht zu einer Kostensteigerung der medizinischen Versorgung insgesamt führen. Der Grundsatz der Beitragssatzstabilität bleibt ohnehin unberührt. Hier wird eine eindeutige Intention des Gesetzgebers deutlich: Integrative Versorgung ist kein zusätzlicher Abrechnungsweg einer Ärztegemeinschaft, sondern ein Rechtsrahmen zur Erschließung von Wirtschaftlichkeitsreserven und zur Verbesserung der Qualität der medizinischen Versorgung der Versicherten.

Wie kann und wie wird dieser Rechtsrahmen nun ausgestaltet?

Zum heutigen Zeitpunkt müssen wir leider konstatieren, dass, wie bereits angesprochen, die Rahmenvereinbarung der Spitzenverbände zum § 140 SGB V noch nicht in allen Punkten konsensfähig ist und wir somit auch ein knappes Jahr nach In-Kraft-Treten der Gesundheitsreform noch keine echten Verträge auf dieser Grundlage schließen konnten.

Was dieses Beispiel wieder einmal aufzeigt: Bei allen Beweisen für die Funktionsfähigkeit und Sinnhaftigkeit korporatistischer Selbstverwaltungsstrukturen im Gesundheitswesen, ist doch die teilweise erhebliche Zeitdauer bei der Realisierung von Innovationen in der GKV zu kritisieren.

Wir werden uns auch in anderen Bereichen verstärkt die Frage stellen müssen, ob unsere Verfahren der konsensualen Entscheidungsfindung mit einer immer größeren Dynamik in der Entwicklung von Einflussfaktoren und Innovationen auf Dauer Schritt halten können. Ich nenne hier nur noch den Antragsstau im Bundesausschuss Ärzte/Krankenkassen oder auch die Ausgestaltung der Richtlinien in der häuslichen Krankenpflege als weitere Beispiele, wo Versicherte wie Vertragspartner durch unklare oder noch ausstehende Regelungen irritiert werden.

Aber zurück zur integrativen Versorgung: Die Vorteile für Versicherte durch Erschließung von Rationalisierungspotentialen, Verbesserung der Qualität, Vermeidung von Mehrfachuntersuchungen und unnötiger Behandlungstermine liegen auf der Hand. Die Überwindung der Abschottung der einzelnen Sektoren des Gesundheitswesens ist eine der wichtigsten Erwartungen, die mit den neuen gesetzlichen Regelungen verbunden sind.

Welche Anreize sind nun für die Leistungserbringer zu sehen?

Ich denke, der wichtigste Erfolg wäre hierbei die Befreiung aus dem Hamsterrad des kontinuierlichen Punktwertverfalls, dem alle im jetzigen Abrechnungssystem – freiwillig oder unfreiwillig – ausgeliefert sind.

Wir haben erstmals die Chance, eine für beide Vertragspartner wirklich faire und leistungsgerechte Vergütung zu verhandeln und individuell zu vereinbaren.

Damit meine ich nicht, zwangsläufig höhere Vergütungen zu vereinbaren, aber eine realistische Chance hierauf zu bieten, wenn Qualität und Wirtschaftlichkeit der Behandlung garantiert und nachgewiesen werden. Dies kann nur über Leitlinien auf der Grundlage der Evidence Based Medicine sichergestellt werden, die wir uns auch als Bestandteil unserer Vereinbarungen mit Netzen der integrativen Versorgung wünschen. Untrennbar hiermit ist jedoch auch die zumindest teilweise Übernahme der ökonomischen Verantwortung der Versorgung der Patienten im Netz verbunden.

So haben wir in der AOK Hessen beispielsweise gemeinsam mit den Landesverbänden von BKK und IKK mit dem Medizinischen Qualitätsnetz Hofheim einen ersten Schritt in diese Richtung getan. In diesem Netz tauschen sich die beteiligten Ärzte im monatlichen Turnus insbesondere über Wirtschaftlichkeitsaspekte der Pharmakotherapie aus. Daneben wurden Arbeitsgruppen zu Notfallmedizin, Gerätesicherheit in der Praxis und Heil- und Hilfsmittelversorgung ins Leben gerufen. Ein gemeinschaftlich organisierter Notfalldienst und fest zugeordnete Ansprechpartner in den beteiligten Krankenkassen rundeten das Dienstleistungsangebot ab.

Auch die Fortbildung der teilnehmenden Ärzte nimmt einen breiten Raum ein. Die Erfahrung zeigt uns aber, dass Ärzte mit dem „Netzmanagement nach Feierabend" sehr schnell überfordert sind. Insbesondere wenn Abrechnungsverfahren und Dokumentation im Rahmen von flexiblen und anreizorientierten Vergütungsregelungen einen breiteren Raum einnehmen werden, ist eine professionelle Administration unerlässlich. Dass diese nicht zum Nulltarif erfolgen kann, ist naheliegend. Genauso naheliegend ist aber auch, dass hierdurch den Krankenkassen keine übermäßigen Mehrkosten entstehen dürfen. Häufig wird von Leistungserbringern uns gegenüber die Forderung nach „Anschubfinanzierung" oder „Investition" erhoben. Dies durch einen Aufschlag auf die Vergütung abzuwickeln, wäre jedoch ein Widerspruch in sich. Investitionen haben die Wirkung, sich zu refinanzieren und langfristig Gewinne zu ermöglichen. Daher werden sie im Wirtschaftsleben häufig durch Fremdkapital finanziert. Dies muss aus unserer Sicht auch in Netzen der integrativen Versorgung möglich sein. Eine Abwälzung von Mehrkosten, als „Investitionen" deklariert, auf die Gemeinschaft der Beitragszahler darf es nicht geben. Wenn die Idee und die Potentiale der uns vorgeschlagenen Kooperationen der Leistungserbringer so vielversprechend sind, wie uns dies häufig dargestellt wird, müsste eine Anschubfinanzierung auch über den Kapitalmarkt und somit kostenneutral für die Beitragszahler erfolgen können.

Durch neue Vergütungsformen kann es gelingen, die Krankenversicherungen auf ihre Kernfunktion als „Versicherer" zu konzentrieren und das oftmals vorherrschende öffentliche Bild als verwaltungsintensive Umverteilungs- und Abrechnungsstellen zu korrigieren. Unsere Funktion wird in der integrativen Versorgung – sollten wir sie einmal in Reinkultur erreichen – die Rückversicherung kostenintensiver Behandlungsfälle, die Zuführung der Patientenstämme zu den Netzen der Leistungserbringer und die Administration des Gesamtsystems sein. Wir sind bereit, diese Rolle anzunehmen.

Doch auch die Leistungserbringer können durch die Nutzung von Synergieeffekten durch die gemeinsame Nutzung und Finanzierung von Medizin- und Informationstechnik sowie in der Administration und im Abrechnungswesen auch eigenständig Reserven erschließen.

Nicht zuletzt die Gesamtbetrachtung der Bedingungen der Berufsausübung lässt die Patientenversorgung in Netzwerken zu einer interessanten Perspektive für unsere Vertragspartner werden.

Ich möchte nunmehr unsere Erfahrungen und Anforderungen im Hinblick auf die Patientenorientierung darstellen:

Aufgrund der Intransparenz der Datenlage der Krankenkassen ist eine echte ökonomische Evaluation von Maßnahmen der integrativen Versorgung sehr schwierig. In den nächsten Jahren werden gewaltige Anstrengungen nötig sein, die Versichertendaten zu bündeln und für Auswertungen zur Verfügung zu stellen.

Damit hier keine Missverständnisse entstehen: Datenschutz und ein wirksamer Schutz vor Risikoselektion müssen mit der notwendigen größeren Datentransparenz einhergehen. Keinesfalls dürfen unter dem Dach der GKV auf diesem Wege neue Selektionsmöglichkeiten entstehen. Der Kontrahierungszwang auf Versichertenseite ist ein Grundpfeiler unserer solidarischen Krankenversicherung und darf auch durch die integrative Versorgung nicht angekratzt werden – weder auf Seiten der Krankenkassen noch durch Selektionen beim Zugang zu Versorgungsnetzen durch Leistungserbringer. So bleiben für die AOK auch das Recht auf freie Arztwahl – in begründeten Einzelfällen auch außerhalb des gewählten Versorgungsnetzes- und der uneingeschränkte Zugang zu einer unabhängigen medizinischen Zweitmeinung und zu Informations- und Beratungsangeboten im Rahmen der neu aufzubauenden Angebote nach § 65 b SGB V unberührt.

Der kritische und aufgeklärte – und damit auch mündige – Patient ist vielmehr Voraussetzung für die Funktionsfähigkeit von Versorgungsnetzen. „Managed Care" darf den Patienten keinesfalls zum Objekt in einer Leistungskette und zum Kostenträger degradieren.

Neben oder auch aufgrund der schwierigen Evaluationsmöglichkeiten haben wir starke Vorbehalte der Akteure auf dem neuen Feld der integrativen Versorgung ausgemacht. Hier gilt es, Ängste abzubauen und Aufklärungsarbeit zu leisten.

Viele Netze haben bisher auch nicht das gesamte Spektrum der Leistungserbringer eingeschlossen. Viele Ansätze sind auf der Ebene der ambulanten Versorgung stagniert.

So wichtig und sinnvoll hier eine Koordination der Behandlungsabläufe ist, ist doch die Einbeziehung der Krankenhäuser unabdingbar, um die integrative Versorgung ihrer Bestimmung gemäß auszugestalten. Die getrennten Vergütungssysteme ambulant/stationär erschwerten dies bisher. Wir arbeiten mit Nachdruck daran, durch kombinierte Budgets und gemeinsame Verantwortungen hier weitere Kooperationen für unsere Versicherten zu initiieren.

Was bedeuten diese Anforderungen nun für Management und Administration?

Der Organisations- und Management-Aufwand einer Netzorganisation wird häufig unterschätzt. Eine Geschäftsführung quasi im Ehrenamt nach Praxisschluss wird auf Dauer mit den Qualitäts- und Management-Anforderungen, die wir an die Versorgungsnetze unserer Versicherten stellen müssen, nicht leistbar sein. Mit dem Management der Versorgungsnetze wird auf Seiten der Leistungserbringer ein neues Tätigkeitsfeld und auch Berufsbild entstehen, dem bei der Gestaltung der lokalen Strukturen der Gesundheitsversorgung eine entscheidende Rolle zukommen wird. Dieses Management wird auch die Schnittstelle zu den Krankenkassen bilden müssen. Mit der traditionellen Abrechnung der EBM-Ziffern hat diese Funktion nichts mehr gemeinsam – im Mittelpunkt werden das Qualitäts- und Kostenmanagement, Marketing und Öffentlichkeitsarbeit für das Netz sowie die Vertragsgestaltung mit den Krankenkassen stehen.

Hier werden die Netze Geschäftsführer benötigen, die in erster Linie betriebswirtschaftliche und juristische Experten sind. Medizinischer Sachverstand wäre ergänzend natürlich von Vorteil.

Lassen Sie mich nun die wesentlichen Punkte nochmals zusammenfassen und ein Resümee ziehen:

Wenn Sie mich nach den Erfahrungen der bisherigen Projekte der integrativen Versorgung fragen, kann ich die Schwierigkeiten und Probleme keinesfalls ungenannt lassen. Die ökonomische Evaluation, die Komplexität und Intransparenz der Datenqualität, Vorbehalte der Vertragspartner und gebetsmühlenartig vorgetragene Forderungen nach Anschubfinanzierung und Zuschussregelungen, die mit dem Wirtschaftlichkeitsgebot kaum vereinbar sind, machen unsere Arbeit auf diesem Feld nicht gerade einfacher.

Für die Kostenträger dürfen im Gesamtvolumen keine zusätzlichen Belastungen durch die integrative Versorgung entstehen. Statt dessen müssen alle Beteiligten, also Krankenkassen, Versicherte und Leistungserbringer kurzfristig und in fairen Anteilen an den Einspareffekten partizipieren können.

Die bisherigen Aktivitäten unter dem Titel „Integrative Versorgung" hatten überwiegend den Charakter von interdisziplinären Qualitätszirkeln und Arbeitsgemeinschaften. Echte Capitation-Modelle stehen erst ganz am Anfang. Ein wirklicher Durchbruch ist mit den bisherigen Ansätzen noch nicht gelungen.

Lassen Sie mich zum Schluss nochmals betonen, dass die integrative Versorgung für uns keinen zusätzlichen Abrechnungsweg neben den traditionellen Vertragsstrukturen darstellt, sondern ein neuer Rechtsrahmen zur Erschließung von Wirtschaftlichkeitsreserven und zur Verbesserung der Qualität der medizinischen Versorgung unserer Versicherten ist.

Zum Schluss noch ein kleiner Ausblick, was das kommende Jahr in Sachen integrativer Versorgung erwarten lässt:

Die AOK-Gemeinschaft wird ein bundesweites Konzept für eine zweite Generation von Arztnetzen ab 2001 umsetzen. Hierzu wird es zunächst Pilotprojekte in einzelnen Bundesländern geben. Die AOK Hessen plant die Umsetzung eines Modells mit der KV. In Bayern ist das Praxisnetz Nürnberg-Nord, in Niedersachsen das Ärztenetz Papenburg zu nennen. Hierbei ist auch die Übernahme von Budgetverantwortung vorgesehen.

Zu den geplanten Modellen mit einer Übernahme von Budgetverantwortung durch die Vertragspartner ist eine bundesweite Arbeitsgruppe „Capitation-Kalkulation" des AOK-Bundesverbandes und der beteiligten Landes-AOKen eingesetzt worden.

Hierbei ist uns besonders wichtig, dass die Übernahme der Budgetverantwortung auch mit einer Vergrößerung des ärztlichen Gestaltungsspielraums einhergeht.

Die Zukunft wird auch noch zeigen müssen, ob die integrative Versorgung das Stadium von Forschung und Entwicklung verlassen wird, oder ob sie lediglich Versuchsfeld für Reformen in den traditionellen Vertragsstrukturen sein wird.

Die langfristige Rolle der KVen ist in diesem Zusammenhang ebenfalls noch nicht abschließend diskutiert.

Die zukünftige Rolle der Krankenkassen wird in einer Rückversicherung der Capitation-Projekte, einer Strukturierung der Patientenstämme, der ökonomischen Evaluation und einer individuellen Vertrags- und Vergütungsgestaltung liegen.

Die Modellvorhaben der ersten Generation – Bewertung und Konsequenzen

Christoph Straub

Ob Modellvorhaben, Strukturvertrag oder Integrationsversorgung, die Gesundheitspolitiker beider Regierungskoalitionen haben sich in den vergangenen Jahren bemüht, die sozialrechtlichen Grundlagen für die Entwicklung innovativer Versorgungsformen zu schaffen. Die jüngst vergangene Gesundheitsministerin Fischer hat in einem Interview für den „Spiegel" die Einführung der Paragraphen zur integrierten Versorgung (§ 140 a - h) gar als Kernstück ihrer politischen Reformarbeit bezeichnet und als das, was ihre Zeit überdauern würde. Die hohe Priorität des Themas ist verständlich, seit Jahrzehnten bemühen sich Politik und Selbstverwaltung, die sozialrechtlich strikt getrennten Versorgungssektoren besser zu verbinden, effizientere Strukturen und Prozesse zu fördern. Dabei möchte man gerne – unter Vermeidung der Schattenseiten – die positiven Effekte, die „Managed Care" in den USA, besonders aber in der Schweiz gezeigt haben soll, auf Deutschland übertragen. Im Wesentlichen eine bessere Versorgungsqualität für chronisch Kranke und eine Kontrolle von Kosten und Kapazitäten.

Der Ansatz ist, über eine integrierte Versorgung, d. h. eine intensivierte interdisziplinäre und sektorenübergreifende Zusammenarbeit, die Schnittstellenprobleme im deutschen Versorgungssystem zu reduzieren. Zusammenarbeit soll das Verhältnis von Fachärzten, Allgemeinärzten und Krankenhäusern prägen, statt Abgrenzung und Konkurrenzkampf. Kommunikation, Kooperation und Koordination sind die Leitbegriffe einer Entwicklung hin zu einer besseren Qualität und mehr Wirtschaftlichkeit. Stößt man tiefer vor und fragt, welche Defizite im Einzelnen beseitigt werden sollen, so sind es, in der Folge der schon angesprochenen strikten Trennung des ambulanten und des stationären Versorgungssektors, vor allem das Fehlen einer verantwortlichen Stelle, an der alle Informationen zur Diagnostik und zur Behandlung eines Patienten gesammelt und zielgerichtet verarbeitet werden, sowie hohe Einweisungs- und Selbsteinweisungsraten unter anderem als Folge eines suboptimalen vertragsärztlichen Notdienstes, Defizite in der Arzneitherapie und die Hemmnisse, die sich aus den sektoralen Budgets ergeben.

Hinsichtlich der Versorgungsstrukturen ist man auf der Suche nach einem Ansatz, den Aufwand für die Doppelvorhaltung fachärztlicher Kompetenz und Kapazitäten im ambulanten und stationären Bereich zu reduzieren. Besondere Dringlichkeit hat dieses Problem, weil im internationalen (europäischen) Vergleich die Kennzahlen für die stationäre Leistungsinanspruchnahme in Deutschland trotz eines differenzierten vertragsärztlich-ambulanten Versorgungsangebotes nicht etwa im unteren, sondern im oberen Drittel liegen. In den USA hat der kurze Siegeszug von „Managed Care" neben anderen Effekten zu einer konsequenten Verlagerung von Versorgungsanteilen aus dem stationären in den ambulanten Bereich und konsekutiv zu einem dramatischen Rückgang der Krankenhauskapazitäten geführt. Auf deutsche Verhältnisse übertragen soll die Vorgabe „vertragsärztlich-ambulant vor stationär" zu Kosteneinsparungen führen. Diese Forderung wird unterstützt von Studien, die zeigen, dass ohne Einbußen an medizinischer Qualität und bei grundsätzlich höherer Zufriedenheit der Patienten eine Reihe von Eingriffen überwiegend oder in (fast) allen Fällen ambulant erbracht werden können. So wurden z. B. schon vor Jahren Kataraktoperationen in den USA zu annähernd 100 % ambulant operiert, in Großbritannien zu ca. 80 % und in Deutschland nur zu ca. 20 %. Analoge Beispiele finden sich auch bei konservativen Interventionen, z. B. der Blutzucker-Einstellung beim Diabetiker.

Es waren in etwa die skizzierten Erfahrungen und Zielvorstellungen, die die Grundlage für die erste Generation von Modellvorhaben bildeten. Diese Modellvorhaben, von Seiten der Ersatzkassen – z. B. in Rendsburg und Riedstadt –, von Seiten des BKK-Bundesverbandes und später der Techniker Krankenkasse in Berlin initiiert, wurden verhandelt vor In-Kraft-Treten der Paragraphen zu Strukturverträgen und zur integrierten Versorgung. Kennzeichen dieser ersten Generation von Modellvorhaben war unter anderem, dass es sich um Zusammenschlüsse von Vertragsärzten ohne eine Beteiligung von Krankenhäusern oder anderen Leistungserbringer(organisatione)n handelte. Die angestrebte Integration der Versorgung zielte auf die Leistungen von Vertragsärzten. Dabei wurden unterschiedliche Schwerpunkte gesetzt.

In Rendsburg hatten sich im Jahr 1995 Hausärzte zu einem Forum zusammengeschlossen. Die Diskussionen mündeten in Verhandlungen mit dem VdAK/AEV, die wiederum Mitte des Jahres 1996 zum Vertragsabschluss über die Medizinische Qualitätsgemeinschaft Rendsburg (MQR) führten. 112 Ärzte aus der Stadt und dem Umland hatten sich in der MQR locker zusammengeschlossen. Die prioritären Ziele des MQR waren die Verbesserung der vertragsärztlichen Versorgung außerhalb der Praxiszeiten am Abend und am Wochenende, um damit Einweisungen und Selbsteinweisungen ins örtliche Krankenhaus zu reduzieren, sowie eine allgemein verbesserte Koordination der ärztlichen und pflegerischen Versorgung im ambulanten Bereich. Hierzu wurde eine Telefonleitstelle und eine Anlaufpraxis eingerichtet. Eine simple Maßnahme war die Ausstattung aller an der MQR beteiligten Arztpraxen mit einer ISDN-Anlage, die eine Rufumleitung an die Telefonleitstelle außerhalb der Praxiszeiten möglich machte.

Zusammenfassend lassen sich folgende Ergebnisse der Projektlaufzeit des MQR darstellen: Im Hauptzielgebiet, der stationären Versorgung, kommt es in einem Halbjahresvergleich 1996/1998 zu einem Rückgang der Gesamtkosten von ca. 7,5 %. Wider Erwarten steigt die Fallzahl von Krankenhausbehandlungen minimal an, die Verweildauer und die Zahl der Pflegetage sinkt dagegen um jeweils gut 10 %. Die Effekte sind unter Berücksichtigung der statistischen Schwankungsbreite nicht sehr ausgeprägt, und weiterhin liegt die Zahl der Krankenhaustage pro 1.000 Versicherte bei deutlich über 1.500. Dies kontrastiert mit den Erfahrungswerten „echter Managed Care"-Versorgung in den USA, wo von deutlich unter 1.000, z. T. unter 500 Krankenhaustagen je 1.000 Versicherte ausgegangen wird. Die relativ geringen Fallzahlen in Verbindung mit den eher schwach ausgeprägten Effekten machen es leider unmöglich, differenzierte Analysen für die Entwicklung in einzelnen Fachgebieten oder Diagnosegruppen zu erstellen.

Im ambulant-vertragsärztlichen Bereich entwickeln sich die wichtigsten Kennzahlen gleichsinnig mit der allgemeinen Entwicklung in Schleswig-Holstein allerdings weniger stark. Es kommt zu einem leichten Anstieg der Fallzahlen und der Punktzahlanforderungen. Dagegen stehen die Indikatoren für eine insgesamt verbesserte und intensivierte Betreuung der Patienten in der MQR. Positiv zu vermerken ist ein deutlicher Anstieg an ambulanten Operationen, die intensivierte Betreuung der Patienten bei eher sinkenden Kontaktraten, kaum nachweisbare Doppeluntersuchungen, die verbesserte Nachbetreuung nach chirurgischen Eingriffen sowie die deutlich gestiegenen Zahlen bei eingeholten Zweitmeinungen und ausgetauschten Arztbriefen. Die Telefonleitstelle und die Anlaufpraxis blieben dem gegenüber den Nachweis ihrer Effektivität schuldig.

Kardinalproblem in Rendsburg war die Datenlage. Nachvollziehbare Schwierigkeiten bestanden in der Phase der Einführung des papierlosen Datenaustausches sowohl auf Seiten der beteiligten Krankenkassen als auch auf Seiten der Kassenärztlichen Vereinigung Schleswig-Holstein. Die Folge war, dass in der Anfangszeit die Effekte der Arbeit der MQR nicht in der wünschenswerten Genauigkeit und Differenzierung nachvollzogen werden konnten. Dieses Defizit wiegt schwer, weil der Vertrag zwischen der MQR und den Ersatzkassen, wie wohl die meisten Verträge dieser ersten Generation, darauf beruhte, eine divergente Kostenentwicklung im Modellvorhaben und außerhalb festzustellen und die erwarteten Einsparungen zwischen den Krankenkassen und den beteiligten

Vertragsärzten zu verteilen. Die Auflage der Aufsicht, die Kosten der Anschubfinanzierung für die Telefonleitstelle und die Anlaufpraxis vorab aus den gemachten Einsparungen zu refinanzieren, verringerte das erwartete Verteilungsvolumen weiter und erhöhte die Ansprüche an die Genauigkeit der Auswertung.

Die Wurzeln der Ärztlichen Qualitätsgemeinschaft Ried (ÄQR) gehen zurück auf eine Initiative lokaler Ärzte im Jahr 1995. Ende 1996 wurde der Vertrag zwischen der KV Hessen und dem VdAK/AEV unterzeichnet. 39 niedergelassene Vertragsärzte hatten sich zum Ziel gesetzt, die Pharmakotherapie ihrer Patienten zu optimieren. Daneben sollten stationäre Einweisungen vermieden und die Verweildauer der Patienten gesenkt werden. Weitere Ziele waren die Intensivierung der Arbeit im lange etablierten Qualitätszirkel, die bessere Integration der Sozial- und Pflegedienste in der Region und auch eine bessere Bindung der Patienten an die teilnehmenden Praxen sowie eine Optimierung der geriatrischen Versorgung. Sorgfältig abgestimmte Dienst- und Präsenspläne der niedergelassenen Ärzte für die Zeiten außerhalb der Regelpraxiszeiten sollten die Versorgung der Patienten gewährleisten. Damit konnte man den Aufbau einer in Rendsburg wenig effektiven Anlaufpraxis vermeiden. Ein Zweitmeinungssystem sollte die sachgerechte Prüfung jeder Einweisung unterstützen. Die Einführung von Patientenbüchern für chronisch Kranke sollte die Verfügbarkeit von relevanten Befunden verbessern.

In Bezug auf die Arzneimittelversorgung konnte gezeigt werden, dass in Riedstadt in relativ kurzer Zeit eine Verbesserung der Wirtschaftlichkeit und eine Verbesserung der Qualität möglich waren. Insgesamt beliefen sich die Einsparungen auf ca. 15.900 DM pro Praxis und Jahr bei deutlich verbesserten Indikatoren für die Versorgung von chronisch Kranken. Hinsichtlich der stationären Versorgung ergaben sich, ähnlich wie in Rendsburg, nur geringe Veränderungen bei den Fallzahlen bei deutlich verringerter Verweildauer der Patienten. Sehr positiv wurde der Einsatz des Patientenbuches bewertet.

Für beide Versorgungsmodelle kann man feststellen, dass sie aus Sicht der beteiligten Ärzte und der Patienten positive Veränderungen bewirkten. Das Ergebnis einer Patientenbefragung in Rendsburg war, dass die Gesamtheit der Patienten die Qualität der Behandlung in der Medizinischen Qualitätsgemeinschaft Rendsburg signifikant höher einschätzte als eine repräsentative Vergleichskohorte und dass auch die chronisch kranken Patienten, die in der MQR behandelt wurden, deutlich zufriedener waren mit ihrer Behandlung. Dabei wurde von den Patienten besonders die Sorgfalt und Gründlichkeit von Untersuchungen hervorgehoben. Ein gutes Ergebnis ist auch, dass fast 96 % der ambulant operierten Patienten, die sich an der Befragung beteiligt hatten, sich nach eigenen Angaben wieder hätten ambulant operieren lassen. In Riedstadt ergab eine Patientenbefragung nach 2 Jahren Projektlaufzeit ebenfalls eine höhere Zufriedenheit von chronisch kranken Patienten (Diabetikern) mit ihrer Versorgung sowie wahrgenommene Verbesserungen bei der Kooperation von Hausärzten mit Pflegediensten zwischen Hausärzten und Fachärzten und in der Notdienstversorgung.

Weder in der MQR noch in der Ärztlichen Qualitätsgemeinschaft Ried gab es eine Einschreibung der Patienten im Versorgungsmodell und damit eine Verpflichtung auf bestimmte Ärzte bzw. im Umkehrschluss, eine Einschränkung der Wahlfreiheit. Auf diesen ansonsten in „Managed Care"-Konzepten üblichen Aspekt konnte oder musste in Rendsburg und Riedstadt verzichtet werden, da jeweils die ganz überwiegende Zahl der lokal niedergelassenen Ärzte im Modellvorhaben organisiert war. Anders dagegen im Praxisnetz Berlin von BKK-BV und Techniker Krankenkasse. Hier waren die am Modellvorhaben beteiligten Ärzte nur ein kleiner Teil der in der Stadt niedergelassenen Ärzte. In dieser Situation wurde ein Konzept entwickelt und umgesetzt, das eine aktive Einschreibung von Patienten vorsieht. Die Erfahrung im Praxisnetz Berlin in diesem Punkt ist, dass die „Netztreue" der Patienten, ohne eine weitere, über die in diesem Modell gesetzten Anreize hinausgehende Motivation, nicht besonders hoch ist. Für dieses Phänomen gibt es nachvollziehbare Gründe: Der angestammte Hausarzt ist z. B. im Netz organisiert, nicht aber der üblicherweise besuchte Kinderarzt, der Augenarzt oder der Gynäkologe. Ohne massive direkte Anreize, spürbare Sanktionen oder einen Beleg für einen qualitativen Vorsprung der Versorgung im „Netz" sind die Patienten offensichtlich in der Mehrzahl nicht bereit, ihre Gewohnheiten bzw. hergebrachten Präferenzen aufzugeben und sich nur noch „im Netz" zu bewegen. Erfolgreiche Konzepte für eine Integrationsversorgung als Ergebnis eines funktionierenden Wettbewerbs unterschiedlicher Anbieter sind kaum vorstellbar ohne eine Lösung dieses Problems. Was für die Motivation der Patienten gilt, lässt sich in gewisser Weise auch auf die beteiligten Ärzte übertragen. Auch hier ist es notwendig, die Vorteile der Beteiligung an dem Konzept so eindeutig und nachvollziehbar zu belegen, dass Ärzte bereit sind, sich auf die Ziele einer beschränkten Gemeinschaft einzulassen und diese aktiv mitzutragen. Konzepte zur Integrationsversorgung werden kaum effektiv sein können, so lange „Mitnahmeeffekte" als primäre Motivation für eine Beteiligung nicht ausgeschlossen werden können.

Angesichts der kursorisch dargestellten Probleme im Zusammenhang mit den Versorgungsmodellen der ersten Generation stellt sich die Frage, ob ein starkes Engagement überwiegend in diesem Bereich im Hinblick auf die beiden Faktoren, schnelle und deutliche Erfolge, zielführend ist.

In einer Gesamtbilanz waren die Versorgungsmodelle der ersten Generation durchaus erfolgreich. Sie veränderten aber, bei allen positiven Effekten hinsichtlich der Zufriedenheit der beteiligten Ärzte und Patienten und einzelner Aspekte der Kommunikation und Kooperation, nicht durchgreifend die Strukturen und Prozesse der Versorgung. Die grundsätzlichen Planungs- und Regelungskompetenzen der Selbstverwaltungspartner blieben in Kraft, z. B. bezüglich gemeinsamer Pflegesatzverhandlungen in den regionalen Krankenhäusern, eine Anbieterselektion fand ebenso wenig statt wie (de facto) eine Einschränkung der Freiheit der Arztwahl. In der Folge war das Leistungsgeschehen, verglichen mit den dramatischen Veränderungen nach Einführung von „Managed Care" in den USA, im ambulanten und stationären Bereich im Wesentlichen stabil und auch die positiven ökonomischen Effekte erreichten unter Berücksichtigung der direkten und indirekten Projektkosten nicht die Dimensionen, die eine sofortige Übertragung der Konzepte auf das gesamte Versorgungssystem zwingend gemacht hätten. In Anbetracht des immensen politischen und ökonomischen Drucks muss deshalb die Frage erlaubt sein, ob Modelle, die lokal oder regional auf die Optimierung der Versorgung einer Vielzahl unterschiedlicher Erkrankungen respektive Patienten zielen, alleine ausreichen bzw. das optimale Instrument zum Erkenntnisgewinn sind.

Die Politik, die Ärzte und die Krankenkassen erwarten gemeinsam, dass Modellprojekte zur integrierten Versorgung in verhältnismäßig kurzer Zeit deutliche medizinische und ökonomische Effekte, ob positiv oder negativ, zeigen. Nur rasche, deutliche Effekte beantworten die Frage, ob ein neues Versorgungskonzept einen Schritt nach vorn oder einen Irrweg bedeutet. Die Beschreibung und Quantifizierung der Effekte war in den Modellvorhaben der ersten Generation schwierig. Grundsätzlich ist der logistische Aufwand enorm, wenn in einer Region gleichzeitig der Einfluss der integrierten Versorgung auf eine Vielzahl von Erkrankungen gemessen werden soll. Es ist auch kaum möglich, für eine große Zahl von Erkrankungen parallel in Ergänzung zu den vorhandenen Abrechnungsbelegen medizinische Parameter zu dokumentieren und auszuwerten. Vielfach sind diese ergänzenden, medizinischen Informationen wünschenswert oder sogar notwendig, um relevante Effekte darzustellen. Ein weiteres, unvermeidbares Problem in krankheitsunspezifischen Versorgungsmodellen ist der Mix aus (relativ häufigen) leichten und (glücklicherweise selteneren) schweren Erkrankungen. Da davon auszugehen ist, dass die Effekte einer optimierten Koordination der Versorgung bei den schwereren, chronischen Erkrankungen deutlicher sind,

„verdünnen" die leichteren Fälle die Effekte. Nimmt man alle Aspekte in Betracht, ist plausibel, dass spezifisch geplante Krankheits- und Fallmanagementmodelle, die eine Erkrankung bzw. einen Versorgungszusammenhang analysieren und optimieren, möglicherweise rascher zu signifikanten Effekten und zu einem transferierbaren Erkenntnisgewinn führen. Besonders für Krankenkassen, deren Marktanteil alleine nicht ausreicht, um die Trägheit des Systems zu überwinden, könnten hier attraktive Alternativen bestehen.

Eine wichtige Frage ist, ob die integrierten Versorgungsformen, wie sie in einzelnen Modellprojekten von Krankenkassen und Verbänden lokal bzw. regional entwickelt und umgesetzt werden, in einem nächsten Schritt unmittelbar flächendeckend zur Regelversorgung werden sollen. Dies würde bedingen, dass die vertraglichen Kompetenzen der Partner im Modell ausreichen, die zur Serienreife entwickelten Prototypen „auf die Straße zu bringen". Auf diese Weise könnte der Wettbewerb um effiziente Versorgungsformen den Fortschritt im System tragen. Wird diese Möglichkeit verneint, so bleiben alle Initiativen, egal auf welcher sozialrechtlichen Grundlage sie begonnen wurden, letztendlich Sandkastenspiele. Im Vordergrund steht dabei momentan das Problem, Vergütungsanteile, die derzeit in sektoralen Budgets und kollektiven Verträgen eingefroren sind, flexibel in Richtung auf die größtmögliche Effizienz steuern zu können. Es ist notwendig, diese Regelungen nicht nur temporär im Rahmen von Modellvorhaben suspendieren zu können, sondern auch in einer anschließenden, vertraglich geregelten Routine. Der Grundsatz „Geld folgt der Leistung" muss in einem funktionierenden Konzept zur Integrationsversorgung umgesetzt werden. Es bleibt abzuwarten, wie sich die Politik hierzu stellt, ob der Einstieg in einen echten Vertragswettbewerb ermöglicht wird. Auf Seiten der Krankenkassen wird die Neigung, in teure Versorgungsmodelle zu investieren, jedenfalls stark davon abhängen, welche Chancen auf eine Realisierung der in den Modellen festgestellten Potentiale in der Routine bestehen.

Die anschließenden Abbildungen fassen die Aussagen noch einmal zusammen.

I Ziele von Versorgungsmodellen

1. Generation Senkung von Arzneimittel- und Krankenhauskosten
2. Generation Steigerung der Effizienz der Versorgung über komplexe Strategien zur medizinischen und ökonomischen Optimierung, Vereinbarung einer „Vorlaufphase" nach Vertragsbeginn, in der die Projektpartner Ziele und Konzepte zur Zielerreichung entwickeln

II Organisation von Versorgungsmodellen

1. Generation Beteiligung von Vertragsärzten, schmale Datenbasis an Abrechnungsdaten, ehrenamtliche Manager im Netz
2. Generation Integrierte Netzstrukturen unter Einbeziehung von Krankenhäusern und anderen Leistungserbringern, differenziertes aber schlankes Datenmonitoring von Abrechnungsdaten und medizinischen Indikatoren, hauptamtliche Manager im Netz

III Datenmonitoring

1. Generation Technische Probleme in der EDV-Kommunikation zwischen den Partnern (Praxen im Netz und Trägerorganisationen), fast ausschließlich Erfassung und Bewertung von Abrechnungsdaten auf der Ebene der Trägerorganisationen (Vertragspartner)
2. Generation Datensichere und kostengünstige EDV-Kommunikation zwischen den Partnern (Leistungserbringer im Netz und Trägerorganisationen), „online"-Bewertung von Abrechnungsdaten und medizinischen Indikatoren auf der Ebene der Versorger im Netz und auf der Ebene der Trägerorganisationen

IV Erfolgsbewertung

1. Generation   Retrospektive Modellierung der ökonomischen Effekte, grobe Schätzung der medizinischen Effekte

2. Generation   Prospektive Schätzung der ökonomischen (und medizinischen) Effekte und Darstellung in einem Zielkonzept, differenziertes Monitoring der Indikatoren

IV Qualitätssicherung

1. Generation   Lokale Empfehlungen zum diagnostischen und therapeutischen Vorgehen, Qualitätszirkel

2. Generation   Umsetzung von (validierten) Leitlinien, EDV-gestütztes Monitoring der Versorgung, Qualitätszirkel

VI Mögliche Vorteile von spezifischen Krankheitsmanagement-Modellen

➡ Einfachere Logistik

➡ Einfachere Zielbeschreibung

➡ Einfachere Messung und Bewertung der Ergebnisse

➡ Raschere Ergebnisse

Zwischenergebnisse aus den BKK/TK-Netzen

Karl-Heinz Schönbach

Aus den Modellversuchen lernen

Nach fünf Jahren Laufzeit ist das 1995 von den Betriebskrankenkassen mit der Kassenärztlichen Vereinigung Berlin initiierte Praxisnetz Berliner Ärzte von der gesetzlichen Entwicklung eingeholt worden. Die GKV-Gesundheitsreform 2000 hat mit dem Konzept der integrierten Versorgung zahlreiche Erfahrungen des „Berliner Modells" aufgegriffen und zum Standard gemacht. Damit muss das Modell nun auch selbst erneut seine Reformfähigkeit beweisen. Und so kommt es gerade in diesen Monaten zu einer radikalen Neuorientierung des Berliner Modells. Aus dem „politischen Projekt" der Verbände wird in der Regie der unmittelbar beteiligten Ärzte und Krankenkassen ein „Versorgungsangebot" unter anderen entstehen, während an anderer Stelle neue Entwicklungsarbeit in Angriff genommen wird.

Aufgrund dieser besonderen Ausgangslage soll der folgende Beitrag über einen bloßen Erfahrungsbericht hinausgehen und drei Schritte beinhalten: Der aktuellen Bewertung des „Berliner Modells" folgt ein Abschnitt zum „Rahmenvertrag integrierte Versorgung" zwischen Kassenärztlicher Bundesvereinigung und den Spitzenverbänden der Krankenkassen, bevor auf einige „Ziele und Perspektiven über die GKV-Gesundheitsreform hinaus" eingegangen wird.

Das Berliner Modell

Ausgangspunkt des „Berliner Modells" war das Arbeitstreffen einiger Kassenärztlicher Vereinigungen und des BKK Bundesverbandes mit Einzelkassen im Juni 1994. Aufgrund der seit dem Jahr 1993 geltenden Budgetierung im Gesundheitswesen wurden neue Konzepte gesucht. Insbesondere der bemerkenswerte Rückgang der Arzneimittelausgaben im Jahr 1993 schien den Budgets ein durchaus langes Leben zu signalisieren. Zudem war zwar gerade das ostdeutsche Konzept der Polikliniken dem westdeutschen Ordnungsmodell geopfert worden: Die Forderungen nach besserer Kooperation und Arbeitsteilung in der ambulanten Versorgung wurden aber unüberhörbar. Ausgehend von Südbaden machte daher bei den Ärzten das Modell „Vernetzte Praxen" Furore. Dies erlaubte es den Betriebskrankenkassen, ihre Forderung nach „Gebietsarzt-Zentren mit hausärztlichem Umfeld" zurückzustellen und ihr Konzept „kombinierter Budgets" stattdessen mit dem „vernetzter Praxen" zu verbinden. Daraus entstand dann das „BKK-Praxisnetz" mit folgenden Zielen:

- Die Vernetzung einer Gruppe von niedergelassenen Ärzten zu einer managementfähigen Einheit, in der Behandlungsprozesse systematisch organisiert werden können,

- die Entwicklung kombinierter Budgets, die diesen Zielen Rechnung tragen und

- der Aufbau eines Datenmanagements, das Transparenz für alle Projektpartner und ein routinemäßiges Controlling des Praxisnetzgeschehens erlaubt.

Neben dem mittels einer besonderen KV-Karte von Beginn an eingebauten Controlling auf der Basis von Abrechnungsdaten der BKK war das hervorstechende Merkmal des „Berliner Modells" im Gegensatz zu den kurze Zeit später entstehenden Praxisnetzen in Rendsburg und Ried sein Wettbewerbscharakter. Während dort regional möglichst alle Ärzte beteiligt werden sollten, kam für die BKK nur ein Wahlmodell in Frage.[31] Der Vertrag zum Praxisnetz Berlin wurde später vielfach imitiert, z. B. für das „MQM München".

Wahlmodell für Patienten und Ärzte

Das Berliner Praxisnetz war das erste Modell, das konsequent auf die Freiwilligkeit der Versicherten gesetzt hat, denn schließlich sind sie die eigentliche Zielgruppe neuer Versorgungsformen. Der Erfolg neuer Versorgungsmodelle wird sich in Zukunft auch an ihrer Attraktivität für Versicherte und Patienten messen lassen müssen. Inzwischen nehmen rund 23.000 Versicherte am Praxisnetz teil. Die Grafik zeigt das Wachstum der Versichertenzahlen über die letzten Jahre.

---

[31] Zu den Einzelheiten vgl. Schönbach, Erste Erfahrungen mit Kombinierten Budgets, in Wille, E., Albring, M. (Hrsg.): Rationalisierungsreserven im deutschen Gesundheitswesen, Frankfurt a. M. 2000, S. 225 ff.

Abbildung 1: Entwicklung der BKK- und TK-Versichertenzahlen im Praxisnetz Berliner Ärzte bis zum 1. Juli 2000

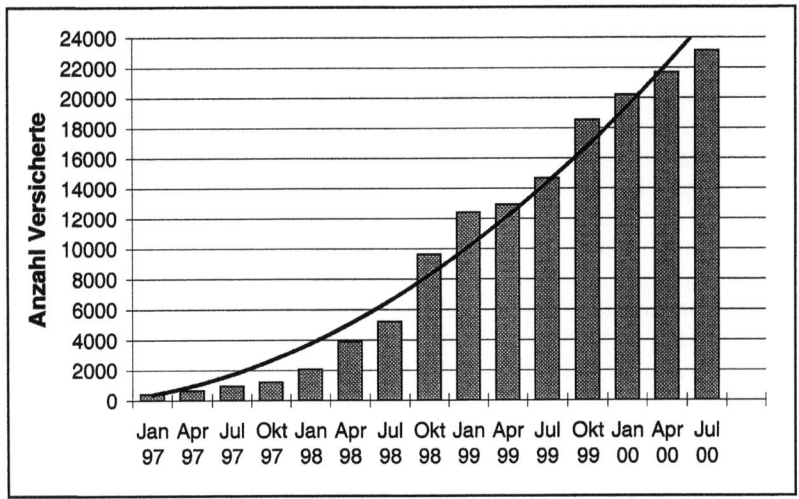

Quelle: Projektdaten

Vernetzung der Ärzte

Am Praxisnetz Berlin nahmen zuletzt ca. 600 niedergelassene Ärzte aller Fachrichtungen teil. Die Ärzte sind in 11 regionalen Teams organisiert, deren Größe zwischen 25 und 107 variiert. Diese Teams sollen das Herz des Praxisnetzes sein, denn hier soll die Vernetzung in für alle Ärzte erreichbaren und überschaubaren Gruppen aufgebaut werden. In regelmäßigen Teamsitzungen und in Treffen der Facharztgruppen wurden die organisatorische Basis für die patientenorientierte Kooperation und die Präsenzdienste der Ärzte gelegt und Behandlungsabläufe für einzelne Krankheitsbilder in gemeinsam verabschiedeten Leitlinien vereinbart. Die Sprecher der Teams bilden den medizinischen Beirat und damit die Klammer zwischen den einzelnen Teams. Aufgabe des medizinischen Beirates ist es, die Weiterentwicklung des Praxisnetzes zu einem organisatorischen Ganzen voranzutreiben und die Schwerpunkte der Qualitätssicherungsaktivitäten festzulegen. Ein weiterer Service ist die Leitstelle, die sowohl den Ärzten als auch den Patienten zur Verfügung steht. Sie gibt den Patienten allgemeine Informationen zum Praxisnetz und vermittelt sie außerhalb der Sprechstunden mit dem diensthabenden Arzt. Die Ärzte werden bei spezifischen Fachfragen an den fachärztlichen Hintergrunddienst weitergeleitet.

Das kombinierte Budget

In das kombinierte Budget bringt jeder Versicherte einen Geldbetrag ein – gewichtet nach Alter, Geschlecht und eventuellem Berufs- oder Erwerbsunfähigkeitsrentenstatus, also nach den Kriterien, die auch im Risikostrukturausgleich zugrunde gelegt werden. Bei der Berechnung dieser Beträge werden ferner die Durchschnittsausgaben der betreffenden Krankenkasse in Berlin in dem jeweiligen Jahr berücksichtigt. Für die Berechnung des Vergütungsanteils für vertragsärztliche Leistungen wird ein nach dem beschriebenen Verfahren auf der Grundlage der gezahlten Kopfpauschalen ermittelter Betrag aus der Gesamtvergütung der jeweiligen Krankenkasse bereinigt. In Abhängigkeit von der Zahl der teilnehmenden Versicherten wird ein Betrag ermittelt, ab dem ein von den Krankenkassen zusätzlich zu übernehmendes besonderes Risiko angenommen wird (teure Behandlungsfälle, im Jahre 1999 > 108 TDM).

Altersverteilung der Versicherten

Die Altersverteilung der Versicherten im Praxisnetz Berliner Ärzte hat sich auch im Jahre 1999 zugunsten der älteren Jahrgänge entwickelt. Das von interessierter Seite an die Wand gemalte gesundheitspolitische Drohpotenzial der integrierten Versorgung, die sich ergebenden Vorteile seien das Ergebnis von „Risikoselektion" (der Ärzte?)[32], erweist sich damit weiterhin als haltlos.

---

[32] Vgl. im Gegensatz dazu sachlich und differenziert Stillfried, D.: Integrationsversorgung – Innovationspotenzial und Risiken, in Sozialer Fortschritt (8-9) 2000, S. 175 ff.

Abbildung 2: Altersverteilung der BKK-Netzversicherten Berlin am 31.12.1999

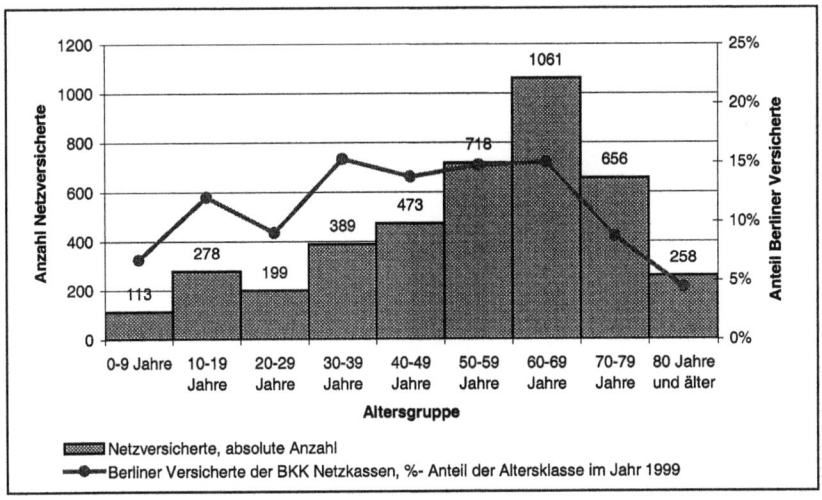

Quelle: Projektdaten

Bilanz 1998

Bei der Bilanzierung wird das nach den beschriebenen Grundsätzen ermittelte kombinierte Budget (1999 umfasste es die Leistungsbereiche vertragsärztliche Vergütung, Arzneimittel und Krankenhauskosten) den tatsächlichen Ausgaben für die teilnehmenden Versicherten gegenübergestellt. Die Bilanzierung erfolgt kassenübergreifend.

Bei der Bilanzierung für den Budgetzeitraum 1999 wurde insgesamt über alle Kassen (BKK und TK) bei einem Gesamtbudget von 33,1 Mio. DM (Vorjahr: 14,614 Mio. DM) eine Budgetüberschreitung in Höhe von rund 658 TDM bzw. 2 % (Vorjahr: Unterschreitung von ca. 633 TDM, bzw. 4,33 %) realisiert. Daneben kamen den Ärzten Beträge für Sonderleistungen des Netzes in Höhe von 140 TDM (Vorjahr 24 TDM) zugute. Dies verdeutlicht einen Anstieg der Aktivität der Netzärzte. Allerdings haben sich parallel dazu die hohen Punktwerte im Netz des Jahres 1998 auf das allgemeine Berliner Punktwertniveau des Jahres 1999 zurück entwickelt, wofür insbesondere der erhöhte Abrechnungswert der Nichtnetzärzte für Netzversicherte angeführt wird. Offenbar hatte die Veröffentlichung der Netzpunktwerte in der Arztpresse bei den nicht beteiligten Ärzten Signalcharakter, obwohl sie den hohen Netzpunktwert für sich selbst gar nicht realisieren können.

Ausblick

Eine der Hypotheken des Berliner Modells ist, dass es 1995 nicht an bereits existierende, organisch gewachsene Kooperationen niedergelassener Ärzte anknüpfen konnte, sondern im Rahmen einer allgemeinen Ausschreibung[33] der KV Berlin entstanden ist. Da die KV Berlin von Beginn an durch ihre Vertreterversammlung gebunden war, das Praxisnetz nicht zu unterstützen, konnte ein sich selbst tragender Entwicklungsprozess auch nicht von dort angelegt werden. Vielmehr verband sich das Interesse der KV, möglichst allen Ärzten den Zugang zum Praxisnetz zu eröffnen, mit dem Interesse der Krankenkassen, den Versicherten ein flächendeckendes Angebot zu machen. Von daher wurde ein frühes extensives Wachstum ausgelöst, das einen sich selbst tragenden Prozess der Organisationsentwicklung versperrte. Die ja selbst schon als Praxisnetz anzusprechenden „Teams" entwickelten sich losgelöst, was letztlich auch durch das schließlich ohne die KV eingerichtete Netzbüro nicht mehr korrigiert werden konnte.

Der medizinische Beirat fand zu einer erfolgreichen Arbeit in der Qualitätssicherung, ohne aber von dieser Stelle aus nachhaltig in die Personal- und Organisationsentwicklung eingreifen zu können. Und schließlich fanden die Betriebskrankenkassen auf der Versichertenseite nicht zu einem schnellen Wachstum, während die hinzukommende Techniker Krankenkasse rasch Tausende Versicherte akquirierte, die aber mit dem Praxisnetz wenig zu tun hatten. Mit einem Bruchteil der Versicherten hielt die BKK im Jahr 1999 den höheren Budgetanteil im Praxisnetz.

Was ist nun zu leisten? Aus den funktionsfähigen Kooperationen des Praxisnetzes wird bis zum 1. Juli 2001 ein Neuaufbau gesucht, wobei zum einen unmittelbar die Verbindung zu Krankenhäusern aufgebaut und zum anderen eine enge Abstimmung mit dem Versorgungsmanagement der Krankenkassen gewährleistet werden soll. Dieser Prozess wird von den unmittelbar beteiligten Ärzten, Krankenhäusern und Krankenkassen gestaltet. Dies ist für eine nachhaltige Produkt- und Organisationsentwicklung der Beteiligten völlig unverzichtbar. Folgerichtig sollen sie nach den Grundsätzen der GKV-Gesundheitsreform auch selbst Vertragspartner sein.[34] Die bisherigen Vertragspartner Kassenärztliche Vereinigung und Landesverband der Betriebskrankenkassen sind ge-

---

[33] Dabei wurden bei den teilnahmewilligen Ärzten zwar prozentuale Mindestanteile an BKK-Versicherten und inhaltlich definierte Kooperationsbereitschaft erwartet, eine zahlenmäßige Obergrenze für die einzelnen Teams wurde jedoch nicht vorgegeben.

[34] Vgl. Orlowski, U.: Integrationsversorgung, in Die Betriebskrankenkasse (5) 2000, S. 191 ff.

setzlich nicht mehr automatisch zu beteiligen, sondern haben die Ordnungsfunktionen, die ihnen das Gesetz und der Rahmenvertrag der Selbstverwaltung auf Bundesebene zuweisen.

Rahmenvertrag zur integrierten Versorgung

Um die Inseln des Fortschritts ist es zunächst einmal nicht schlecht bestellt. Der konstitutive Rahmenvertrag zur integrierten Versorgung nach § 140 d SGB V zwischen Kassenärztlicher Bundesvereinigung und Spitzenverbänden der Krankenkassen ist ohne das Schiedsamt zustande gekommen. Lediglich isoliert auf die Frage des Einbezugs der Kassenärztlichen Vereinigungen in integrierte Verträge muss eine Einigung über das Schiedsamt herbeigeführt werden. Die Kassenärztliche Bundesvereinigung, die sich bereits rühmt, ein „Maximum an Mitwirkung" erreicht zu haben[35], will ein generelles Recht der KVen zum Beitritt in drei Jahre bestehende Verträge durchsetzen. Der Bundesverband der Betriebskrankenkassen lehnt dagegen einen rahmenvertraglich zwingend geregelten Beitritt der KVen ebenso als gesetzwidrig ab wie die Bundesministerin für Gesundheit. Die übrigen Spitzenverbände der Krankenkassen betrachten eine Soll-Vorschrift zur Regelung der Beitrittsfrage als möglich und angemessen.

Der BKK Bundesverband sah sich allein schon aufgrund der Stellungnahme der Deutschen Krankenhausgesellschaft (DKG) veranlasst, einige Bestimmungen des Entwurfes zum Rahmenvertrag rechtlich zu überprüfen.

- Zur Frage der Bindung der Tätigkeit der Leistungserbringer auch innerhalb der integrierten Versorgung an ihren jeweiligen Zulassungsstatus ist der BKK Bundesverband der Auffassung, dass es für den Einstieg in die integrierte Versorgung nicht im Vordergrund stehen muss, durch ein Abweichen vom Zulassungsstatus im Konflikt zur Bedarfsplanung zusätzliche Kapazitäten zu schaffen. Die Statusbindungen im Rahmenvertrag sind zwar zweifellos mit den Zielen der integrierten Versorgung längerfristig unvereinbar, mussten aber zunächst auch in Kauf genommen werden, um eine völlig Blockade der KBV zu vermeiden. Zudem hätten sich massive Konflikte bei der Bereinigung sektoraler Budgets ergeben. In Verbindung mit einer künftigen Bedarfszulassung der Ärzte wird auch die Bindung an den Zulassungsstatus zumindest modifiziert werden müssen.

---

[35] So der KBV-Vorsitzende Richter-Reichhelm in seiner Rede vor der Vertreterversammlung der KBV in Köln am 9. Dezember 2000.

- Dagegen teilt der BKK Bundesverband die Auffassung der DKG in der Hinsicht, dass nach der „Information" der Kassenärztlichen Vereinigung zum Zwecke der Herstellung des Benehmens über einen Vertrag (§ 13 Abs. 1 des Entwurfes) und einem Schlichtungsverfahren (§ 13 Abs. 2 des Entwurfes) ihr Beitritt nach einer Frist in dann dennoch zustande gekommene Verträge (§ 13 Abs. 3 des Entwurfes) einen unzulässigen Eingriff in gesetzliche Rechte Dritter darstellte. Der Beitritt einer Kassenärztlichen Vereinigung stellte einen nicht zu begründenden, den übrigen Vertragspartnern nicht oktroyierbaren Schritt dar.

Über seine Auffassung hat der BKK Bundesverband die Partner des Rahmenvertrages und die um Stellungnahme bittende Bundesministerin für Gesundheit informiert und dabei dargelegt, er werde seine Bedenken durch eine ausführliche rechtliche Stellungnahme fundieren. Zur Vorbereitung dieser Stellungnahme wurde ein unabhängiges rechtswissenschaftliches Gutachten[36] mit folgenden Ergebnissen erstellt:

- Besonders problematisch erscheint das Beitrittsrecht der Kassenärztlichen Vereinigungen nach § 13 Abs. 3 des Entwurfs einer Rahmenvereinbarung. Danach hätten alle Verträge über integrierte Versorgungsformen nach § 140 b SGB V Regelungen enthalten sollen, dass Kassenärztliche Vereinigungen dem Vertrag zu dessen Bedingungen frühestens nach einer Vertragslaufzeit von drei Jahren beitreten können, sofern die Vertragspartner nicht eine frühere Beitrittsmöglichkeit festlegen. Der betreffenden Kassenärztlichen Vereinigung ist es dann auch nach erfolgtem Beitritt möglich, die eigene Vertragspartnerschaft wieder zu kündigen.

- Bemerkenswert und problematisch hieran sei, dass die Kassenärztlichen Vereinigungen so zum erzwungenen Vertragspartner werden, dessen Beteiligung sich die nach § 140 b SGB V vorgesehenen Vertragspartner nicht erwehren können. Es ist hier geltend zu machen, dass dies noch eine weitere Stufe der über § 140 b SGB V hinausgehenden und im Entwurf der Rahmenvereinbarung eingeräumten Einflussmöglichkeiten ist, indem es hier ohnehin nicht mehr nur um Betreuung und auch nicht um Überwachung, sondern um unmittelbare Beteiligung geht. Zwar haben die Kassenärztlichen Vereinigungen kein unmittelbares Einflussrecht auf die Ausgestaltung der Verträge nach § 140 b SGB V; dies beschränkt sich im

---

[36] Steinmeyer, H. D.: Rechtsgutachten zur Rahmenvereinbarung zur integrierten Versorgung gemäß § 140 d SGB V, im Auftrag des Bundesverbandes der Betriebskrankenkassen, Münster im September 2000, Manuskript beim Verfasser.

Vorfeld auf die Überwachung. Bei der Perspektive der späteren Beitrittsmöglichkeit der Kassenärztlichen Vereinigung werden sich aber die Vertragspartner vermutlich auch an dieser Möglichkeit vorsorglich orientieren, und nach Beitritt hat die Kassenärztliche Vereinigung dann ohnehin Einfluss auf die weitere Ausgestaltung.

Bewertung der Beitrittsrechte

- Mit den gesetzlichen Vorgaben des § 140 b SGB V ist es (aber) nicht vereinbar, wenn Kassenärztlichen Vereinigungen durch das in § 13 Abs. 3 des Entwurfs einer Rahmenvereinbarung vorgesehene Beitrittsrecht die Möglichkeit eingeräumt wird, auch gegen den Willen der Parteien einer Vereinbarung nach § 140 b SGB V Vertragspartner zu werden. Auf diese Weise wird § 140 b SGB V unterlaufen. Die Vorschrift bringt klar und deutlich zum Ausdruck, dass die Kassenärztlichen Vereinigungen nur eine unter mehreren möglichen Parteien auf der Leistungsanbieterseite sein sollen, nicht aber der mögliche und nur von ihrer Entscheidung abhängige Vertragspartner in jedem Fall. Die Regelung des § 140 b SGB V sieht zwar auch vor, dass die Kassenärztlichen Vereinigungen zusammen mit anderen Leistungserbringern Vertragspartei auf der Leistungsanbieterseite sein können (Abs. 2, 4. Spiegelstrich); deutlich wird aber, dass dies nur eine unter mehreren möglichen Konstellationen sein soll und nicht der Regelfall. Das Beitrittsrecht der Kassenärztlichen Vereinigungen ist deshalb mit dem Regelungsauftrag an die Parteien der Rahmenvereinbarung nicht zu vereinbaren und also von der Ermächtigungsgrundlage nicht gedeckt.

- Soweit es das Beitrittsrecht der Krankenkassen anbetrifft, ist die Situation eine etwas andere. Da die Krankenkassen notwendige Vertragspartner bei der integrierten Versorgung sind, verändert ein Beitrittsrecht der Krankenkassen nicht in der gleichen grundlegenden Weise das vom Gesetzgeber vorgegebene Bild der integrierten Versorgung. Andererseits hat der Gesetzgeber durch die Ausgestaltung des § 140 b SGB V zum Ausdruck gebracht, dass sowohl Kassen als auch Leistungserbringer die Freiheit der Vertragspartnerwahl innerhalb des in der Vorschrift vorgegebenen Rahmens haben sollen. Die integrierte Versorgung stellt gerade eine Gestaltungsmöglichkeit zur Verfügung, die sich außerhalb des im vierten Kapitels vorgesehenen obligatorischen Vertragsmodells mit obligatorischen Vertragspartnern bewegen soll.

- Das Beitrittsrecht der Krankenkassen begegnet deshalb zwar nicht den gleichen Bedenken wie das der Kassenärztlichen Vereinigungen, widerspricht aber ebenfalls der Konzeption der integrierten Versorgung, wie sie in § 140 b SGB V umschrieben wird.

Gesamtergebnis

- Das Rechtsgutachten kommt insgesamt zu dem Ergebnis, dass das Beitrittsrecht der Kassenärztlichen Vereinigungen nach dem Entwurf der Rahmenvereinbarung erheblichen rechtlichen Bedenken sowohl aus allgemein verwaltungsrechtlicher als auch aus kartellrechtlicher Sicht begegnet. Es ist nicht von der Ermächtigungsgrundlage für die Rahmenvereinbarung gedeckt und zudem kartellrechtswidrig. Rechtlichen Bedenken begegnet in diesem Zusammenhang auch das in § 13 des Entwurfs der Rahmenvereinbarung vorgesehene Erfordernis der Benehmensherstellung.

- Rechtliche Bedenken bestehen auch gegenüber der engen und pauschalen Bindung an den Zulassungsstatus, wie sie sich in § 6 Abs. 2 der Rahmenvereinbarung findet. Hier ist im Entwurf der Rahmenvereinbarung eine zu pauschale Regelung getroffen worden, die den Besonderheiten der integrierten Versorgung nicht ausreichend Rechnung trägt.

Zweifellos wird es bei künftigen Novellierungen des Rahmenvertrages gelingen, die Bindung der Leistungserbringer an ihren herkömmlichen Zulassungsstatus sachgerecht zu modifizieren. Ein erster Schritt dazu sollte bei den „hochspezialisierten Leistungen" erfolgen, bei denen niedergelassene Ärzte oft teure Ausstattungen aufhäufen, die sie unter Beachtung des Wirtschaftlichkeitsgebotes kaum auslasten können.

Erwartungen der Beteiligten

Aus Anlass der Stellungnahme der DKG hat die Bundesministerin für Gesundheit ihrerseits zum Stand der Verhandlungen des Rahmenvertrages nach § 140 d SGB V dezidiert schriftlich Stellung genommen. Danach ist ein generelles Beitrittsrecht der KVen auch in bereits bestehende Verträge gesetzwidrig. Würde das Schiedsamt allein aufgrund der Mehrheitsverhältnisse zu einem anderen Ergebnis kommen, stünde nach politischer Übung eine Beanstandung des Schiedsspruchs durch das BMG als Aufsichtsbehörde ins Haus.

Zweifellos hat die politische Auseinandersetzung den an der integrierten Versorgung interessierten Beteiligten einmal mehr vor Augen geführt, dass es sich hier um politisch vermintes Gelände handelt. Innovationen und Investitionen für das deutsche Gesundheitswesen werden auf diese

Weise abgeschreckt. Angesichts der Befunde über die Spezifika des deutschen Systems ist aber beides dringend erforderlich. Wenn es richtig ist, dass das deutsche System im europäischen Vergleich[37] mit hohem Verbrauch an Ressourcen durchschnittliche Gesundheitsergebnisse erzielt, kann die systematische Behinderung von Innovationen in diesem zumal beschäftigungsintensiven Bereich politisch nicht akzeptabel sein.

Perspektiven über die GKV-Gesundheitsreform hinaus

Die Erprobung kombinierter Budgets hatte nie nur den Zweck, Modellversuche finanzwirtschaftlich lauffähig zu machen. Dies hätte auch kaum so nachhaltigen Widerstand und jahrelange Diskussionen initiiert. Vielmehr ging und geht es letztlich um den Nachweis der Teilbarkeit des „Sicherstellungsauftrages" und der von hieraus verheißenen „Gesamtvergütung mit befreiender Wirkung". Ein wettbewerblich dezentral auf die Qualität der Versorgung orientiertes Gesundheitswesen verträgt sich nicht mit monopolistisch zentral agierenden Kassenärztlichen Vereinigungen. Zumindest müssen die Mitwirkungsrechte der Ärzte in der Region so groß sein, dass Systemversagen und Apathie nicht zur alltäglichen Regel werden. Gerade mit dieser Zielrichtung steht die integrierte Versorgung (§ 140 a - h SGB V) als „Herzstück" im Mittelpunkt der GKV-Gesundheitsreform 2000.

Um die Teilbarkeit der Gesamtvergütung zu erreichen, wurde bei den kombinierten Budgets erstmals die Systematik des Risikostrukturausgleichs auf der Ausgabenseite angewandt. Dazu wurden nach Alter und Geschlecht der Versicherten differenziert „erwartete Ausgaben" berechnet. Mit dieser Form der indirekten Standardisierung ist es gelungen, die Gesamtausgaben der Krankenkasse nachfrage-, und das heißt morbiditätsbezogen, aufzuteilen. Im Rahmenvertrag zur integrierten Versorgung zwischen Spitzenverbänden und KBV wurden inzwischen auch andere Verfahren berücksichtigt. So sollen die ambulanten ärztlichen Leistungen nach den Vorjahresausgaben der Versicherten abgegrenzt und fortgeschrieben werden. Denkbar sind auch andere Konzepte, soweit sie sich als methodisch beherrschbar erweisen.

Diskussion um den RSA

Die Morbiditäts- bzw. Nachfrageorientierung steht auch im Mittelpunkt der weiteren Perspektiven nach der GKV-Gesundheitsreform. Für die

---

[37] Vgl. European Observatory on Health Care Systems: Health Care Systems in Transition - Deutschland, AMS 5012667 (DEU) Ziel 19, zu beziehen über das WHO-Regionalbüro für Europa und www:\\observatory.dk.

Finanzierungs- und Verteilungsseite der GKV wird spätestens seit Ankündigung der Gutachten zur Weiterentwicklung des Risikostrukturausgleichs darüber diskutiert, ob und wie der Morbiditätsbezug dieses Einnahmenausgleichs der Krankenkassen differenzierter geregelt werden könnte. Die indirekten statistischen Indikatoren „Alter" und „Geschlecht" der Versicherten sollen durch unmittelbare Morbiditätsmerkmale ergänzt werden, ohne dass die Politik einen Rückfall in den ausgabentreibenden Finanzausgleich befürchten müsste. Bis zur Realisierung der damit verbundenen ehrgeizigen Ziele wird ein „Hochrisikopool" als Interimslösung und mancher Irrweg feilgeboten. Damit sind die so genannten „Wechslerprofile" angesprochen, mit denen sich Ersatzkassen mit privilegierter Risikostruktur vor Marktanteilsverlusten an den Rändern schützen möchten. Entsprechend hitzig sind die Debatten.

Allerdings sollte nicht übersehen werden, dass der Einbezug unmittelbarer Morbiditätsmerkmale nicht gerade auf der Finanzierungs- und Verteilungsseite der GKV halt machen wird. Im Gegenteil ist davon auszugehen, dass Morbiditätsmerkmale auf der Leistungs- und Vertragsseite sogar früher wirksam werden. Die Einführung eines durchgehenden Systems diagnosebezogener Fallpauschalen (DRGs) für die stationäre Versorgung weist bereits klar in diese Richtung. Aber auch für die Berechnung der Gesamtvergütungen in der ambulanten ärztlichen Versorgung werden morbiditätsbasierte Berechnungsverfahren gefordert.[38] Und in der Tat können die Arztbudgets nicht dauerhaft an historischen Marken anknüpfen, wenn sich die Versorgungsstrukturen so entscheidend ändern wie dies für die Einführung des DRG-Systems erwartet wird. Schon heute sind die im Prinzip auf der Basis des Jahres 1987 budgetierten Gesamtvergütungen der Krankenkassen in keiner Weise mehr risikoproportional.[39] Daher ist eine Aktualisierung und Differenzierung der entsprechenden Kopfpauschalen vorgeschlagen worden.

Ein diagnosebezogenes und ambulant-stationär abgestimmtes, um nicht zu sagen „integriertes", Vergütungssystem würde vermachtete Versorgungsstrukturen von vielen Fesseln befreien und den Leistungswettbewerb ebenso beflügeln wie neue institutionelle Angebotsformen hervorbringen. Beim Rahmenvertrag für die integrierte Versorgung wurde eine Herauslösung diagnosebasierter Teilbudgets aus der Gesamtvergütung noch als konzeptionell und methodisch unausgereift zurückgewiesen. Und sicherlich ist es unrealistisch, Teilbudgets von einer qualitätsorien-

---

[38] Vgl. Stillfried, D.: Das Versicherungsrisiko als Verteilungskriterium knapper Ressourcen in der GKV, in: Arbeit und Sozialpolitik (9-10) 2000, S. 24 ff.

[39] Vgl. Schönbach, K.H.: Anpassungsbedarf des Systems der Kopfpauschalen, in: Die Betriebskrankenkasse (9) 2000, S. 375 ff. und ders.: Aktualisierung der Kopfpauschalen, in : Die Betriebskrankenkasse (12) 2000, S. 517ff.

tierten „Normbehandlung" abzuleiten, solange diese selbst die Ausnahme bleibt. Es ist aber nur eine Frage der Zeit, bis Adaptionen ähnlich dem DRG-System auch für den ambulanten ärztlichen Bereich zur Verfügung stehen. Damit sollte es dann möglich sein, nachfragebestimmte Teile des ambulanten Sicherstellungsauftrages morbiditäts- und leistungsgerecht zu vergüten.

Gelänge es, ein diagnosebezogenes System für den ambulanten Bereich zu adaptieren und morbiditätsinduzierte Mehrleistungen von angebotsinduzierter Leistungsvermehrung zu unterscheiden, könnte dies für die Steuerung in einer wettbewerblich orientierten Krankenversicherung einen Quantensprung darstellen. Es wäre daher in hohem Maße töricht, solche Entwicklungen defensiv zu begleiten, statt sie selbst entschieden voranzutreiben. Denn ohne eine in diesem Sinne morbiditätsorientierte Vergütung kann im Prinzip keine wirksame Steuerung der Krankenkassen als Nachfrager erreicht werden. Dies ist ein primäres Entwicklungsziel der integrierten Versorgung.

Die integrierte Versorgung wird aber selbst kaum über das Laborstadium hinauskommen, wenn sich ihre Umfeldbedingungen nicht mit verändern. Dies gilt nicht nur für den unternehmens- und berufsrechtlichen Datenkranz sondern insbesondere auch für die generellen Vergütungssysteme. Es scheint aus heutiger Sicht kaum realistisch, mit „Modellen" in einer wettbewerbsfremden Umwelt dauerhaft erfolgreich zu sein. Im Übrigen auf grundlegende Reformen zu verzichten, hieße den Fortschritt auf Inseln zu verbannen.

Fazit

Das korporatistische deutsche Gesundheitssystem stößt mehr und mehr nicht nur an seine Leistungs-, sondern auch an seine Legitimationsgrenzen:

- Von den Ärzten wird den Versicherten in der GKV trotz hoher finanzieller Beiträge ein Szenario der Billigmedizin vermittelt.

- Den Politikern wird gezeigt, dass die gesetzlich geregelten Steuerungsinstrumente nicht allzu nachhaltig angewandt werden,

- und das gemeinsame Recht der Europäischen Union vermag zwischen Korporatismus und kartellähnlichem Verhalten kaum zu unterscheiden.

Zur wettbewerblichen Weiterentwicklung der GKV[40] gibt es mithin kaum eine vernünftige Alternative. Die bisherigen Erfahrungen mit der integrierten Versorgung waren auch deshalb nicht allzu ermutigend, weil die Politik hoffte, von dieser Insel aus das Gesundheitswesen reformieren zu können, ohne sich selbst auf den konfliktreichen Reformweg zu machen. Diese Hoffnung kann nicht oder nur sehr begrenzt aufgehen. Neben dem bloßen Wegfall von Innovationsverboten müssen auch die allgemeinen rechtlichen und ökonomischen Rahmenbedingungen weiterentwickelt werden. Die Einführung eines durchgehenden Fallpauschalensystems im Krankenhausbereich ist da ein wichtiger Schritt, der auch eine geänderte Krankenhausplanung nach sich ziehen muss. Der Wettbewerb über das Vergütungssystem darf nicht durch staatliche Angebots- und Investitionsplanung konterkariert werden.

Es ist unverzichtbar, alle Rahmenbedingungen und Steuerungselemente möglichst schlüssig auf ein soziales Wettbewerbssystem hin zu orientieren und anzupassen. Auch wenn sich die Kombination staatlicher, verbandlicher und wettbewerblicher Steuerungselemente im Gesundheitswesen als notwendig und möglich erweist, sollte allein angesichts der Komplexität der Zusammenhänge der wettbewerbliche Ansatz dominieren. Aufgrund seiner Besonderheiten haben die staatswirtschaftlichen Planungsinstrumente im Gesundheitswesen nie die Leistungsfähigkeit wie in anderen Bereichen erreicht. Der Staat kann das auch nicht dadurch beheben, dass er markige Forderungen an die Selbstverwaltung in Gesetze fasst und dann durch staatliche Aufsichtsbehörden um Beachtung im Rahmen des Möglichen nachsucht. Vielmehr sollten staatliche Vorgaben von hoher Verbindlichkeit sein und den Beteiligten möglichst die Freiheit lassen, diese Vorgaben im Rahmen ihrer besten Fähigkeiten und Mittel zu erreichen. Dann bedarf es auch keiner Modellvorhaben mehr.

---

[40] Vgl. hierzu auch Burger, S., Schönbach, K. H.: Verläßlichkeit auf Dauer sichern – Reformperspektiven der GKV unter veränderten sozioökonomischen Bedingungen, in: Die Betriebskrankenkasse (8) 2000, S. 333 ff.

Stand und Perspektiven von Ärztenetzen aus Sicht der KVen

Dusan Tesic

Praxisnetze mit Kassenvertrag

Mitte des Jahres 2000 zählte die KBV 21 Praxisnetze mit regulären Krankenkassenverträgen. Die Zahl der Ärzte in einem Netz schwankt zwischen 30 – 600 Teilnehmern. Sofern Kassen eine Anschubfinanzierung leisteten, lag diese zwischen 0,2 – 4,3 Mio. DM. Bei 8 Netzen besteht eine Kooperation zwischen dem ambulanten und stationären Sektor. 13 Netze arbeiten mit Anlaufpraxen und weitere 13 Netze verfügen über Leitstellen.

Bei der Hälfte der Netze sind die Verträge mit den Kassen auf der Grundlage des § 63 SGB V (Modellversuche) geschlossen worden. Die andere Hälfte beruht auf Strukturverträgen nach § 73 a SGB V. Aufgrund von Kassenpräferenzen hat ein Netz mit einer Kasse einen Strukturvertrag und/oder eine Modellvereinbarung. Es scheint, als ob hier nicht grundsätzliche Überlegungen der Kassen bei der Vertragsform eine Rolle spielen, sondern Spielräume in den gültigen Kassensatzungen.

Verhältnis der Vertragsärzte zu Praxisnetzen

Die gesetzlichen Regelungen zur Bildung von Praxisnetzen und neuerdings zur integrierten Versorgung intendieren Ärzten, die dem Netzgedanken offen gegenüberstehen und entsprechende Kassen als Partner dafür finden, solche Vertragsverhältnisse über das bisherige KV-System hinaus zu ermöglichen. Dies kann mit der KV, aber auch ohne KV erfolgen. Bei der integrierten Versorgung ist eine Beteiligung der KV beispielsweise nicht erforderlich. Hintergrund dieser weitergehenden Regelung ist die Vermutung der Politik und der Kassen, aber auch einzelner Arztgruppen, dass viele KVen die Flexibilität der Ärzte bei neuen Kooperationsformen aus korporatistischen Gründen behindern.

Tatsächlich ergibt eine von der KV Westfalen-Lippe 1999 in Auftrag gegebene Befragung ihrer Mitglieder, dass nur 15 % der befragten Ärzte sich in ihrem Interesse für neue Kooperationsformen „gar nicht" behindert fühlen. 40 % fühlen sich durch die KV „ein wenig" gebremst, 27 % „überwiegend" und 18 % sogar „sehr" behindert. Inwiefern dieses Bild in Westfalen-Lippe auch auf andere KVen übertragen werden kann, ist offen. Jedoch könnte dieses sektorale Ergebnis die Meinung manifestieren, dass KVen als „Bremser" gegenüber neuen Kooperationsformen in Erscheinung treten. Wir kommen darauf zurück.

In einer weiteren schriftlichen Befragung von Vertragsärzten betreffs ihrer Einstellung zu Netzen, die im Mai 2000 von der Brendan-Schmittmann-Stiftung durchgeführt wurde, zeigt sich, dass von allen befragten Ärzten in bestimmten KV-Bereichen 53 % eine „negative" Haltung zu Netzen haben. Nur 36 % sind dazu „positiv" eingestellt und 11 % „gleichgültig".

Anders stellt sich das Bild dar, wenn nur Ärzte befragt werden, die Netzmitglieder sind. 77 % der Ärzte in dieser Gruppe stehen Netzen „positiv" gegenüber. Überraschend ist allerdings, dass 23 % der Netzmitglieder sich Netzen gegenüber „negativ" äußern. Wieso diese Ärzte trotz dieser Einstellung Netzmitglieder sind, wurde nicht erfragt. Unabhängig von den wahren Motiven dieser Ärzte, dürfte dieser Teil bei der Bewältigung von Problemen und Schwierigkeiten im Netzalltag kein Aktivum sein. Andererseits geben 27 % der befragten Ärzte, die nicht Netzmitglied sind, aber Netze kennen, an, sie würden diese für eine innovative Form halten.

In der erwähnten Befragung werden die Netzmitglieder schließlich gefragt, welche speziellen Vorteile sie im Netz sehen. 2/3 der Befragten äußern sich positiv über die Koordination der ärztlichen Netzaktivitäten sowie über die Kooperation zwischen Haus- und Facharzt und den Schnittstellenübergang von ambulant nach stationär. Auch der Einsatz von Leitlinien wird begrüßt. Interessant ist, dass das Patientenurteil bei der ärztlichen Gesamtbeurteilung eines Netzes eine vergleichsweise geringe positive Rolle spielt (37 % der Befragten).

Kassenerfahrung mit Arztnetzen

Hält man sich an offizielle Bewertungen maßgeblicher Kassenvertreter, dann werden Netze durchweg positiv beurteilt. Hervorgehoben werden für die Kassen eine höhere Kundenzufriedenheit, Einsparungen durch effizientere Behandlungsabläufe, Wettbewerbsvorteile usw.

Allerdings gibt es innerhalb der Krankenkassen auch kritische Meinungen zu Netzen bzw. integrierten Versorgungsformen, wie weiter unten dargelegt wird.

Positionen der Kassenärztlichen Vereinigungen zu Arztnetzen und integrierten Versorgungsformen

Soweit dies aus den vorliegenden Unterlagen ableitbar ist, kann festgestellt werden, dass sich keine KV grundsätzlich gegen Netze bzw. Integrationsmodelle ausspricht. Auch den KVen scheint klar zu sein, dass die bisherige Form der Regelversorgung durch Vertragsärzte keineswegs optimal ist und daher verbessert werden muss. Demnach existiert die grundlegende Einsicht in die Reformbedürftigkeit auch der ambulanten ärztlichen Versorgung. Konfliktbeladen ist dagegen der Reformweg. Die Stärkung der Hausärzte, die Reduktion der Fachärzte, die Ausweitung von ambulanten Leistungen in Krankenhäusern, die Stärkung der Kassen, der Abbau der KVen usw. Hier sind einige politische Brennpunkte in der gesundheitspolitischen Debatte vorhanden.

Abbildung 1: Positionen der Kassenärztlichen Vereinigungen

KBV	Rahmenvereinbarung über integrierte Versorgungsformen
KV Berlin	Praxisnetz (63 SGB V) Medi-Verbund
KV Niedersachsen[1)]	Praxisnetze werden durch die KVN in Zukunft intensiver unterstützt KVN-Arbeitsgruppe wird inhaltliche und vertragliche Weiterentwicklung für integrierte Versorgungsformen begleiten
KV Westfalen-Lippe[2)]	Rd. 50 Netze sollen sich im „Landesverband Praxisnetze Westfalen-Lippe" zusammenschließen Netzkodex: gemeinsame Strategie der Netzärzte und übrigen Vertragsärzte bei Verhandlungen mit den Kassen
KV Nord-Württemberg[2)]	Medi-Verbund zwar mit KV aber auch ohne KV existenzfähig Oligopol-Monopolangebot gegen Einkaufsmodell Kassen Unabhängig von der KV ⇒ Netzwerk Geno Gyn - Geno Med: Unterstützung bei integrierten Versorgungsformen und gemeinsamer Einkauf, Gerätepool, Fortbildung usw. „Verbund Freier Praxen Nord-Württemberg" Anstoß vom NAV-Landesvorsitzenden. Sammelbecken derjenigen, die den Medi-Verbund ablehnen
KV Schleswig-Holstein[2)]	Beteiligung der KVen an Genossenschaft untersagt von Aufsichtsbehörde. Aber KV-Funktionäre als Per-

	sonen an der Genossenschaft beteiligt sowie die Hälfte aller KV Mitglieder
KV-Nordrhein[3]	Hoppe-Vorschlag: Ärztekammer und KV sollen eine Institution bilden, die Projekte der integrierten Versorgung begleitet und fördert. Krankenhäuser und Kassen sollen einbezogen werden. Hilfe durch Netzakademie. „Krankenhäuser und KV sollen unter Einbindung der Kammer modellhaft versuchen, die Einzeltopfbildung durch einen gemeinsamen Finanzierungstopf zu überwinden." (Hoppe) Hansen (KV-Chef) begrüßt den Vorschlag: z. B. gemeinsame Qualitätszirkel (Vertragsärzte - Kliniker), Notfalldienstansiedlung am Krankenhaus, High-Tech-Kooperation
KV-Nordrhein[7]	„Integrationsmodell Nordrhein: Kommunikation, Kooperation und Koordination in der Patientenversorgung ausgehend von der hausärztlichen Versorgungsebene" KV-Chef Hansen: „In dem Modellversuch soll die Lotsenfunktion des Hausarztes sichtbar werden." Kein Primärarztsystem. Kassenartenübergreifende Verhandlung. „Ziel ist die Optimierung der Versorgung ausgehend von der hausärztlichen Versorgung". „Wenn unser Projekt sich als gut erweist, wird es eine Pilotfunktion für den Rest der Republik erhalten."
KV-Südwürttemberg[4]	Brech: Integrationsversorgung in den Sicherstellungsauftrag einbeziehen. Bisherige Aufgabe der KV wird ergänzt um integrierte Versorgung auf freiwilliger Basis im Rahmen einer GmbH oder Genossenschaft
KV Bayern[5]	Gemeinsam mit dem Praxisnetz Nürnberg-Nord hat die KVB, BZ Mittelfranken, ein umfassendes und detailliertes Konzept zur Weiterentwicklung vorhandener Versorgungsstrukturen in dem Stadtteil Nürnberg-Nord mit dem Ziel einer sektorübergreifenden – ambulanten und stationären Vernetzung und Optimierung der Versorgungsqualität entwickelt. Dieses innovative Versorgungsmodell überzeugte die AOK Bayern, so dass zum 1.7.1999 mit unserem Vertragspartner ein komplexes Vertragswerk vereinbart werden konnte.
KV Hessen[6]	Gegen integrierte Versorgungsstrukturen gem. Gesetz. Konkurrenzprodukt „Netze 2000": Unabhängig von den Kassen. Von KV finanziert. Innovationsfonds 2 Mio. DM. Ziele: Vermeidung von Einspareffekten zu Lasten Dritter. Netzdaten bleiben im Netz. Mehrere regionale Projekte liegen der KV vor. Modellbefristung bis 31.12.2000.

KV Hamburg[8]	W. Plassmann: „Die KV Hamburg unterstützt aktiv diesen Prozess durch Informationen, Beratung, die Bereitstellung eines Netzbudgets sowie durch den Versuch, die speziellen Arbeiten der Netze durch Verträge mit den Kassen zu unterfüttern. Darüber hinaus befinden wir uns in einer Reihe von Gesprächen mit Krankenhäusern zur besseren Verzahnung des ambulanten und stationären Bereichs." Kassen halten sich gegenüber Netzangeboten bedeckt.

Quelle: 1) KVN Presseinformation v. 30.10.2000
2) Der Kassenarzt, 41, 2000
3) Ärzte Zeitung, 31.10.2000
4) Ärzte Zeitung, 16.10.2000
5) H. Rauchfuß: Ende der Schnittstellenprobleme, in AOK-BV (Hg); Mediendienst live am 6.9.2000
6) Ärzte Zeitung, 25.10.1999
7) Ärzte Zeitung, 30.6./1.7.2000
8) Hamburger Ärzteblatt 4/2000

Die in der Tabelle zusammengefassten Positionen der KVen belegen, dass von einer Verweigerungs- bzw. Blockadehaltung der KVen gegenüber neuen Versorgungsformen keine Rede sein kann. Der Dissens über den Reformweg und seine Schritte mit den Kassen und der Politik darf nicht den Blick dafür verstellen, dass einzelne KVen und die KBV von sich aus große Anstrengungen unternehmen, um ihren Vertragsärzten (Mitgliedern) bei neuen Kooperationswegen beratend zur Seite zu stehen. Interessanterweise gibt es sogar KV-Bereiche, in denen sich die Kassen Netzangeboten von Seiten der KV verschließen, obwohl, wie die KV Hamburg berichtet, große Anstrengungen in diese Richtung unternommen werden.

U. E. lassen sich die inhaltsgleichen Reformbemühungen der KVen grob in zwei Richtungen unterscheiden:

1. Ein Teil der KVen setzt auf Initiativen von unten und unterstützt die vielfältigen und auch unterschiedlichen Projekte, die aus der Vertragsärzteschaft bzw. den Arztgruppen heraus vorgeschlagen werden.

2. Andere KVen orientieren sich auf eine einheitliche Netz- bzw. Verbundstruktur, die die innovativen Elemente in einem abgestimmten Konzept bündelt und eine zentrale Struktur als Ordnungsrahmen vorsieht. Dazu sollen die KVen Mitgesellschafter einer GmbH oder Mitglieder einer Genossenschaft werden. Für den Fall, dass sich dies juristisch und politisch nicht durchsetzen lässt, wird die GmbH

bzw. Genossenschaft auch ohne KV-Beteiligung einen Ärzteverbund bilden, der den Krankenkassen Kooperationsangebote macht. Aus der großen Zahl von Ärzten in diesem Verbund resultiert die Attraktivität und das Gewicht eines solchen Verbundes als Vertragspartner für die Krankenkassen.

Die zweite Richtung steht zurzeit im Mittelpunkt streitiger Auseinandersetzungen, die auch gerichtlich ausgetragen werden. Es geht dabei vor allem um die Frage, ob die KVen sich an solchen Verbünden beteiligen dürfen, ohne damit gegen ihre gesetzliche Aufgabenbestimmung zu verstoßen.

Sowohl die KBV als auch einzelne KVen stellen zur Umsetzung der ersten Richtung umfangreiches Material und auch eigene Beratungsexperten zur Verfügung.

Arztnetze und integrierte Versorgung

Neben den bisherigen Strukturverträgen und Modellverträgen hat der Gesetzgeber zusätzlich die integrierte Versorgungsform gesetzlich verankert. Offensichtlich bewertete die rot-grüne Regierung die bis dahin existierenden Regelungen als nicht ausreichend, um die beklagte fehlende sektorale Verzahnung zwischen dem ambulanten und stationären Sektor überwinden zu können. Hält man sich an Äußerungen von Regierungsvertretern, dann wird mit integrierten Versorgungsformen ein gegenüber den bisherigen Netzregelungen anderer strategischer Ansatz verfolgt: „Die Integrationsversorgung wird nur dann Veränderungen bringen und damit auch Erfolg haben, wenn es gelingt, die stationäre Versorgung, d. h. insbesondere Krankenhäuser und Krankenhausverbünde, zum Dreh- und Angelpunkt des neuen Versorgungstyps zu machen."[41]

Neben dem Dreh- und Angelpunkt Krankenhaus im Konzept der integrierten Versorgung wird zudem erwartet, dass über den dann stattfindenden Verdrängungsprozess auch die beschworenen Überkapazitäten im ambulanten und stationären Bereich bereinigt werden können. Denjenigen, die in integrierte Versorgungsformen eingebunden sind, werden dabei die besten Überlebenschancen eingeräumt.[42]

Die Kritik der KVen an der integrierten Versorgungsform, die auch ohne KV-Beteiligung, aber mit einer Bereinigung der Gesamtvergütung etabliert werden kann, ist zu einem Teil in der Rahmenvereinbarung zwi-

---

[41] Ulrich Orlowski, Integrationsversorgung, in: Die BKK 5/2000, S. 191 ff.
[42] a.a.O., S. 199

schen der KBV und den Spitzenverbänden der Krankenkassen berücksichtigt worden. Allerdings ist das Beitrittsrecht der KV nach Ablauf von 3 Jahren weiterhin streitig.

Ob die integrierte Versorgungsform in ihrer jetzigen gesetzlichen Ausprägung ein Erfolgsmodell werden kann, ist auch bei meinungsbildenden Kassenvertretern keineswegs ausgemacht: „Das Nebeneinander von Sicherstellungsauftrag der Kassenärztlichen Vereinigung für eine ‚Regelversorgung' und neuen strukturellen Ansätzen im Bereich der integrierten Versorgung bleibt schwer zu bewältigen. Die Schwierigkeiten nehmen zu, wenn auch andere Leistungssektoren einbezogen werden sollen. Vereinzelt werden deshalb bereits Stimmen laut, die die integrierte Versorgung als Rohrkrepierer bezeichnen."[43] Ähnlich äußert sich ein führender BKK-Vertreter: „Die neuen Regelungen werden allerdings aufgrund ihrer überorganisatorischen Ansätze den richtigen Grundgedanken behindern. KVen brauchen sich deshalb keine Sorgen zu machen, dass die vorgesehene Integrationsversorgung den Sicherstellungsauftrag der Kassenärztlichen Vereinigung beseitigen wird. Ein weiterer Punkt ist, dass ich keine große Zahl von Ärzten sehe, die Interesse hat, auf dieser Grundlage gemeinsam mit den Krankenkassen etwas zu wagen. Ich sehe auch große Zurückhaltung bei den Patienten."[44]

Ärztenetze, integrierte Versorgung und Risikostrukturausgleich

Die aktuelle Diskussion über die bisherigen Steuerungsergebnisse des Risikostrukturausgleichs innerhalb der Kassen und über die Chancen der integrierten Versorgung unter den bisherigen RSA-Bedingungen ergibt entgegen bestehender Vorurteile, dass nicht die KVen den Fortschritt und die Umsetzung der neuen Versorgungsformen behindern. Vielmehr hat der Kassenwettbewerb unter den derzeitigen RSA-Bedingungen und dem Kassenwahlrecht zu einer „Jagd auf Gesunde" geführt. In den beiden bisher vorliegenden Gutachten zu den Ergebnissen des RSA wird bei Differenz im Detail gemeinsam konstatiert, dass die chronisch Kranken, für die die neuen Versorgungsformen insbesondere gedacht waren, Verlierer des Kassenwahlrechts sind.[45]

---

[43] Werner Gerdelmann in: Die Ersatzkasse 9/2000, S. 328
[44] Interview mit Gerhard Schulte in: Cardio News 2/2000
[45] Lauterbach/Wille: Modell eines fairen Wettbewerbs durch den Risikostrukturausgleich (Zwischengutachten), Köln, Mannheim o. J. BMG: Zur Wirkung des Risikostrukturausgleichs in der gesetzlichen Krankenversicherung. Eine Untersuchung im Auftrag des Bundesgesundheitsministeriums für Gesundheit. Zwischenbericht 30.9.2000

Halten wir fest, dass die Kassen unter den erwähnten Rahmenbedingungen bisher kein wirkliches Interesse an neuen, innovativen Versorgungsformen, insbesondere für chronisch Kranke haben. Des weiteren wird auch den integrierten Versorgungsformen von Kassenseite ohne eine Änderung des RSA keine Chance eingeräumt: „Der Durchbruch zur integrierten Versorgung hängt entscheidend von der gesetzgeberischen Definition eines neuen GKV-Wettbewerbsrahmens und dem Abbau gesetzlicher Reglementierungen ab."[46]

Man darf gespannt sein, welche Veränderungen die Politik beim RSA vornehmen wird, um den zentralen Hemmfaktor zu beseitigen, der ihre Vorstellungen von Ärztenetzen und integrierten Versorgungsformen konterkariert.

§ 137 e SGB V – Koordinierungsausschuss versus Kassenwettbewerb bei Arztnetzen und integrierten Versorgungsformen?

Im Gefüge des auch von der Politik propagierten Kassenwettbewerbs um die besten Versorgungsformen wirkt der § 137 e SGB V „Koordinierungsausschuss" geradezu gegen diese Vorstellungen.

Nach § 137 e SGB V sollen pro Jahr auf evidenzbasierten Leitlinien mindestens 10 Krankheiten definiert werden, deren Behandlung die Morbidität und Mortalität der Bevölkerung nachhaltig beeinflussen kann. Die Beschlüsse dieses Gremiums sind für Krankenkassen, zugelassene Krankenhäuser und Vertragsärzte (Ausnahme Zahnärzte) verbindlich. Sie haben somit flächendeckenden, kassen- und sektorenübergreifenden Charakter.

Zwar wird auf den einfachen methodischen Ansatz dieser Regelung gegenüber dem komplexen Qualitätsansatz von Modellvorhaben, Strukturverträgen oder integrierter Versorgung hingewiesen. Aber sicher scheint, dass die 10 Krankheiten vor allem die Volkskrankheiten sein werden (z. B. Diabetes, Bluthochdruck, Asthma etc.), die auch jetzt schon Gegenstand vieler Modellversuche oder Strukturverträge sind. Von Kassenwettbewerb ist bei dieser Konstruktion keine Rede mehr. Alle Kassen haben entsprechende Beschlüsse umzusetzen. Man darf gespannt sein, wie die Vorhaben des Koordinierungsausschusses mit dem Wettbewerb der Kassen bei innovativen Versorgungsformen in Einklang gebracht werden können.

---

[46] Eckhard Fiedler, Vortrag am 14.11.2000 in Berlin

Bedeutung der Telematik für die integrierte Versorgung

Christian Dierks

Um die medizinische Kommunikation im Jahr 2000 ist es – im Vergleich mit den Kommunikationsmöglichkeiten in anderen Bereichen der Wirtschaft – schlecht bestellt. Die dem Stand der Technik entsprechenden Medien werden nicht oder unzureichend genutzt. Dies lässt sich durch die nachfolgend dargestellten, typischen Szenarien illustrieren:

- Ein Patient mit Meniskusläsion möchte sich darüber informieren, welche Ärzte in seiner Stadt in der Lage sind, eine Arthroskopie ambulant durchzuführen. Anfragen bei der Ärztekammer, der Kassenärztlichen Vereinigung und eine Recherche in den Telefonbüchern bleiben ohne Erfolg.

- Ein Hausarzt überweist seinen langjährigen Patienten zum Orthopäden. Der Auftrag auf dem Überweisungsschein lautet „z.A. rheumat. Erkr.", Krankengeschichte, Dauerdiagnosen und Dauermedikation werden nicht übermittelt.

- In einem Universitätsklinikum werden dem Patienten die Röntgenbilder unter das Kopfkissen gesteckt, damit sie „nicht verloren gehen" und während der Operation zur Hand sind.

- Anlässlich eines Hausbesuchs im Notdienst besteht der Verdacht auf einen Herzinfarkt. Das vor Ort abgeleitete EKG ist verdächtig. Es kann aber nicht mit dem tags zuvor dokumentierten EKG des noch unbeschwerten Patienten verglichen werden. Der Notarzt weist den Patienten in die stationäre Behandlung ein.

Besonders deutlich werden die Kommunikationsdefizite bei der häufigsten ärztlichen Handlung, der Verordnung eines Arzneimittels. Obwohl in den meisten Arztpraxen sowohl die Patientendaten als auch die Arzneimittel bereits digital im Praxis-PC des Arztes vorhanden sind, muss die Erfassung der Verordnung zahlreiche Medienbrüche durchlaufen, bevor sie zusammen mit rund 807 Millionen Verordnungen[47] jährlich auf den Datenträgern der Krankenkassen und letztlich auch der Kassenärztlichen Vereinigungen erfasst wird (vgl. Abb. 1)

---

[47] Schwabe/Paffrath, Arzneiverordnungsreport 1999, S. 3

Abbildung 1

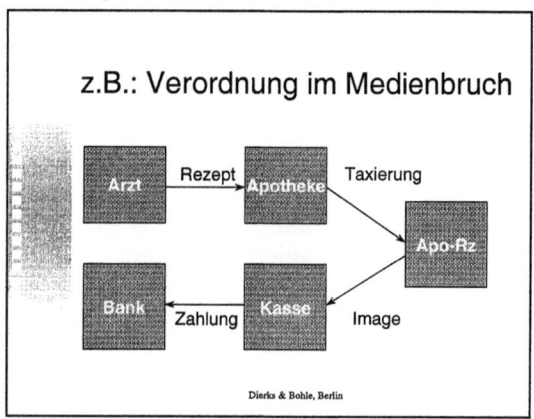

Schon vor einigen Jahren wurde darauf hingewiesen, dass durch ein einheitliches, medienbruchfreies Datenmanagement im Bereich der Verordnung Kosten in Höhe von ca. 150 Millionen DM vermieden werden könnten.[48] Das gegenwärtige System der Verordnungserfassung kostet nicht nur Geld, sondern auch Zeit (vgl. Abb. 2).

Abbildung 2

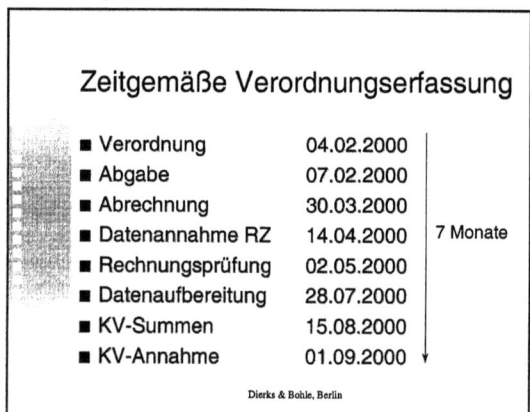

Die vorstehenden Beispiele zeigen, dass die Kommunikationspotentiale in der gesetzlichen Krankenversicherung bei weitem nicht ausgeschöpft sind. Gewachsene administrative Strukturen und gesetzlich vorgegebene

---

[48] vgl. Geiss, Nach Versichertenkarte und Gesundheitsnetz: Das elektronische Rezept, Ersatzkassen 1997, 279-281

Papierformate ziehen Medienbrüche, zeitliche Verzögerungen, Mehrkosten und Mehrarbeit nach sich. Die Frage ist berechtigt: Wo bleibt die Kommunikationsgesellschaft in der Medizin?

Seit etwa zehn Jahren wird auch in Deutschland die Medizin durch den (überwiegend experimentellen bzw. modellhaften) Einsatz von Telemedizin verändert. Der Begriff der „Telemedizin" ist erst vor einigen Jahren aufgetaucht und sollte wie folgt definiert werden:

Telemedizin ist der Einsatz von Telekommunikation und Informatik (= Telematik) zur Erbringung und Unterstützung medizinischer Dienstleistungen, z. B. für Diagnostik, Therapie, Konsultation, administrative Prozesse und Wissensvermittlung.

In den Bereich der Telemedizin gehören daher eine Reihe von Anwendungen, denen der Einsatz von Telematik im Gesundheitswesen gemein ist. Die Anwendungen können anhand der Beteiligten, der übermittelten Informationen oder des verwendeten Mediums unterschieden werden (vgl. Abb. 3 bis 5)

Abbildung 3

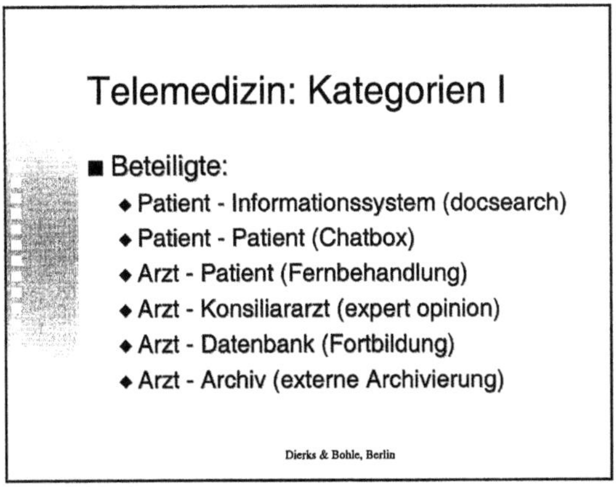

Telemedizin: Kategorien I

- Beteiligte:
  - Patient - Informationssystem (docsearch)
  - Patient - Patient (Chatbox)
  - Arzt - Patient (Fernbehandlung)
  - Arzt - Konsiliararzt (expert opinion)
  - Arzt - Datenbank (Fortbildung)
  - Arzt - Archiv (externe Archivierung)

Dierks & Bohle, Berlin

Abbildung 4

Telemedizin: Kategorien II

■ Inhalte:
   ◆ Befunddaten
   ◆ Befundinterpretationen
   ◆ Abrechnungsdaten
   ◆ Verwaltungsdaten
   ◆ Klinische Prüfung
   ◆ Epidemiologie

Dierks & Bohle, Berlin

Abbildung 5

Telemedizin: Kategorien III

■ verwendete Medien:
   ◆ Telefon
   ◆ Telefax
   ◆ Internet
   ◆ Funk
   ◆ Satellit
   ◆ Chipkarten

Dierks & Bohle, Berlin

Die Telemedizin hat im Jahr 2000 eine erhebliche Bedeutung erlangt. Die Begeisterung für die Anwendung der neuen Medien in der Medizin wurde auf der technischen Seite durch die höheren Übertragungsraten und die Entwicklung einheitlicher Austauschformate begünstigt. Gegenwärtig finden sich noch zahlreiche, zum Teil inkompatible Insellösungen. Allgemein wird die Notwendigkeit erkannt, die Bildung von Schnittstellen und Standards voranzutreiben.[49]

---

[49] vgl. z. B. Dierks, Rechtliche und praktische Probleme der Integration von Telemedizin, in: Dierks/Feussner/Wienke, Rechtsfragen der Telemedizin, Heidelberg 2000, S. 17

Weltweit beschäftigen sich zahlreiche Projekte mit den Möglichkeiten, Chancen und Grenzen der Telemedizin, die naturgemäß vor den nationalen Grenzen nicht Halt macht. Hier sind besonders zu nennen:

- das Global Health Care Application Project der G8-Staaten
- die European Health Telematics Association[50]
- die International Bar Association
- das Aktionsforum Telematik im Gesundheitswesen[51] und
- die Deutsche Gesellschaft für Medizinrecht[52]

Es ist kein Zufall, dass die Fortschritte der nationalen und internationalen Arbeitsgruppen und die weltweite Diskussion um die Schaffung der tatsächlichen und rechtlichen Voraussetzungen für eine weitreichende Anwendung der Telemedizin mit den Vorgaben der integrierten Versorgung durch das GKV-Reformgesetz 2000 zusammenfallen. Die im Gesetz genannten Kriterien für die integrierte Versorgung entsprechen den Anforderungen, die an eine moderne Medizin gestellt werden und die durch die Anwendung von Telemedizin auch realisiert werden können. Dies sind im Einzelnen:

- die geforderte sektorübergreifende Versorgung gemäß § 140 a Abs. 1 S. 1 SGB V

- die geforderte Qualitätssicherung nach § 140 b Abs. 3 S. 1 SGB V

- die Kriterien der integrierten Versorgung gemäß § 140 b Abs. 3 S. 3 SGB V:

    - organisatorische Voraussetzungen entsprechend dem allgemein anerkannten Stand der medizinischen Erkenntnis und des medizinischen Fortschritts
    - am Versorgungsbedarf der Versicherten orientierte Zusammenarbeit aller Beteiligten
    - Koordination zwischen verschiedenen Versicherungsbereichen
    - ausreichende Dokumentation, die allen Beteiligten im jeweils erforderlichen Umfang zugänglich sein muss.

Die Telemedizin wird daher in der integrierten Versorgung eine kardinale Rolle einnehmen. Die Weiterentwicklung der bereits mit den Krankenkassen im Vertrag stehenden Praxisnetze und auch der rund 200 weni-

---

[50] http://www.ehtel.org
[51] http://www.atg.gvg-koeln.de
[52] http://www.medizin.uni-koeln.de/dgmr

ger dichten Kooperationen in Netzform wird insbesondere eine Weiterentwicklung im Bereich der Kommunikation sein. Nur durch eine zeitnahe Übermittlung der Behandlungsdaten können Redundanzen in der Verordnung abgebaut, Expertenleistungen zielsicher dem Patienten zur Verfügung gestellt und eine effizientere stationäre Behandlung ermöglicht werden. Die hierzu bereits seit Jahren diskutierten und nun in der konkreten Umsetzung näher gerückten Stationen auf dem Weg zu einer „einheitlichen Gesundheitsplattform"[53] sind die Einführung des elektronischen Rezepts, der elektronischen Patientenakte und die Sicherstellung eines sektorübergreifenden Datenflusses. Nach dem elektronischen Rezept wird die elektronische Patientenakte eine zentrale Rolle in der integrierten Versorgung einnehmen. Sie wird sowohl den Leistungserbringern als auch den Leistungsträgern die für das Behandlungsgeschehen notwendigen Daten zur Verfügung stellen. Je nach Aufgabe der Beteiligten ist der Zugriff auf die jeweils erforderlichen Daten zu beschränken. Die elektronische Patientenakte wird also in Bereiche aufzuteilen sein, die Zugriffshierarchien entsprechen (vgl. Abb. 6).

Abbildung 6

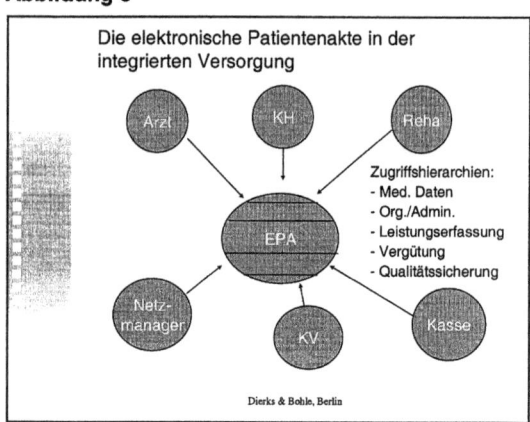

Durch die Auflösung der bislang bestehenden räumlichen und zeitlichen Grenzen eines Behandlungsgeschehens werden Distanzfragen aufgeworfen. Der Telemedizin sind daher eine Reihe von Problemen immanent, die in unterschiedlicher Gewichtung bei den einzelnen Anwendungen zu überprüfen und gegebenenfalls anzupassen sind. Es sind dies die Fragen

---

[53] vgl. „Telematik im Gesundheitswesen – Perspektiven der Telemedizin in Deutschland", Studie der Firma Roland Berger und Partner im Auftrag des Bundesministeriums für Bildung, Wissenschaft, Forschung und Technologie und des Bundesministeriums für Gesundheit, München 1997

- der Kommunikationsqualität
- des Berufsrechts
- des Haftungsrechts
- von Datenschutz und Datensicherheit und
- der Vergütung und Finanzierung der Anwendung

Insbesondere die letzte Frage hat zahlreiche hoffnungsvoll begonnene Projekte aus dem Bereich der „Strukturverträge" und „Modellvorhaben" in den Jahren 1999 und 2000 vor erhebliche Probleme gestellt. Nach den gesetzlichen Vorgaben sind die Praxisnetze, unabhängig davon, ob sie als Strukturverträge oder Modellvorhaben ausgestaltet werden, unter den Vorgaben der Beitragssatzstabilität zu fördern. Die Krankenkassen haben aus diesem gesetzlichen Gebot abgeleitet, dass eine zusätzliche Finanzierung, etwa zur Anschaffung der im Rahmen einer Vernetzung notwendigen Hard- und Software, nur dann erfolgen darf, wenn die zu erwartenden Einsparungen den initial getätigten Mehraufwand kompensieren können. Die dem Sozialrecht typische, kurzfristige Betrachtung des Haushaltsgeschehens[54] führt so zu dem allseits beobachteten zurückhaltenden Finanzierungsinteresse der Leistungsträger.

Das besondere Problem scheint allerdings im Begriff der „Einsparung" zu liegen. Notabene: In der Terminologie des Sozialversicherungsrechts wird dieser Begriff nicht für die Bildung von Rücklagen, sondern für eine Verminderung des Kostenanstiegs, seltener für tatsächliche Kostensenkungen verwendet. Der zentrale Ansatz der integrierten Versorgung ist die effizientere Allokation von stationären Leistungen. Sie kann in der integrierten Versorgung, u. a. auch je nach dem Grad der Durchdringung mit telemedizinischen Anwendungen, insbesondere dadurch erreicht werden, dass Krankenhauseinweisungen überhaupt eingespart werden oder ein Teil der ansonsten stationär zu erbringenden Leistung auch ambulant darstellbar ist. Theoretisch könnte eine Kostensenkung dann im Bereich der oft ungleich teureren stationären Leistung zu erwarten sein.

Kurzfristig kann eine solche Kostensenkung nur erreicht werden, wenn die tatsächlichen Krankenhauskosten vermindert werden können. Diese bestehen jedoch überwiegend aus Personalkosten und sind daher nicht von einem Tag auf den anderen, oft auch nicht von einem Jahr auf das nächste zu vermindern. Angesichts der Umkehr der Bevölkerungspyramide, der medizinischen Innovation und der veränderten medizinischen Anspruchshaltung der Versicherten ist auch nicht davon auszugehen, dass ein Abbau stationärer Versorgungskapazitäten (zumindest im grö-

---

[54] vgl. nur § 77 SGB IV

ßeren Umfang) sinnvoll wäre. In einer langfristigen Betrachtung wird die Telemedizin in der integrierten Versorgung daher nicht zu einer Kostensenkung führen, sondern zu einer verbesserten Allokation der stationären Expertenleistung, nicht zuletzt hinsichtlich derjenigen Erkrankungen, die heute noch nicht behandelbar erscheinen. Diese Erkenntnis soll nicht von der Tatsache ablenken, dass die integrierte Versorgung mit einer optimalen Einbindung telemedizinischer Anwendungen bitter notwendig ist, um die Effizienz im System zu steigern.

Die Telemedizin wird darüber hinaus, und das nicht nur in der integrierten Versorgung, neuartige Dienstleistungen hervorbringen. Hier ist z. B. an neue Berufsbilder für den Arzt zu denken, wie etwa den Netzwerkmanager, den Teleradiologen, den Telepathologen, den Analysten für Evidence Based Medicine und den Pharmaceutical Benefit Manager. In den wissensbasierten Systemen werden zunehmend Content Consultants, Evaluator und Expert Researcher benötigt. Sie alle werden dazu beitragen, dass die zunehmende Nachfrage nach medizinischem Wissen und medizinischen Dienstleistungen befriedigt wird. Mehr und mehr werden die Entscheidungen des informierten Patienten das Gesundheitswesen bestimmen. Der viel diskutierte Rollenwechsel des Patienten zum Kunden wird sich dabei unabhängig vom Willen der Beteiligten vollziehen. Die Anzeichen sind unübersehbar: Das Gesundheitswesen ist eine Zukunftsbranche. Der Gesetzgeber wird sich darauf einstellen müssen, die 118 Jahre alten Strukturen der gesetzlichen Krankenversicherung diesem Wandel anzupassen und ein wettbewerbliches System zu ermöglichen, dass dem Patienten die Entscheidungen überlässt.

Von größter Bedeutung erscheint in diesem Zusammenhang, dass die wirtschaftsrechtlichen, insbesondere die kartellrechtlichen Vorgaben des EG-Vertrages, früher als dies manche erwarten, zu einer Europäisierung des Gesundheitswesens führen werden. Angesichts der Dominanz staatlicher Gesundheitssysteme in der EG ist nicht zu erwarten, dass dieser Wirtschaftsraum von sich aus die Vorteile eines wettbewerblichen Gesundheitswesens erkennt. Die Vorteile des in Deutschland bestehenden Vertragssystems müssen daher dringend den Meinungsbildnern und Entscheidungsträgern auf europäischer Ebene zur Kenntnis gebracht und dort immer wieder betont werden. Als Nahziel sollte der Gesetzgeber zur Verbesserung der Wettbewerbsfähigkeit in der integrierten Versorgung weiter Abstand von den „krankenkasseneinheitlichen" Vorgaben nehmen und den einzelnen Krankenkassen als Teilnehmer an einem Wettbewerb im Gesundheitswesen die Ausgestaltung der Bedingungen einer Krankenversicherung, freilich zunächst nur oberhalb einer Basisschwelle von Regelleistungen, selbst überlassen. Die Vorgaben des 19. Jahrhunderts auf ein Gesundheitswesen im Kommunikationszeitalter weiterhin anzuwenden, hieße letztlich auch, den Patienten zu entmündigen – eine sicherlich unzeitgemäße Vorgabe.

Integrierte Versorgung – das Trojanische Pferd beim Untergang korporativer Systeme?

Peter Oberender

Vorbemerkung

Verbände wie die Kassenärztliche Vereinigung nehmen im deutschen Gesundheitswesen eine herausgehobene Stellung ein; teilweise wird das Gesundheitswesen daher als „Veranstaltung der Verbände"[55] bezeichnet. Damit ist gemeint, dass diese Korporationen nicht nur als reine Interessenvertreter ihrer Mitglieder handeln, sondern vielmehr im Rahmen der Selbstverwaltung Ordnungs- und Steuerungsfunktionen übernehmen. Das Gesundheitswesen weist daher – neben wettbewerblichen und staatlich-dirigistischen Elementen – Eigenschaften eines korporatistischen Systems auf.

Reformbemühungen gehen an diesem Ordnungsmodell nicht spurlos vorüber. Das gilt insbesondere für Bestrebungen, Systeme integrierter Versorgung zuzulassen – ein Kernelement der GKV-Gesundheitsreform 2000 (§§ 140 a-h SGB V). Im Folgenden wird untersucht, inwieweit korporatistische Strukturen durch integrierte Versorgung in Frage gestellt werden und welche Überlebenschancen diese haben. Dazu ist es zunächst nötig, Funktionsweise und Probleme des Korporatismus im deutschen Gesundheitswesen darzulegen, um schließlich auf integrierte Versorgung und deren Implikationen für die Verbände einzugehen.

Ausgangslage

Korporationen im Gesundheitswesen: Historischer Überblick

Korporatistische Koordinationsverfahren im Gesundheitswesen haben sich seit Gründung der gesetzlichen Krankenversicherung (GKV) im Jahre 1883 allmählich entwickelt. So bildeten sich um die Jahrhundertwende Ärzteverbände als Gegenmacht zu den Krankenkassen. Weil das Verhältnis von Kassen und Ärzten in der Weimarer Republik stets Konfliktstoff beinhaltet hatte, entschloss sich der Gesetzgeber im Jahre 1931, das Verhältnis von Ärzten und Kassen neu zu regeln. Das brachte eine Intensivierung des Korporatismus mit sich: Kern der damaligen Verordnungen war die Einrichtung der Kassenärztlichen Vereinigungen (KVen) als Körperschaften des öffentlichen Rechts mit Zwangsmitgliedschaft.

---
[55] Herder-Dorneich (1999), S. 31

Die Kassenärztlichen Vereinigungen erhielten das alleinige Recht zugesprochen, Gesamtverträge abzuschließen – sie erhielten von den Kassen eine pauschalierte Gesamtvergütung und verteilten diese nach selbsterstelltem Honorarschlüssel an ihre Mitglieder. Im Gegenzug waren sie für die Sicherstellung der kassenärztlichen Versorgung verantwortlich (Sicherstellungsauftrag)[56]. Damit war das korporatistische Koordinationsverfahren zwischen Kassenärztlichen Vereinigungen und Spitzenverbänden der Krankenkassen etabliert; der Übergang von Einzelverträgen zum Kollektivvertrag war geschafft. Dieses System hat sich bis heute erhalten und nimmt zahlreiche Steuerungsfunktionen wahr.[57] Weniger entwickelt sind korporatistische Elemente im Krankenhauswesen, das stärker staatlichen Einflüssen unterliegt (Bedarfsplanung). Allerdings müssen sich auch die Vertragskrankenhäuser in der Deutschen Krankenhausgesellschaft zusammenschließen.

Funktionsweise des Korporatismus

Korporationen sind als „Kinder der Not" anzusehen: Sie wurden errichtet und mit besonderen Rechten ausgestattet, um sozialstaatliche Aufgaben, die den Staat überfordert hatten und deren Erfüllungen Marktlösungen nicht zugetraut wurden, zu erfüllen. Im Falle der Kassenärztlichen Vereinigungen wollte man einer medizinischen Unterversorgung vorbeugen.[58]

Das zu diesem Zweck eingerichtete System trägt Merkmale, die typisch für korporatistische Ordnungen sind.[59] So wurden die Korporationen in die gemeinsame Selbstverwaltung eingebunden und erfüllen im Rahmen dieses Koordinationsverfahrens Ordnungs- und Steuerungsfunktionen; insbesondere tragen sie Sorge für ein angemessenes Leistungsangebot. Es handelt sich also um eine Steuerungsebene zwischen Markt und Staat.[60]

---

[56] vgl. Frerich & Frey (1993 a), S. 208 f.
[57] vgl. Frerich & Frey (1993 b), S. 275 ff. sowie Groser (1999), S. 69 ff.
[58] vgl. Oberender & Hebborn (1998), S. 33 f.
[59] vgl. zu den folgenden Merkmalen korporatistischer Systeme Alemann & Heinze (1981), S. 51 sowie Streit (1988), S. 43 f. und speziell im Gesundheitswesen Oberender & Hebborn (1998), S. 64 f. sowie Lampert (1998), S. 238 ff. Mit der obigen Aussage soll allerdings nicht der Eindruck erweckt werden, das deutsche Gesundheitswesen sei ausschließlich korporatistisch organisiert. Vielmehr sind auch andere Steuerungsansätze zu finden, nämlich staatlicher Dirigismus und wettbewerbliche Lösungen. Die korporatistischen Elemente sind am stärksten im Verhältnis von Vertragsärzten zu Krankenkassen ausgeprägt. Auf dieses wird im Folgenden vorwiegend eingegangen.
[60] Vgl. Oberender (1992), S. 160 f.

Um die Teilnahme an diesem Verfahren zu garantieren, ist für die Versicherten und für die Leistungsanbieter die Pflicht zur verbandlichen Selbstorganisation eingeführt worden. Dies geschieht in den oben genannten, funktional getrennten Zwangsverbänden. Diesen Verbänden wurde ein Repräsentationsmonopol zugestanden; Wettbewerb zwischen ihnen besteht nicht. Damit haben die Mitglieder bei Unzufriedenheit mit ihrem Verband nicht die Möglichkeit, ihrem Missfallen durch Abwanderung Ausdruck zu verleihen. Ihnen steht es lediglich offen, die Verbandsführung abzuwählen; eine Änderung der Strukturen durch verbandsinternen Widerspruch ist aber nicht möglich. Die Optionen Abwanderung und Widerspruch sind also entweder nicht vorhanden oder stark eingeschränkt.

Kassenärztliche Vereinigungen und Spitzenverbände der Krankenkassen bilden damit ein bilaterales Monopol bzw. ein „Steuerungskartell"[61]. Soziale Steuerung geschieht in diesem System durch Aushandlung von Kollektivverträgen gemäß des Grundsatzes „gemeinsam und einheitlich". Krankenkassenverbände und Kassenärztliche Vereinigungen schließen Verträge, in denen sich die KVen verpflichten, eine gleichmäßige, ausreichende und zweckmäßige Versorgung der GKV-Mitglieder sicherzustellen. Als Gegenleistung – und dies ist der Hauptgegenstand der Vertragsverhandlungen, da der Leistungsumfang weitgehend gesetzlich festgelegt ist – erhalten die KVen eine Gesamtvergütung, die sie auf die Kassenärzte aufteilen. Dazu verwenden sie ein Punktsystem, in dem jede Art von Leistungen einer bestimmten Zahl an Punkten entspricht – es handelt sich also um ein ex ante festgelegtes System relativer Preise. Die Ärzte werden nach Zahl der gesammelten Punkte entlohnt, wobei der monetäre Wert eines Punktes ex post festgelegt wird.[62]

Auch bei den Krankenhäusern finden sich kollektive Verhandlungselemente bei der Vergütung. Fallpauschalen und Sonderentgelte werden zwischen den Landesverbänden der Krankenkassen und der Krankenhausgesellschaft des betreffenden Bundeslandes jährlich ausgehandelt.[63]

Korporationen in turbulenter Umwelt

Ein korporatistischer Ordnungsansatz für das Gesundheitswesen mag angesichts der Probleme, die um die Jahrhundertwende bzw. in den 30er-Jahren des 20. Jahrhunderts vorherrschten, sinnvoll gewesen sein

---

[61] Streit (1988), S. 44
[62] Vgl. Lampert (1998), S. 238 f. sowie Oberender & Fibelkorn-Bechert (1998), S. 97 ff.
[63] vgl. Neubauer (1999), S. 27

(z. B. Überwindung von Versorgungsproblemen). Das bedeutet aber nicht, dass ein solcher Ansatz stets zufriedenstellende Lösungen liefert.

Es ist daher zu fragen, ob diese Strukturen in der Lage sind, Anforderungen wie sie im heutigen Gesundheitswesen auftreten, zu bewältigen. Schließlich bleibt auch im Gesundheitswesen die Zeit nicht stehen: Vielmehr sind seine Akteure ständig neuen Herausforderungen ausgesetzt, die sich aus veränderten Bedürfnissen der Nachfrager (Patienten) und aus gewandelten technologischen und sonstigen Rahmenbedingungen ergeben. So haben sich Gesundheitsverständnis (umfassendere Wünsche der Patienten) und auftretende Krankheitsbilder (zunehmende chronische Erkrankungen) verändert. Technischer Fortschritt und gewandelte Bevölkerungsstrukturen (Alterung der Bevölkerung) sind hier ebenfalls zu nennen.[64]

Damit bewegen sich Leistungserbringer und ihre Verbände in einer turbulenten Umwelt, die sie zwingt, neue Lösungsansätze zu entwickeln, um den an sie gestellten Anforderungen gerecht zu werden. Das korporatistische Ordnungsmodell ist aber kaum in der Lage, neue Wege im Gesundheitswesen zu fördern. Eine Betrachtung der Anreizstrukturen, die das korporatistische System mit sich bringt, verdeutlicht dies. Relevante Entscheidungsträger sind die Verbandsvertreter der Ärzte und Kassen; sie stehen sich bei der Aushandlung von Kollektivverträgen gegenüber. Ihre Entscheidungen haben unmittelbaren Einfluss auf das Einkommen ihrer Verbandsmitglieder.[65] Zu beachten ist, dass Verbandsvertreter nicht per se im Interesse ihrer Mitglieder handeln oder sich einem übergeordneten Gemeinwohl (Versorgungsauftrag) verpflichtet sehen; vielmehr verfolgen sie primär ihre eigenen Interessen. Das bedeutet, ihnen ist vor allem an Machtsicherung nach innen und außen gelegen. Machtsicherung nach innen (Wiederwahl) können sie erreichen, indem sie für einen Einkommenszuwachs der Mitglieder sorgen und deren Verteilungspositionen nur sehr behutsam ändern. Die Berücksichtigung von Belangen der Patienten nützt dabei den Ärztevertretern nicht unmittelbar. Machtsicherung nach außen bedeutet, dass das korporatistische System nicht an sich in Frage gestellt werden darf. Als Folge werden diese Verbände bzw. ihre Vertreter Neuerungen wenig aufgeschlossen gegenüberstehen – insbesondere dann, wenn sie das System an sich bedrohen. Verstärkt wird dies noch durch die Monopolstellung, d. h., die

---

[64] vgl. ausführlich Oberender & Hebborn (1998), S. 101 ff.
[65] Die folgenden Ausführungen gelten vorwiegend aus Sicht der Ärzte. Die Kassen sind zwar grundsätzlich auch ins korporatistische System eingebunden und an dessen Erhaltung interessiert. Jedoch haben diese aufgrund ihrer Wettbewerbssituation andere Interessen (z. B. selektives Kontrahieren), die sie aber aufgrund des Prinzips „gemeinsam und einheitlich" nicht durchsetzen können.

Verbände können es sich leisten, Neuerungen zu verwerfen, da sie keine Außenseiterkonkurrenz fürchten müssen. Die Verbandsvertreter haften dann nicht unmittelbar für die Nichteinführung von Neuerungen. Ebenfalls als Verstärker wirken das Kollektivverhandlungssystem und das Prinzip, Verträge „gemeinsam und einheitlich" abschließen zu müssen. So sind Verhandlungsapparate im Vergleich zu Marktlösungen, bei denen Unternehmer im eigenen Interesse schnell auf Marktsignale reagieren müssen, grundsätzlich schwerfälliger und wenig flexibel. Erschwert werden Einigungen durch den Grundsatz „gemeinsam und einheitlich", so dass, um alle Interessen miteinander zu vereinbaren, häufig an althergebrachten Lösungen festgehalten wird. Als Folge ist dieses System durch einen extremen Hang zur Beharrung und außerordentliche Innovationsunfähigkeit gekennzeichnet.[66]

Zu welchen Problemen führen diese Anreizstrukturen? Gewandelten Lebensverhältnissen und gewandelten Morbiditätsstrukturen, die eigentlich Neuausrichtungen der Leistungsstrukturen zur Folge haben müssten, kann das korporatistische System überhaupt nicht oder nur sehr langsam Rechnung tragen. Grundsätzlich haben die Verbände der Leistungserbringer eher ein Interesse an einer Erhöhung der Gesamtausgaben, die sie dann als Honorar verteilen können, als in einer adäquaten Struktur des Angebots. Auf diese Weise können alle Mitglieder zufrieden gestellt werden, ohne dass Verteilungspositionen verschlechtert werden. Dabei wird aber versäumt, das Punktsystem, also das System der relativen Preise, so neu auszurichten, dass ein Anreiz besteht, Leistungen, die verstärkt benötigt werden, auch tatsächlich in erhöhtem Umfange zu erbringen. Erschwert wird dies noch durch heterogene Interessen innerhalb der Verbände. Hinzuweisen wäre hier beispielsweise auf die Konflikte zwischen Fachärzten und Allgemeinärzten innerhalb der KVen.

Folge sind schließlich Angebotsstrukturen, die von Überkapazitäten auf der einen und Unterversorgung auf der anderen Seite gekennzeichnet sind. Beispielsweise bestand lange Zeit im Bereich der psychischen und psychosozialen Morbidität eine Unterversorgung, während die gegenteilige Situation im kurativen Bereich vorlag. Teilweise sah sich der Gesetzgeber genötigt, in die Honorarverteilung zwischen Fachärztegruppen gesetzlich einzugreifen.[67]

Die Belange der Patienten gehen dabei kaum in die Verträge ein. Das gilt besonders für den Aspekt Qualität der medizinischen Versorgung. Schließlich geht es den KVen vor allem darum, formal ihren Sicherstel-

---

[66] vgl. Oberender (1992), S. 162
[67] vgl. Oberender & Hebborn (1998), S. 65

lungsauftrag zu erfüllen. Ob dies durch schlecht leistende Ärzte oder Ärzte mit qualitativ hochwertigem Angebot geschieht, ist dabei eher zweitrangig – zumal auch schlecht leistende Ärzte die Verbandsvertreter wählen.

Ziel- und Ordnungskonformität

Die vorstehende Analyse lässt klare Aussagen über Ziel- und Ordnungskonformität korporatistischer Elemente im Gesundheitswesen zu.

Zielkonformität

Ziel des korporatistischen Systems ist die Sicherstellung einer angemessenen medizinischen Versorgung der Bevölkerung und eine dementsprechende Verteilung der Finanzmittel an die Leistungserbringer, wobei die Knappheit der Ressourcen zu beachten ist. So hat die Kassenärztliche Vereinigung die Aufgabe, die Versorgung zu gewährleisten, deren Wirtschaftlichkeit zu kontrollieren, die Ärzte zu überwachen und Honoraransprüche festzulegen.[68]

Obige Ausführungen haben schon deutlich gemacht, dass diese Ziele nur unzureichend erreicht werden. Die Anreizstrukturen des Verbandswesens lassen dieses System zur Erstarrung tendieren; Innovationen sind nur schwer möglich. Eine Versorgungsstruktur, die den gewandelten Bedürfnissen der Patienten ausreichend Rechnung trägt, liegt nicht im Interesse der Verbandsvertreter. Ihnen geht es darum, die Gesamtvergütung auszuweiten, ohne dabei die Versorgungsstrukturen in größerem Umfang zu ändern, da dies unmittelbaren Einfluss auf Verteilungspositionen ihrer Mitglieder hat. Folge ist, dass zwar formal eine quantitativ ausreichende Versorgung besteht. Es ist aber zweifelhaft, ob deren Struktur und Qualität den Ansprüchen der Patienten gerecht wird.[69] Zudem zementiert das Verbandswesen als solches die funktionale Trennung zwischen ambulanter und stationärer Versorgung. Übergreifende Lösungen werden auf diese Weise erschwert.

Ordnungskonformität

Um die Ordnungskonformität des korporatistischen Systems aufzeigen zu können, ist es notwendig, ein Referenzbild zu entwerfen. Als solches dient hier der Ordnungsentwurf einer freiheitlichen Marktwirtschaft, die

---

[68] vgl. Oberender (1992), S. 162
[69] Dies wird außerdem durch staatliche Bedarfsplanung verursacht, z. B. durch die Krankenhausbedarfsplanung. Staatlicher und korporatistischer Dirigismus arbeiten hier Hand in Hand.

aber auf solidarische Komponenten (Unterstützung wirtschaftlich Schwacher) nicht verzichtet. Dieses Ordnungsmodell geht von einem grundsätzlich mündigen Menschen aus, dessen Wissen und Fähigkeiten aber begrenzt sind. Diesen Individuen werden Freiheitsspielräume gewährt, innerhalb derer sie ihre Ziele verwirklichen können. Es bildet sich dann ein Ordnungsmuster heraus, das von Selbstkoordination und Selbstkontrolle in wettbewerblichen Strukturen geprägt ist. Voraussetzung dafür ist ein Regelwerk, das dem Einzelnen Freiheitsspielraum einräumt, gleichzeitig aber die Verantwortlichkeiten des Einzelnen unter Beachtung des Grundsatzes der Einheit von Handeln und Haften festlegt.[70] Solidarische Komponenten können durch allgemeine und abstrakte Regeln eingebaut werden, z. B. Versicherungspflicht.

Das korporatistische System in seiner aktuellen Ausprägung widerspricht diesen Grundsätzen, und zwar sowohl in seiner Binnenstruktur als auch in seiner Außenwirkung. Zwangsorganisationen, die die Freiheitsrechte ihrer Mitglieder erheblich begrenzen (Abwanderung und Widerspruch nur eingeschränkt möglich), widersprechen einer marktwirtschaftlichen Ordnung. Zudem führt die Struktur der Verbände im Gesundheitswesen dazu, dass das Eigeninteresse der Funktionäre die Interessen der Individuen dominiert. Die Kontroll- und Schutzfunktionen, die die KV ausübt, führen nicht nur zu einer Einschränkung der Freiheitsrechte, sondern auch zu einer Aufweichung der Verantwortlichkeiten der Ärzte, d. h., der Grundsatz der Einheit von Handeln und Haften ist damit verletzt (insbesondere Schutz schlecht leistender Ärzte).

Als gravierendes Problem stellt sich aus ordnungspolitischer Sicht die Tatsache dar, dass den genannten Verbänden im Gesundheitswesen eine staatlich gesicherte Monopolstellung zugesichert wurde, und sie nach dem Prinzip „einheitlich und gemeinsam" Kollektivverträge abschließen müssen. Das Repräsentationsmonopol schaltet Wettbewerb zwischen den Verbänden aus; Außenseiterkonkurrenz ist ausgeschlossen. Das Prinzip „einheitlich und gemeinsam" im Kollektivvertragsrecht führt dazu, dass eine Vielfalt von Lösungen bezüglich des Angebots medizinischer Leistungen nicht zustande kommt. Die Verbände unterliegen zudem einer unzureichenden Machtkontrolle; ihre demokratische Legitimation ist fraglich.[71]

---

[70] vgl. dazu Eucken (1990), S.279 ff.
[71] vgl. ausführlich zu Problemen des Neokorporatismus aus ordnungspolitischer Sicht: Streit (1988), S. 33 ff.

Integrierte Versorgungssysteme nach § 140 SGB V

Integrierte Versorgung wird häufig als eines der Kernelemente der GKV-Gesundheitsreform 2000 angesehen. Der Gesetzgeber hat die rechtlichen Voraussetzungen für diese Versorgungsform geschaffen, indem er die §§ 140 a - h ins SGB V eingefügt hat. Damit werden Regelungen zu Modellverträgen (§§ 63 ff. SGB V) und zu Strukturverträgen (§ 73 a SGB V) weitergeführt. Im Kern geht es darum, dass Krankenkassen mit Ärzten oder Krankenhäusern (bzw. Gruppen dieser Leistungsanbieter) Direktverträge abschließen können. Diese Verträge beinhalten ein ganzheitliches Angebot der Leistungserbringung für die Versicherten, das sektorübergreifend ausgestaltet sein kann. Leistungsanbietern soll also ohne Rücksicht auf die Grenzen zwischen ambulanten und stationären Sektoren eine planvolle Kooperation ermöglicht werden. Damit wird es – so die Erwartungen an dieses Reformelement[72] – möglich, Steuerungsdefizite an der Schnittstelle ambulant zu stationär zu beseitigen und den Patienten in die Gesamtverantwortung eines integrierten Versorgungssystems zu überstellen.

Die planvolle Kooperation von Leistungsanbietern beinhaltet nicht notwendigerweise eine Beteiligung der Korporationen, insbesondere nicht der Kassenärztlichen Vereinigung. Grundsätzlich wäre es also möglich und auch erwünscht, dass Leistungsanbieter Verträge mit den Kassen schließen, ohne dass die Kassenärztliche Vereinigung einbezogen wird. Das Vertragsmonopol der Kassenärztlichen Vereinigungen wäre damit eingeschränkt. Diese Vertragsfreiheit für individuelle Leistungsanbieter und Kassen wird aber im Falle der ambulanten vertragsärztlichen Versorgung durch die gesetzlich vorgesehene Notwendigkeit einer Bundesrahmenvereinbarung zwischen Kassenärztlicher Bundesvereinigung und den Spitzenverbänden der Krankenkassen wieder begrenzt. Der Abschluss einer solchen Rahmenvereinbarung (es sollen z. B. Fragen der Finanzierung geregelt werden) ist konstitutive Voraussetzung für den Abschluss von Integrationsverträgen.[73] Implizit ist damit ein Bestandsschutz für die bisher das Gesundheitswesen dominierenden Korporationen enthalten.

---

[72] vgl. zu Erwartungen an integrierte Versorgung Schmeinck (1999), S. 213 ff. sowie Orlowski (2000), S. 191 ff.
[73] vgl. Orlowski (2000), S. 196 f.

Konsequenzen

Rahmenvereinbarung: Rettungsanker für Korporationen

Führt man sich die oben dargelegten Anreizstrukturen vor Augen, die mit dem korporatistischen System verbunden sind, so werden die Gefahren, die mit der Verpflichtung zur genannten Rahmenvereinbarung verbunden sind, deutlich. Die Kassenärztlichen Vereinigungen werden alles tun, um die Bedrohung, die direkte Integrationsverträge für ihre Monopolstellung im Kollektivvertragsrecht bedeuten, zu umgehen. Sie werden versuchen, am Prinzip „gemeinsam und einheitlich" festzuhalten[74], um sich größtmögliches Mitspracherecht zu erhalten – ein Beispiel ist der Versuch, ein automatisches Beitrittsrecht der KV zu Integrationsverträgen in der Rahmenvereinbarung zu verankern. Auf diese Weise sollen die eigene privilegierte Stellung und die Verteilungsposition der Mitglieder erhalten werden. Für Leistungsanbieter, die organisatorische Neuerungen einführen möchten, werden damit die Anreize, dies zu tun, abgeschwächt. Die KVen werden eine Vielfalt an Lösungsformen verhindern wollen, um so wettbewerbliche Systemelemente zu verhindern, die dem Charakter des korporatistischen Systems widersprechen. Damit ist nicht zu erwarten, dass die oben aufgezeigten Beharrungstendenzen des Systems abgemildert werden; adäquate Antworten auf gewandelte Anforderungen im Gesundheitswesen sind daher nur in geringem Umfang zu erwarten.

Die Verpflichtung zur Rahmenvereinbarung bildet also eine Art Rettungsanker für die korporatistischen Strukturen. Damit wird zwar die Machtstellung der Korporationen im System erhalten. Jedoch sind die oben aufgezeigten Probleme damit nicht gelöst. Es ist fraglich, ob sich diese Situation auf Dauer aufrechterhalten lässt. Vielmehr ist zu erwarten, dass sich die Schwierigkeiten, denen die Akteure im Gesundheitswesen (Patienten, Leistungserbringer, Gesetzgeber) gegenüberstehen, in zunehmendem Druck auf die Korporationen äußern werden. Dieser Druck wird über verbandsinterne Mechanismen sowie über die Mechanismen des politischen Prozesses auf die Korporationen übertragen werden. Druck von innen wird durch Konflikte der Mitglieder untereinander (z. B. Fachärzte versus Allgemeinärzte) erzeugt bzw. durch die allgemeine Unzufriedenheit der Ärzte über die Tatsache, durch die KVen in ihrer beruflichen Freiheit erheblich eingeschränkt zu sein (was eventuell zu Ausweichhandlungen anregt, soweit diese im Rahmen eines Zwangssystems möglich sind). Verteilungskämpfe angesichts knapper werdender Mittel leisten in diesem Zusammenhang das ihrige. Von außen ent-

---

[74] Dies wird z. B. damit begründet, dass das Prinzip der Solidarität eine einheitliche Versorgung impliziere. Vgl. z. B. Schorre (1999), S. 217 ff.

steht Druck durch die öffentliche Diskussion zur Reform des Gesundheitswesens. Die Kassenärztlichen Vereinigungen werden als Bewahrer und Reformblockierer kritisiert. Eine Ausschaltung der Vormachtstellung dieser Verbände wird dann möglicherweise als sinnvolle Reformoption gesehen.

Reformoptionen

Es ist also für die Korporationen sinnvoller, sich frühzeitig auf ein Gesundheitswesen einzustellen, das den genannten Problemen Rechnung trägt, und zu versuchen, dieses aktiv mitzugestalten. Welche Richtung könnte das Gesundheitswesen nehmen? Einerseits könnte die bisherige Struktur beibehalten und noch verstärkt werden. Das Gesundheitswesen wird dabei als Ausnahmebereich in einem freiheitlich-marktwirtschaftlichen System gesehen. Soziale Steuerung muss daher von staatlichem und korporatistischem Dirigismus übernommen werden. Staat und Verbände sind dann für die mehr oder weniger zentrale Planung des Bedarfs zuständig. Sie legen von oben herab die Angebotsstrukturen und -mengen fest; die einzelnen Akteure – Patienten wie Leistungserbringer – werden von Staat und Verbänden bevormundet. Soll dieses Modell angesichts zunehmenden Problemdrucks intensiviert werden, so könnte dies bedeuten, dass der Staat die Aufgaben, die bisher Korporationen erfüllen, selbst übernimmt, weil er den Korporationen dies nicht mehr zutraut (Beispiel: Eingriff in deren Honorarverteilung).

Das Gegenmodell weist dem Staat eine grundsätzlich andere Rolle zu. Er hat nicht mehr direkt durch Bedarfsplanung oder andere Eingriffe in die Versorgungsstrukturen einzugreifen. Vielmehr legt er allgemeine Verhaltensregeln fest, nach denen sich die Akteure zu richten haben. Innerhalb dieser Regeln bleibt den Leistungserbringern die Freiheit, nach ihren Vorstellungen Angebotsstrukturen zu entwickeln und auf die Wünsche der Patienten abzustimmen. Zu erwarten ist, dass sich dabei nicht eine Lösung herausbildet, sondern eine – im Rahmen des Wettbewerbs als Entdeckungsverfahren – Vielfalt von Angebotsmodellen entwickelt wird, zwischen denen der einzelne Patient wählen kann. Im Hintergrund steht dabei das Paradigma vom mündigen Menschen.[75]

Korporationen in einem liberalisierten Gesundheitswesen

Angesichts der vielfältigen Probleme dirigistischer Modelle ist es unwahrscheinlich, dass eine Beibehaltung oder Verstärkung aktueller Strukturen die Schwierigkeiten, mit denen die Akteure im Gesundheits-

---

[75] vgl. zu diesen Ordnungsmodellen Oberender (1992), S. 155 ff.

wesen zu kämpfen haben, behebt. Es ist daher anzunehmen, dass sich das Gesundheitswesen in Richtung des zweiten Modells entwickelt – erste Schritte dazu sind schon eingeleitet worden.

Wie könnte aber eine solche Rahmenordnung für das Gesundheitswesen aussehen und welche Rolle kommt den Verbänden in einem solchen System zu? Eine solche Rahmenordnung muss wettbewerbliche Elemente in die Beziehungen von Krankenkassen zu Versicherten sowie in die Beziehungen von Krankenkassen zu Leistungserbringern einführen, wobei immer auch solidarische Aspekte zu beachten sind.

Auf der einen Seite müssen die Versicherten wählen können, bei welcher Krankenkasse sie sich versichern wollen (unter Beachtung einer Versicherungspflicht, die als allgemeine Regel die Teilnahme am solidarischen System garantiert). Dadurch konkurrieren die Versicherungsanbieter um die Versicherten. Um zu verhindern, dass so genannte schlechte Risiken (z. B. chronisch Kranke) einer Risikoselektion der Kassen ausgesetzt sind, sollten ein Kontrahierungszwang und ein Diskriminierungsverbot für die GKV eingeführt werden. Auf diese Weise wären Wettbewerb und Solidarität in der Beziehung zwischen Versicherungspflichtigen und GKV implementiert.

Diese wettbewerblichen Strukturen sind aber unvollständig, wenn die Krankenkassen ein weitgehend standardisiertes Leistungsangebot finanzieren, das nach dem Grundsatz „gemeinsam und einheitlich" zustande kommt. Wettbewerbliche Strukturen im Verhältnis Krankenkassen zu Versicherungspflichtigen müssen daher durch wettbewerbliche Strukturen im Verhältnis Krankenkassen zu Leistungserbringern ergänzt werden.

Kernelement einer solchen Struktur ist die Einführung selektiven Kontrahierens. Bisher können jedes Krankenhaus und jeder Vertragsarzt Patienten aller Krankenversicherungen behandeln und die erbrachten Leistungen abrechnen. Das kommt einem Bestandsschutz gleich und führt zu einer allenfalls geringen Wettbewerbsintensität. Selektives Kontrahieren bedeutet im Gegensatz dazu, dass sich die Krankenversicherungen aussuchen dürfen, mit welchen Anbietern sie Verträge abschließen. Denkbar wäre es dann, dass sie versuchen, attraktive Angebote für ihre Kunden zusammenzustellen, die sich entweder über Preis oder Qualität von Konkurrenzangeboten absetzen.

Der Patient bzw. Versicherte wäre dann derjenige, der über die Zusammensetzung der Angebotsstruktur entscheidet. Er würde diejenige Kasse auswählen, deren Vertragspartner auf der Angebotsseite die aus seiner

Sicht attraktivste Kombination von Preis und Leistung bieten. Nicht konkurrenzfähige Leistungsanbieter würden auf diese Weise über kurz oder lang vom Markt verschwinden, wenn es ihnen nicht gelingt, ihr Angebot zu verbessern.

Integrierte Versorgung kann hier ein Ansatz für Leistungserbringer sein, um ein attraktives Angebot zu erarbeiten. So liegt es nahe, dass nicht ein Leistungsanbieter allein der Krankenkasse gegenübertritt, sondern dass man sich zu sektorübergreifenden Leistungsverbünden (z. B. Ärzte unter Führung eines Krankenhauses) zusammenschließt. Solche Verbünde können ein Gegengewicht zur Verhandlungsmacht der Krankenkasse bilden. Gleichzeitig tragen sie dazu bei, Steuerungsdefizite, die aus der Trennung der Sektoren erwachsen, zu beseitigen. Es wäre zudem eine Möglichkeit, einen ganzheitlichen medizinischen Ansatz auch betriebswirtschaftlich-organisatorisch abzubilden.

Wo liegt nun die Rolle der Verbände in einem solchen System? Selektives Kontrahieren und die Möglichkeit, im Rahmen integrierter Versorgung Leistungsverbünde zu bilden, machen es unumgänglich notwendig, dass das gesamte Kollektivvertragsrecht grundlegend reformiert und ein Rechtsrahmen für die Beziehung der Krankenkassen zu Leistungserbringern implementiert wird, der Vertragsfreiheit zulässt. Das Festhalten an dem Prinzip „einheitlich und gemeinsam" wäre für diese Entwicklung hinderlich; es würde die Entwicklung neuer Angebotsformen behindern. Notwendig ist daher die Zulassung von Direktverträgen. Gleichzeitig sind rechtliche Hemmnisse der (sektorübergreifenden) Kooperation zu beseitigen. Entsprechende Verträge dürfen nicht durch einen Einspruch der Kassenärztlichen Vereinigung behindert werden. Vielmehr müssen sich die Leistungserbringer zu eigenen Verbänden zusammenschließen dürfen.

Die verstärkte Betonung der integrierten Versorgung im GKV-Reformgesetz 2000 ist mit Einschränkungen (Rahmenvereinbarungen mit KV) ein Schritt in diese Richtung. Sollte dieser Weg in aller Konsequenz weitergegangen werden, so bedeutet dies die Ablösung des korporatistischen durch ein wettbewerbliches Gesundheitssystem. Nicht aufrechtzuerhalten sind die Monopolstellung der Korporationen und das Prinzip „gemeinsam und einheitlich".

Der Alleinvertretungsanspruch der Verbände wird wegfallen. Das heißt aber nicht, dass sie notwendigerweise überflüssig sind. Oben wurde aufgezeigt, dass auf Seiten der Leistungsanbieter die Notwendigkeit zur Kooperation besteht. Für die Verbände besteht hier die Chance, den Leistungsanbietern ihre Unterstützung bei diesem Prozess anzubieten.

Voraussetzung ist allerdings, dass sie sich zu Dienstleistungsunternehmen wandeln, die im Wettbewerb mit anderen bestehen können. Sie könnten dann eine Katalysatorfunktion bei Einführung neuer Versorgungsformen übernehmen und sich entsprechendes Know-how bei der Unterstützung der Leistungserbringer erwerben.

Ergebnis: Von der Korporation zur Kooperation!

Integrierte Versorgungsformen sind also Risiko und Chance zugleich. Einerseits tragen sie der Entwicklung im Gesundheitswesen Rechnung. Sie sind ein Baustein zu einem wettbewerblichen, am Patientennutzen orientierten Gesundheitswesen. Würden integrierte Versorgungsverträge in voller Konsequenz zugelassen (unter Umgehung des Kollektivvertragsrechts und ohne Rahmenvereinbarungen mit den Kassenärztlichen Vereinigungen), so wäre ein Wettbewerb um moderne Organisationsformen der medizinischen Versorgung zu erwarten. Dabei würde sich nicht eine Lösung herausbilden, sondern eine Vielfalt an Angeboten, die die Wahlmöglichkeiten des Patienten erheblich erweitern.

Eine solche Entwicklung bedrohte aber – wie dargelegt – die Position der Korporationen. Sie würden ihre Vormachtstellung verlieren. Dennoch ist es für die Korporationen der falsche Ansatz, diesen Weg (z. B. bei Rahmenvereinbarungen) zu blockieren. Denn integrierte Versorgungssysteme sind nicht als Ursache für den Niedergang des Korporatismus im Gesundheitswesen anzusehen; sie beschleunigen diesen allenfalls. Die tiefergehenden Probleme dieses Ordnungsmodells liegen in den oben dargelegten Anreizstrukturen, die zu einer Systemerstarrung geführt haben. Da zu erwarten ist, dass sich die Korporationen nicht auf Dauer dem dadurch aufgebauten Problemdruck widersetzen können, ist es für sie sinnvoller, diesen Wandel aktiv mitzugestalten. Das hieße insbesondere, sich von der Korporation zur Kooperation weiterzuentwickeln und Anbieterverbünden als moderne Dienstleistungsunternehmen zur Seite zu stehen.

Literatur

Alemann, Ulrich von & Heinze, Rolf G.: ‚Kooperativer Staat und Korporatismus – Dimensionen der Neo-Korporatismusdiskussion', in: Alemann, Ulrich von (Hrsg.): Neokorporatismus, Frankfurt & New York 1981, 43 – 61

Eucken, Walter: Grundsätze der Wirtschaftspolitik, Tübingen 1990, 6. Auflage

Frerich, Johannes & Frey, Martin: Handbuch der Geschichte der Sozialpolitik in Deutschland – Band 1: Von der vorindustriellen Zeit bis zum Ende des Dritten Reichs, München & Wien 1993 a

Frerich, Johannes & Frey, Martin: Handbuch der Geschichte der Sozialpolitik in Deutschland – Band 3: Sozialpolitik in der Bundesrepublik Deutschland bis zur Herstellung der Deutschen Einheit, München & Wien 1993 b

Groser, Manfred: ‚Wettbewerbselemente in der Gesetzlichen Krankenversicherung – von den Ursprüngen bis zum Gesundheitsstrukturgesetz', in: Wille, Eberhard (Hrsg.): Zur Rolle des Wettbewerbs in der gesetzlichen Krankenversicherung, Baden-Baden 1999, 61-76

Herder-Dorneich, Philipp: ‚Die Korporative Koordination im Gesundheitswesen – Ursprung, Stand und Leistungsfähigkeit', in: Wille, Eberhard (Hrsg.): Zur Rolle des Wettbewerbs in der gesetzlichen Krankenversicherung, Baden-Baden 1999, 31 – 51

Lampert, Heinz: Lehrbuch der Sozialpolitik, Berlin 1998, 5. Auflage

Neubauer, Günter: ‚Formen der Vergütung von Krankenhäusern und deren Weiterentwicklung', in: Braun, Günther E. (Hrsg.): Handbuch Krankenhausmanagement, Stuttgart 1999, 19 – 33

Oberender, Peter: ‚Ordnungspolitik und Steuerung im Gesundheitswesen', in: Andersen, Hanfried H. et al. (Hrsg.): Basiswissen Gesundheitsökonomie – Bd. 1: Einführende Texte, Berlin 1992, 153 – 172

Oberender, Peter & Fibelkorn-Bechert, Andrea: ‚Krankenversicherung', in: Knappe, Eckhard & Berthold, Norbert (Hrsg.): Ökonomische Theorie der Sozialpolitik, Heidelberg 1998, 90 – 123

Oberender, Peter & Hebborn, Ansgar: Wachstumsmarkt Gesundheit, Bayreuth 1998

Orlowski, Ulrich: ‚Integrationsversorgung', Die Betriebskrankenkasse 5/2000, 191 – 199

Schmeinck, Wolfgang: ‚Integrierte Versorgungsformen im Rahmen der solidarischen Wettbewerbsordnung stärken', Wirtschaftsdienst 1999, 213 – 216

Schorre, Winfried: ‚Chancen und Risiken des Wettbewerbs aus der Sicht der Kassenärzte', Vierteljahresschrift für Sozialrecht 1999, 217 – 220

Streit, Manfred E.: ‚Neokorporatismus und marktwirtschaftliche Ordnung', in: Gäfgen, Gérard (Hrsg.): Neokorporatismus und Gesundheitswesen, Baden-Baden 1988, 33 - 59

Verzeichnis der Teilnehmer

Albring, Dr. med. Manfred	Leiter der Abteilung Gesundheitswesen der Schering Deutschland GmbH, Berlin
Bartsch, Angelika	Abteilung Gesundheitswesen der Schering Deutschland GmbH, Berlin
Bausch, Dr. med. Jürgen	1. Vorsitzender des Vorstandes der Kassenärztlichen Vereinigung Hessen, Frankfurt; Mitglied des Vorstandes der Kassenärztlichen Bundesvereinigung, Köln
Becker, Maria	Referentin der Arbeitsgruppe „Gesundheit" der CDU/CSU-Bundestagsfraktion, Berlin
Cassel, Prof. Dr. rer. pol. Dieter	Lehrstuhl für Wirtschaftspolitik an der Universität Duisburg, Duisburg
Danner, Günter, M.A., PhD	Stellvertretender Direktor der Europavertretung der Deutschen Sozialversicherung, Brüssel
Dierks, PD Dr. iur. Dr. med. Christian	Rechtsanwalt und Arzt, Dierks & Bohle, Rechtsanwälte, Berlin
Ehlers, Dr. iur. Dr. med. Alexander P. F.	Rechtsanwalt und Arzt, Rechtsanwaltssocietät Ehlers, Ehlers & Partner, München
Felder, Prof. Dr. rer. pol. Stefan	Lehrstuhl für Gesundheitsökonomie an der Otto-Guericke-Universität, Medizinische Fakultät und Fakultät für Wirtschaftswissenschaft, Magdeburg
Flug, Dr. rer. nat. Michaela	Abteilung Gesundheitswesen der Schering Deutschland GmbH, Berlin
Fox-Kuchenbecker, Dr. rer. nat. Petra	Leiterin der Abteilung Öffentlichkeitsarbeit der Schering Deutschland GmbH, Berlin
Gerresheim, Wolfgang	Vorsitzender des Vorstandes der AOK Hessen, Bad Homburg
Granitza, Dr. iur. Axel	Berlin
Heine, Dr. med. Ulrich	Ärztlicher Direktor des Medizinischen Dienstes der Krankenversicherung Westfalen-Lippe, Münster

Henke, Prof. Dr. rer. pol. Klaus-Dirk	Mitglied des Direktoriums des Europäischen Zentrums für Staatswissenschaften und Staatspraxis; Institut für Volkswirtschaftslehre FG Finanzwissenschaft und Gesundheitsökonomie der Technischen Universität Berlin, Berlin
Hess, Dr. iur. Rainer	Hauptgeschäftsführer der Kassenärztlichen Bundesvereinigung, Köln
Hoberg, Dr. rer. pol. Rolf	Stellvertretender Vorsitzender des Vorstandes des AOK-Bundesverbandes, Bonn
Hösch, Heike	Managerin Phamaökonomie der MedacSchering Onkologie GmbH, München
Knieps, Franz	Leiter Stabsbereich Politik im AOK-Bundesverband, Bonn
Koring, Hans-Dieter	Stellvertretender Vorsitzender des Vorstandes der Techniker Krankenkasse, Hamburg
Kossow, Prof. Dr. med. Klaus-Dieter	Bundesvorsitzender des Berufsverbandes der Allgemeinärzte Deutschlands – Hausärzteverband (BDA) e. V., Achim-Uesen
Kuhnert, Gerd	Stellvertretender Vorsitzender des Vorstandes der AOK Sachsen-Anhalt, Magdeburg
Lang, Dr. med. Manfred	Gesundheitspolitischer Referent im Büro Horst Seehofer, Berlin
Laschet, Helmut	Stellvertretender Chefredakteur der Ärztezeitung, Neu-Isenburg
Lehr, Dr. phil. Andreas	Mitherausgeber des Gesundheitspolitischen Informationsdienstes Broll & Lehr, Bonn
Lauterbach, Univ.-Prof. Dr. med. Dr. sc. Karl W.	Universität zu Köln, Institut für Gesundheitsökonomie und klinische Epidemiologie (IGKE), Köln
Lohmann, Heinz	Vorstandssprecher des LBK (Landes-Betriebs-Kranken-häuser), Hamburg
Montgomery, Dr. med. Frank-Ulrich	Präsident der Ärztekammer Hamburg, Hamburg; 1. Vorsitzender des Vorstandes des Marburger Bundes, Köln
Munte, Dr. med. Axel	Vorsitzender der Kassenärztlichen Vereinigung Bayerns, Bezirksstelle München Stadt und Land, München

Naase, Birgit	Gesundheitspolitische Referentin der FDP-Bundestagsfraktion, Berlin
Oberender, Prof. Dr. rer. pol. Peter	Lehrstuhl für Volkswirtschaftslehre der Universität Bayreuth, Bayreuth
Popp, Dr. rer. pol. Wolfgang	Geschäftsführer der MediTrust AG, Basel, Schweiz
Rebscher, Herbert	Vorsitzender des Vorstandes des Verbandes der Angestellten-Krankenkassen (VdAK) e. V. und Arbeiter-Ersatzkassen-Verbandes (AEV) e. V., Siegburg
Richter-Reichhelm, Dr. med. Manfred	1. Vorsitzender des Vorstandes der Kassenärztlichen Bundesvereinigung, Köln; Vorsitzender des Vorstandes der Kassenärztlichen Vereinigung Berlin, Berlin
Robbers, Jörg	Hauptgeschäftsführer der Deutschen Krankenhausgesellschaft, Düsseldorf
Rohde-Kozianka, Dipl.-Volkswirtin Christiane	Leiterin des Referates Gesundheitswesen der Asche AG, Hamburg
Schaub, Dipl.-Volkswirtin Vanessa Elisabeth	Europäisches Zentrum für Staatswissenschaften und Staatspraxis, Technische Universität Berlin, Berlin
Schlenker, Dr. iur. Rolf-Ulrich	Vorsitzender des Vorstandes des Landesverbandes der Betriebskrankenkassen in Baden-Württemberg, Kornwestheim
Schmacke, PD Dr. med. Norbert	Leiter des Stabsbereiches Medizin des AOK-Bundesverbandes, Bonn
Schmidt, Peter	Referent der Arbeitsgruppe Gesundheit der SPD-Bundestagsfraktion, Berlin
Schönbach, Karl-Heinz	Leiter der Hauptabteilung Verträge des Bundesverbandes der Betriebskrankenkassen, Essen
Schulte, Gerhard	Vorsitzender des Vorstandes des Landesverbandes der Betriebskrankenkassen in Bayern, München
Schwoerer, Dr. med. Peter	Leitender Arzt und stellvertretender Geschäftsführer des MDK Baden-Württemberg, Lahr
Seeger, Stefan	Geschäftsführer der Schering Deutschland GmbH, Berlin

Straub, Dr. med. Christoph	Leiter der Abteilung Unternehmensentwicklung der Techniker Krankenkasse Hamburg, Hamburg
Tesic, Dusan	Hauptgeschäftsführer der Kassenärztlichen Vereinigung Berlin, Berlin
Wetzstein, Dr. med. Eckhard	Gesundheitspolitischer Referent der PDS-Bundestagsfraktion, Berlin
Wille, Prof. Dr. rer. pol. Eberhard	Lehrstuhl für Volkswirtschaftslehre, Planung und Verwaltung, öffentliche Wirtschaft an der Universität Mannheim, Mannheim

STAATLICHE ALLOKATIONSPOLITIK IM MARKTWIRTSCHAFTLICHEN SYSTEM

Band 1 Horst Siebert (Hrsg.): Umweltallokation im Raum. 1982.

Band 2 Horst Siebert (Hrsg.): Global Environmental Resources. The Ozone Problem. 1982.

Band 3 Hans-Joachim Schulz: Steuerwirkungen in einem dynamischen Unternehmensmodell. Ein Beitrag zur Dynamisierung der Steuerüberwälzungsanalyse. 1981.

Band 4 Eberhard Wille (Hrsg.): Beiträge zur gesamtwirtschaftlichen Allokation. Allokationsprobleme im intermediären Bereich zwischen öffentlichem und privatem Wirtschaftssektor. 1983.

Band 5 Heinz König (Hrsg.): Ausbildung und Arbeitsmarkt. 1983.

Band 6 Horst Siebert (Hrsg.): Reaktionen auf Energiepreissteigerungen. 1982.

Band 7 Eberhard Wille (Hrsg.): Konzeptionelle Probleme öffentlicher Planung. 1983.

Band 8 Ingeborg Kiesewetter-Wrana: Exporterlösinstabilität. Kritische Analyse eines entwicklungspolitischen Problems. 1982.

Band 9 Ferdinand Dudenhöfer: Mehrheitswahl-Entscheidungen über Umweltnutzungen. Eine Untersuchung von Gleichgewichtszuständen in einem mikroökonomischen Markt- und Abstimmungsmodell. 1983.

Band 10 Horst Siebert (Hrsg.): Intertemporale Allokation. 1984.

Band 11 Helmut Meder: Die intertemporale Allokation erschöpfbarer Naturressourcen bei fehlenden Zukunftsmärkten und institutionalisierten Marktsubstituten. 1984.

Band 12 Ulrich Ring: Öffentliche Planungsziele und staatliche Budgets. Zur Erfüllung öffentlicher Aufgaben durch nicht-staatliche Entscheidungseinheiten. 1985.

Band 13 Ehrentraud Graw: Informationseffizienz von Terminkontraktmärkten für Währungen. Eine empirische Untersuchung. 1984.

Band 14 Rüdiger Pethig (Ed.): Public Goods and Public Allocation Policy. 1985.

Band 15 Eberhard Wille (Hrsg.): Öffentliche Planung auf Landesebene. Eine Analyse von Planungskonzepten in Deutschland, Österreich und der Schweiz. 1986.

Band 16 Helga Gebauer: Regionale Umweltnutzungen in der Zeit. Eine intertemporale Zwei-Regionen-Analyse. 1985.

Band 17 Christine Pfitzer: Integrierte Entwicklungsplanung als Allokationsinstrument auf Landesebene. Eine Analyse der öffentlichen Planung der Länder Hessen, Bayern und Niedersachsen. 1985.

Band 18 Heinz König (Hrsg.): Kontrolltheoretische Ansätze in makroökonometrischen Modellen. 1985.

Band 19 Theo Kempf: Theorie und Empirie betrieblicher Ausbildungsplatzangebote. 1985.

Band 20 Eberhard Wille (Hrsg.): Konkrete Probleme öffentlicher Planung. Grundlegende Aspekte der Zielbildung, Effizienz und Kontrolle. 1986.

Band 21 Eberhard Wille (Hrsg.): Informations- und Planungsprobleme in öffentlichen Aufgabenbereichen. Aspekte der Zielbildung und Outputmessung unter besonderer Berücksichtigung des Gesundheitswesens. 1986.

Band 22 Bernd Gutting: Der Einfluß der Besteuerung auf die Entwicklung der Wohnungs- und Baulandmärkte. Eine intertemporale Analyse der bundesdeutschen Steuergesetze. 1986.

Band 23 Heiner Kuhl: Umweltressourcen als Gegenstand internationaler Verhandlungen. Eine theoretische Transaktionskostenanalyse. 1987.

Band 24 Hubert Hornbach: Besteuerung, Inflation und Kapitalallokation. Intersektorale und internationale Aspekte. 1987.

Band 25 Peter Müller: Intertemporale Wirkungen der Staatsverschuldung. 1987.

Band 26 Stefan Kronenberger: Die Investitionen im Rahmen der Staatsausgaben. 1988.

Band 27 Armin-Detlef Rieß: Optimale Auslandsverschuldung bei potentiellen Schuldendienstproblemen. 1988.

Band 28 Volker Ulrich: Preis- und Mengeneffekte im Gesundheitswesen. Eine Ausgabenanalyse von GKV-Behandlungsarten. 1988.

Band 29 Hans-Michael Geiger: Informational Efficiency in Speculative Markets. A Theoretical Investigation. Edited by Ehrentraud Graw. 1989.

Band 30 Karl Sputek: Zielgerichtete Ressourcenallokation. Ein Modellentwurf zur Effektivitätsanalyse praktischer Budgetplanung am Beispiel von Berlin (West). 1989.

ALLOKATION IM MARKTWIRTSCHAFTLICHEN SYSTEM

Band 31 Wolfgang Krader: Neuere Entwicklungen linearer latenter Kovarianzstrukturmodelle mit quantitativen und qualitativen Indikatorvariablen. Theorie und Anwendung auf ein mikroempirisches Modell des Preis-, Produktions- und Lageranpassungsverhaltens von deutschen und französischen Unternehmen des verarbeitenden Gewerbes. 1991.

Band 32 Manfred Erbsland: Die öffentlichen Personalausgaben. Eine empirische Analyse für die Bundesrepublik Deutschland. 1991.

Band 33 Walter Ried: Information und Nutzen der medizinischen Diagnostik. 1992.

Band 34 Anselm U. Römer: Was ist den Bürgern die Verminderung eines Risikos wert? Eine Anwendung des kontingenten Bewertungsansatzes auf das Giftmüllrisiko. 1993.

Band 35 Eberhard Wille, Angelika Mehnert, Jan Philipp Rohweder: Zum gesellschaftlichen Nutzen pharmazeutischer Innovationen. 1994.

Band 36 Peter Schmidt: Die Wahl des Rentenalters. Theoretische und empirische Analyse des Rentenzugangsverhaltens in West- und Ostdeutschland. 1995.

Band 37 Michael Ohmer: Die Grundlagen der Einkommensteuer. Gerechtigkeit und Effizienz. 1997.

Band 38 Evamaria Wagner: Risikomanagement rohstoffexportierender Entwicklungsländer. 1997.

Band 39 Matthias Meier: Das Sparverhalten der privaten Haushalte und der demographische Wandel: Makroökonomische Auswirkungen. Eine Simulation verschiedener Reformen der Rentenversicherung. 1997.

Band 40 Manfred Albring / Eberhard Wille (Hrsg.): Innovationen in der Arzneimitteltherapie. Definition, medizinische Umsetzung und Finanzierung. Bad Orber Gespräche über kontroverse Themen im Gesundheitswesen 25.-27.10.1996. 1997.

Band 41 Eberhard Wille / Manfred Albring (Hrsg.): Reformoptionen im Gesundheitswesen. Bad Orber Gespräche über kontroverse Themen im Gesundheitswesen 7.-8.11.1997. 1998.

Band 42 Manfred Albring / Eberhard Wille (Hrsg.): Szenarien im Gesundheitswesen. Bad Orber Gespräche über kontroverse Themen im Gesundheitswesen 5.-7.11.1998. 1999.

Band 43 Eberhard Wille / Manfred Albring (Hrsg.): Rationalisierungsreserven im deutschen Gesundheitswesen. 2000.

Band 44 Manfred Albring / Eberhard Wille (Hrsg.): Qualitätsorientierte Vergütungssysteme in der ambulanten und stationären Behandlung. 2001.

Eberhard Wille / Manfred Albring (Hrsg.)

Rationalisierungsreserven im deutschen Gesundheitswesen

Frankfurt/M., Berlin, Bern, Bruxelles, New York, Oxford, Wien, 2000.
392 S., zahlr. Abb. u. Tab.
Allokation im Marktwirtschaftlichen System. Herausgegeben von Heinz König, Hans-Heinrich Nachtkamp, Ulrich Schlieper und Eberhard Wille. Bd. 43
ISBN 3-631-36757-0 · br. DM 74.–*

Der Sammelband enthält die erweiterten Referate eines interdisziplinären Workshops über Rationalisierungsreserven im deutschen Gesundheitswesen, insbesondere in dem Bereich der gesetzlichen Krankenversicherung (GKV). Das Themenspektrum umfasst Effizienzpotentiale im stationären Bereich, Praxisnetze und integrierte Versorgungsformen als innovative Suchprozesse, hausärztliche Versorgung als Ansatz zur Kostensenkung im Gesundheitswesen und die zukünftige Arznei- und Hilfsmittelversorgung. Der Teilnehmerkreis setzte sich aus Vertretern der Ärzteschaft, Krankenkassen und -versicherungen, der pharmazeutischen Industrie, der Wissenschaft, der ministerialen Bürokratie und der Politik zusammen.

Frankfurt/M · Berlin · Bern · Bruxelles · New York · Oxford · Wien
Auslieferung: Verlag Peter Lang AG
Jupiterstr. 15, CH-3000 Bern 15
Telefax (004131) 9402131

*inklusive Mehrwertsteuer
Preisänderungen vorbehalten
Homepage http://www.peterlang.de